普通高等教育“十二五”规划教材

材料加工质量控制

主　编　庞国星

副主编　张伟强　张　清

参　编　刘炜丽

主　审　崔占全

机 械 工 业 出 版 社

本书共分为5章，主要介绍质量管理及质量控制的基础知识（包括ISO 9000质量管理体系及质量认证）、金属材料的质量检测、材料成形（铸造、锻造、焊接）的质量控制、热处理质量管理与控制、表面处理的质量控制等。本书内容上力求简明扼要，避免繁复的原理论证，重在实践环节的指导和工程实践的体验。

本书可作为金属材料工程、材料成形及控制工程等专业或机械类、质量管理类专业本科生（或职业院校学生）的教材，也可供有关工程技术人员、质量管理与检验人员参考。

图书在版编目（CIP）数据

材料加工质量控制/庞国星主编. —北京：机械工业出版社，2011.6（2025.1重印）
普通高等教育“十二五”规划教材
ISBN 978-7-111-34384-4

Ⅰ.①材… Ⅱ.①庞… Ⅲ.①金属加工-质量控制-高等学校-教材
Ⅳ.①TG

中国版本图书馆CIP数据核字（2011）第080152号

机械工业出版社（北京市百万庄大街22号　邮政编码100037）
策划编辑：冯春生　责任编辑：冯春生　程足芬
版式设计：张世琴　责任校对：申春香
封面设计：张　静　责任印制：常天培
固安县铭成印刷有限公司印刷
2025年1月第1版·第7次印刷
184mm×260mm·13.25印张·326千字
标准书号：ISBN 978-7-111-34384-4
定价：35.00元

电话服务　　网络服务
客服电话：010-88361066　　机　工　官　网：www.cmpbook.com
010-88379833　　机　工　官　博：weibo.com/cmp1952
010-68326294　　金　书　网：www.golden-book.com
封底无防伪标均为盗版　　机工教育服务网：www.cmpedu.com

普通高等教育“十二五”规划教材
编审委员会

金属材料工程专业教材编委会

前言

材料加工质量直接影响着各种机械产品的性能和使用安全，对开发新产品和提高产品的竞争力有着重要作用。因此，减少和避免材料加工缺陷、提高材料加工质量是机械行业关注的焦点之一，也是材料工作者的重要使命。材料加工的质量控制在材料科学研究，特别是材料加工及应用实践中的重要性显而易见。本书以原材料的检验验收、材料成形工艺各环节的质量控制、热处理与表面处理的质量控制为主线，把质量管理的基本知识与材料加工应用的实践进行了有机的结合，以实现对材料加工的质量控制。

全书共分为5章，主要介绍质量管理及质量控制的基础知识（包括ISO 9000质量管理体系及质量认证）、金属材料的质量检测、材料成形（铸造、锻造、焊接）的质量控制、热处理质量管理与控制、表面处理的质量控制等。

本书主要面向金属材料工程、材料成形及控制工程等专业或机械类、质量管理类专业的本科生（或职业院校学生），内容上力求简明扼要，避免繁复的原理论证，重在实践环节的指导和实践工程的体验。本书也可以供工程技术人员、质量管理与检验人员参考使用。

本书由北华航天工业学院庞国星教授任主编，沈阳理工大学张伟强、河南科技大学张清任副主编，具体编写分工如下：北华航天工业学院庞国星编写前言，第1章，第3章的3.1、3.2节和第5章；河南科技大学张清编写第2章、第3章的3.3节；沈阳理工大学的张伟强、刘炜丽编写第4章。

本书承蒙燕山大学崔占全教授主审，并提出了很多宝贵的指导意见；在本书编写过程中，编者也参考并引用了国内外相关图书和文献的内容，在此对作者一并表示衷心感谢。

本书力求把质量管理和材料加工进行有机结合并适应社会的发展，但由于编者水平有限，难免出现错误和不足之处，敬请读者批评指正。

编　者

目　录

第 1 章 质量管理及质量控制概述

质量一直是人们关注的首要问题。离开质量，社会进步、经济发展、人民生活水平的提高等都无法实现。世界各国和政府都高度重视质量，提高质量对社会进步和经济发展都会产生巨大的影响。

在 GB/T 9000 - ISO 9000：2008 族中（ISO：International Standardization Organization），“质量”被定义为“一组固有特性满足要求的程度”。质量可用来描述“产品或服务的好坏、优劣程度”，也常常加一些限制词，如产品质量、工程质量、建筑质量、教育质量等，或更具体的如“原材料质量”、“加工质量”、“轿车质量”乃至“信息质量”、“系统质量”、“生活质量”、“发展质量”等，以使得质量的指向更为明确，意义表达更为具体。由此可见，质量是一个具有十分丰富内涵的概念，可以从不同的视角（产品、经营过程、经济增长、管理机制）进行审视并达到深层的理解。质量有一个重要特性值得注意，即质量的含义具有与时俱进的特性。质量将随着生产发展和社会进步而具有更加丰富的内涵，不断拓展外延、调整表述而永葆时代气息。

1.1 质量管理

1. 产品质量与工作质量

（1）产品质量 ISO 9000 族标准将产品（product）的概念定义为“过程的结果，包括硬件、软件、服务和流程性材料”。产品的概念不仅包括了原有意义上的买卖合同（书面的或非书面的）中规定提供的产品，还包括企业生产经营活动的其他一切结果，包括资源浪费和排放污染等人类不愿看到的后果。产品概念的绿色化是从产品概念上提出的质量要求，同样也反映了人类在希望需求得到满足时对成本、利益和风险的综合考虑。产品质量指的是在商品经济范畴内，企业依据特定的标准，对产品进行规划、设计、制造、检测、计量、运输、储存、销售、售后服务、生态回收等全程的必要的信息披露。产品质量除了含有实物产品质量之外，还含有无形产品质量，即服务质量，服务质量也是有标准的。产品质量，也指产品满足用户要求的程度，也就是指产品的使用价值。“用户”是一个广义的概念，即以某种方式获得相应产品的个人和集体。例如，下道工序是上道工序的用户，再加工车间是前加工车间的用户，制成品的最后买主是企业的用户。质量是产品或服务的生命。质量受企业生产经营管理活动中多种因素的影响，是企业各项工作的综合反映。要保证和提高产品质量，必须对影响质量的各种因素进行全面而系统的管理。

产品质量是由各种要素所组成的，这些要素亦被称为产品所具有的特征和特性。不同的产品具有不同的特征和特性，其总和便构成了产品质量的内涵。产品质量要求反映了产品的特性，以及特性满足顾客和其他相关方要求的能力。顾客和其他质量要求往往随时间而变化，与科学技术的不断进步有着密切的关系。这些质量要求可以转化成具有具体指标的特征和特性，通常包括使用性能、安全性、可用性、可靠性、可维修性、经济性和环境等几个方面。

产品的使用性能是指产品在一定条件下，实现预定目的或者规定用途的能力。任何产品都具有其特定的使用目的或者用途。产品的安全性是指产品在使用、储运、销售等过程中，保障人体健康和人身、财产安全免受损失的能力。产品的可靠性是指产品在规定条件下和规定的时间内，完成规定功能的程度和能力，一般可用功能效率、平均寿命、失效率、平均故障时间、平均无故障工作时间等参量进行评定。产品的可维修性是指产品在发生故障以后，能迅速维修恢复其功能的能力，通常采用平均修复时间等参量表示。产品的经济性是指在产品的设计、制造、使用等各方面所付出或所消耗成本的程度，同时，也包含其可获得经济利益的程度，即投入与产出的效益能力。

产品质量是设计质量、制造质量（包括检验质量等在内）和使用质量的综合体现。设计质量是通过制造质量实现的；制造过程的信息反馈又可能推动提高产品和工艺的设计质量；使用质量则是设计质量和制造质量的验证，它反馈的信息也能促进提高设计质量和制造质量。

设计质量是指设计规定的产品的使用价值、设计符合用户要求的程度。这里的设计质量也应理解为广义的，它包括零件结构形状设计质量、用料选择以及工艺规程设计质量等。制造质量是指成品符合设计的程度。

产品应具备能满足用户需要的质量特性。通常，凡是反映产品使用目的的各种技术经济参数都可以称为质量特性。机械产品的质量特性一般包括强度、硬度、寿命，还包括形状、外观、色彩等方面的内容。

把反映产品质量主要特性的技术经济参数明确规定下来，形成技术文件，就是产品的质量标准（或称技术标准）。生产企业应在严格遵守统一的产品质量标准的前提下，力求满足用户的不同需求。

(2) 工作质量　工作质量是指与产品质量有关的工作对于产品质量的保证程度。工作质量涉及企业所有部门和人员，也就是说企业中每个科室、车间、班组，每个工作岗位都直接或间接地影响着产品质量，其中领导者的素质最为重要，起着决定性的作用，当然广大职工素质的普遍提高，是提高工作质量的基础。工作质量是提高产品质量的基础和保证。为保证产品质量，必须首先抓好与产品质量有关的各项工作，主要包括生产工作、技术工作和组织管理工作，以达到产品质量标准，减少不合格品的数量。

产品质量和工作质量是两个既不相同而又密切联系的概念。产品质量取决于工作质量，工作质量是产品质量的保证。进行质量控制，既要抓产品质量，也要抓工作质量，通过提高工作质量来保证和提高产品质量。

2. 全面质量管理及其特点

质量管理是企业管理的中心环节，其定义是“确立质量方针、目标和职责，并在质量体系中通过诸如质量策划、质量控制、质量保证和质量改进，使其实施的全部管理职能的所有活动”。

（1）质量管理基本概念　企业推进质量管理的过程，一般可分为制订质量方针与质量目标、编制质量计划、加工制造及控制、检验与分析、质量审核、质量改进等过程。

1）质量方针。企业的质量方针是企业各部门和全体人员执行质量职能以及从事质量管理活动所必须遵守和依从的行动指南。不同的企业可以有不同的质量方针，但都必须有明确的号召力。如“以质量求生存、以品种求发展”、“质量第一、用户第一、服务第一”等质量方针既有高度的概括性又有强烈的号召力，但显得不够具体。因此，企业所制订的质量方针，必须是针对具体问题的，并提出明确的具体规定，才是真正有指导作用的行动指南。企业质量方针的具体内容一般包括以下几个方面：产品质量水平、同供应厂商的关系、质量活动要求、售后服务、经济效益、质量管理教育等。企业的质量方针一般都要以计划书的形式规定下来，只有规模小的企业可以不写成文字。

2）质量目标。一般，“目标”是将来的，可以预期的和可以达到的，不应该是已达到的或应达到的。“合格率百分之百”不能作为目标，是因为产品到用户手里是应该百分之百完好的合格的。这个“目标”不能成为设定的目标，因为它是必须做到的，而非预期的。结合质量的定义，“质量目标”的确切含义为：满足要求的程度比目前水平有所提高的目标，称为质量目标。每年这种程度有所提高，则企业的质量水平就逐年提高，这就体现出了持续改进的概念。既然质量目标是使满足要求的程度提高，而要求中又有着制约和矛盾，那么怎样来处理这些矛盾，正确衡量这个程度呢？质量标准中提出了以顾客为关注焦点的管理原则，众多互相矛盾的要求都要去满足，而必须以顾客的要求作为关注的焦点，这就是市场经济的观点。这里面有三个方面值得重视：①各种要求相互矛盾时，则以满足顾客要求为重点，这是企业存在和发展的基本点；②同时要兼顾其他各相关方的要求，例如，顾客的要求违反了有关政策法规，或影响了其他方面的根本利益，如污染环境等，应作好认真的处理和解决；③顾客的要求是变化着的，不同的顾客，不同的地点，不同的时间段，都有不同的要求。由此可见，质量目标绝非简单考虑就能形成的，它需要科学、系统地进行研究和决策，因此标准中强调了质量目标的建立要经过策划。质量目标有两种：①质量管理体系运行的质量目标；②产品的质量目标。这两个质量目标都需要认真地进行策划和建立。企业的质量目标是根据企业的质量方针的要求及企业在某时期内所达到的质量要求来制订的。制订的目标必须清楚，要有时间要求，目标要数量化，以便于实施、检查与考评；要与企业的其他目标相协调；目标水平要适当；目标要突出重点，个数不宜过多；目标应形成文字表格，经批准后实施。

3）质量策划。ISO 9000：2008 族中关于“质量策划”的定义为：质量策划是质量管理的一部分，致力于制订质量目标并规定运行过程和相关资源以实现质量目标。质量策划的目的在于制订并采取措施实现质量目标。质量策划是一种活动，质量策划的结果形成的文件，可以是质量计划。质量策划包括产品策划和管理作业策划。产品策划即对质量特性进行识别、分类和比较，并建立其目标、质量要求和约束条件；管理作业策划即为建立质量体系进行准备，包括组织和安排，编制质量计划和作出质量改进的规定。质量策划的工作内容主要有：向管理者提出组织质量方针和质量目标的建议；分析顾客的要求并形成设计规范；对产品设计进行质量和成本方面的评审；制定质量标准和准备产品规格；控制策划过程和制订保证质量合格的程序；研究质量控制和检验方法；进行工序能力研究；分析质量成本；研究并实施对供应商的评估和质量控制；对组织进行质量审核；开展动员和培训活动。质量计划是落实质量目标的具体部署和行动安排，其中包括企业各部门在实现质量目标时应承担的工作、责任以及实现的进度。在企业中，质量目标和计划的层层落实，叫做目标展开或指标分解。质量计划根据质量目标不同而分为质量指标计划、质量攻关计划、质量改进措施计划、产品升级换代计划、产品质量赶超计划等。

4）质量控制。质量控制是指为达到质量要求所采取的作业技术和活动。作业技术包括为确保达到质量要求所采取的专业技术和管理技术，是质量控制的主要手段和方法的总称。活动是由掌握了相关技术和技能的人运用“作业技术”所开展的有计划、有组织、系统的质量职能活动。质量控制的目的在于监视过程，并排除质量环节的所有阶段中会导致不满意的因素，以取得经济效益。质量控制应贯彻预防为主的原则，并和检验把关相结合，使每一个质量环节的作业技术和活动都处于有效的受控状态。质量控制应根据生产计划组织生产，选择能保证加工质量要求的机器和工具，配备好各工序检测所用的计量器具，选择合适的生产工人并使其熟悉加工要求，以保证加工质量并选定控制点进行控制等。

5）质量检验与分析。检验就是借助于某种手段或方法测定产品（工件）的质量特性，然后把测定的结果与规定的质量标准进行比较，从而对产品（或工序）作出合格与否的判断。检验过程一般包括：了解和解释质量标准；具体测量；将测量结果同标准进行比较；判断其是否合格或是否适用；记录测量所得的结果（数据）；整理数据与分析，并将信息反馈给有关部门。

6）质量改进。质量改进是指为向本组织及其顾客提供更多的效益，在整个组织内所采取的旨在提高活动和过程的效益及效率的各种措施。为使组织和顾客双方都能得到更多的效益，不仅是质量改进的根本目的，也是质量改进在组织内部能够持续发展并取得长期成功的基本动力。质量改进的基本途径是在组织内采取各种措施，不懈地寻找改进机会，预防质量问题的出现，提高活动和过程的效益及效率。质量改进活动涉及质量形成全过程的每一个环节，与过程中每一项资源有关。质量改进活动应有组织、有计划地开展，并尽可能地调动每一个组织成员参与的积极性。质量控制和质量改进是相辅相成的，两者之间既有联系又有区别。质量控制是质量改进的基础和前提，质量改进是质量控制的延伸和发展，服从于组织质量方针和目标，以及贯穿落实于质量形成全过程是两者的共同点。

7）质量保证。质量保证是指为了提供足够的信任表明实体能满足质量要求，而在质量体系中实施并根据需要进行证实的全部有计划和系统的活动。质量保证的基本思想是强调对用户负责，其核心问题是为用户、第三方和本组织最高管理者对实体能够满足质量要求提供足够的信任。为此，组织就必须提供足够的证据，即实物质量测定证据和管理证据。质量保证是一种有计划、系统的活动，为实施这样的活动，组织内应当建立一个有效的质量保证体系，这个质量保证体系应当能够满足不同用户、不同第三方可能提出的不同质量保证要求。质量保证分内部质量保证和外部质量保证。内部质量保证是指为了使本组织最高管理者对实体能够满足质量要求提供树立足够的信任所进行的活动，如质量审核、质量体系审核、质量评审、工序质量验证等；外部质量保证是指为了使用户或第三方对供方具备满足质量要求的能力树立足够信任所进行的活动，其目的是使用户或第三方对供应方的质量管理有效性和可靠性产生信任感。

8）质量体系。质量体系是指“在质量方面指挥和控制组织的管理体系”，也是指为实施质量管理所需要的组织结构、程序、过程和资源。企业为实现其所规定的质量方针和质量目标，就需要分解其产品质量的形成过程，设置必要的组织机构，明确责任制度，配备必要的设备和人员，并采取适当的控制办法。凡是影响产品质量的技术、管理和人员等各项因素都应得到控制，以减少、清除，特别是预防质量缺陷的产生，所有这些项目的总和就是质量体系。

质量管理、内部质量保证、质量控制和质量体系等概念之间既相互联系又有区别。质量管理工作包括了制订质量方针，是对所有质量职能和活动的管理，涵盖了质量保证、质量控制和质量体系。质量方针制订后，需要在组织措施上加以保证，这就是质量体系。质量体系是实施质量管理时的组织、程序、资源等的系统化、标准化和规范化，是质量管理的核心和载体。质量体系的内容包括两个方面：一是质量控制，二是内部质量保证，这两者是实施质量管理时在组织内采用的具体实施方式和手段。

9）质量成本。质量成本包括确保质量满意所产生的费用和未达到质量满意的有形和无形的损失，它是产品总成本的一部分。不断评价和控制质量成本是指导企业质量改进、降低成本、提高效益的重要措施。

（2）质量管理的八项基本原则　多年来，基于质量管理的实践经验和理论研究，在质量管理领域形成了一些有影响的质量管理的基本原则和思想。为了奠定现代质量管理的理论基础，使之更有效地指导组织和实施质量管理，国际标准化组织（International Organization for Standardization，ISO）理事会单独建立了质量保证技术委员会（即ISO/TC 176），自1995年开始专门成立了一个工作组，在全面总结和吸收世界各国全面质量管理理论精华和实践经验的基础上，科学提炼和高度概括了质量管理活动中最基本、最通用的客观规律，用了约两年的时间，整理并编撰了八项质量管理原则。八项质量管理原则实质上也是组织管理的普遍原则，是现代社会发展，管理经验日渐丰富，管理科学理论不断演变发展的结果。八项质量管理原则充分体现了现代管理科学的原则和思想，因此，使用这八项质量管理原则还可以对组织的其他管理活动，如环境管理、职业安全与卫生管理、成本管理等提供帮助和借鉴，真正促进组织建立一个改进业绩的管理体系。质量管理的八项基本原则为：

1）以顾客为关注焦点。所谓顾客是指“接受产品的组织或个人”。顾客是每个组织存在的基础，组织应把顾客的要求放在第一位。组织要及时调整自已的经营策略和采取必要的措施，以适应市场的变化，满足顾客不断发展的需求和期望，测评顾客的满意程度并根据结果采取相应的活动或措施，使自已的产品或服务处于领先的地位。

2）领导作用。一个组织的领导者，即最高管理者是“在最高层指挥和控制组织的一个人或一组人”。最高管理者要想指挥好和控制好一个组织，必须做好确定方向、策划未来、激励员工、协调活动和营造一个良好的内部环境等工作。最高管理者的领导作用、承诺和积极参与，对建立并保持一个有效的和高效的质量管理体系，并使所有相关方获益是必不可少的。此外，在领导方式上，最高管理者还要做到透明、务实和以身作则。

3）全员参与。各级人员都是组织之本，只有他们的充分参与，才能使他们的才干为组织带来效益。组织的质量管理不仅需要最高管理者的正确领导，还有赖于全员的参与。所以要对员工进行质量意识、职业道德、以顾客为关注焦点的意识和敬业精神的教育，还要激发他们的积极性和培养他们的责任感。此外，员工还应具备足够的知识、技能和经验，才能胜任工作，实现充分参与。

4）过程方法。任何利用资源并通过管理，将输入转化为输出的活动，均可视为过程。

系统地识别和管理组织所应用的过程，特别是这些过程之间的相互作用，就是“过程方法”。过程方法的目的是获得持续改进的动态循环，并使组织的总体业绩得到显著的提高。所有的质量工作都是通过过程来完成的，为了更有效地得到期望的结果，必须识别并管理这项工作中有关的过程，而过程活动的输入是资源，输出是产品，即过程的结果。因此，活动和相关的资源应该作为过程来认真管理好。

5）管理的系统方法。将相互关联的过程作为系统加以识别、理解和管理，有助于组织提高实现目标的有效性和效率。任何一个组织，要提高组织的有效性和效率，必须应用系统方法建立、实施和保持质量管理体系，而质量管理体系又是由一个相互关联的过程网络所组成，即过程模式。因此，在质量管理中必须采用系统方法，把质量管理体系作为一个大系统，对组成质量管理体系的各个过程加以识别、理解和管理，以达到实现质量方针和质量目标的目的。

6）持续改进。持续改进整体业绩应当是组织的一个永恒目标。所谓持续改进就是增强满足要求的能力的循环活动。为了改进组织的整体业绩，组织应不断改进其产品质量，提高质量管理体系及过程的有效性和效率，以满足顾客和其他相关方日益增长和不断变化的需求与期望。只有坚持持续改进，组织才能不断进步。最高管理者要对持续改进作出承诺，积极推进；全体员工也要积极参与持续改进活动。持续改进是永无终点的，因此，持续改进应成为每个组织永恒的追求、永恒的目标、永恒的活动。

7）基于事实的决策方法。决策是组织中各级领导的职责之一。所谓决策就是针对预定目标，在一定约束条件下，从诸方案中选出最佳的一个方案付诸实施。达不到目标的决策就是失策。正确的决策需要领导者用科学的态度，以事实或正确的信息为基础，通过合乎逻辑的分析，作出正确的决断。盲目的决策或只凭个人的主观意愿的决策是绝对不可取的。

8）与供方互利的关系。组织与供方是相互依存的，互利的关系可增强双方创造价值的能力。供方向组织提供的产品将对组织向顾客提供的产品产生重要的影响，因此处理好与供方的关系，影响到组织能否持续稳定地提供顾客满意的产品。在专业化和协作日益发展、供应链日趋复杂的今天，与供方的关系还影响到组织对市场的快速反应能力。因此，对供方不能只讲控制，不讲合作互利，特别对关键供方，更要建立互利的关系，这对组织和供方都是有利的。

（3）全面质量管理（Total Quality Management，TQM）的内容及特点　全面质量管理是指在全社会的推动下，企业中所有部门、所有组织、所有人员都以产品质量为核心，把专业技术、管理技术、数理统计技术等集合在一起，建立起一套科学、严密、高效的质量保证体系，控制生产过程中影响产品质量的因素，以优质的工作及最经济的办法提供满足用户需要的产品的全部活动。全面质量管理的意义在于提高产品质量、改善产品设计、加速生产流程、鼓舞员工的士气和增强质量意识、改进产品售后服务、提高市场的接受程度、降低经营质量成本、减少经营亏损、降低现场维修成本、减少责任事故。

全面质量管理的基本原理与其他管理的主要差别是它强调为了取得真正的经济效益，管理必须始于识别顾客的质量要求，终于顾客对他手中的产品感到满意。全面质量管理就是为实现这一目标而指导人、机器、信息进行协调的活动。全面质量管理这个名称，最早是在20世纪60年代初，由美国的著名专家菲根堡姆提出的。它是在传统的质量管理基础上，随着科学技术的发展和经营管理上的需要发展起来的现代化质量管理，现已成为一门系统性很强的科学。在我国，党的十五届四中全会有关决定中就曾提出要“搞好全员全过程的质量管理”。全员全过程的质量管理就是全面质量管理。自1978年以来，我国推行TQM（当时称为TQC，Total Quality Control）已有三十多年。从三十多年的深入、持久、健康地推行全面质量管理的效果来看，确实提高了企业的素质，增强了企业的市场竞争能力。近年来，从中央到地方、从政府到企业，各行各业都积极应对经济全球化的迅速发展和加入世贸组织所带来的机遇与挑战，对质量工作给予高度重视，为加强质量工作采取了企业、政府、社会齐抓共管，企业自律、市场竞争、政府监督“三管齐下”的策略，明确地方政府、企业在产品质量工作中的责任。当前，各类企业主动申请通过ISO 9000认证的比例非常高，反映了企业对质量管理的重视。

全面质量管理过程的全面性，决定了全面质量管理的内容应当包括设计过程、制造过程、辅助过程、使用过程等四个过程的质量管理。

1）设计过程质量管理的内容。设计过程的质量管理是全面质量管理的首要环节。这里所指的设计过程，包括市场调查、产品设计、工艺准备、试制和鉴定等过程（即产品正式投产前的全部技术准备过程）。其主要工作内容包括通过市场调查研究，根据用户要求、科技情报与企业的经营目标，制订产品质量目标；组织由销售、使用、科研、设计、工艺、制度和质管等多部门参加的审查和验证，确定适合的设计方案；保证技术文件的质量；做好标准化的审查工作；督促遵守设计试制的工作程序等。

2）制造过程质量管理的内容。制造过程，是指对产品直接进行加工的过程。它是产品质量形成的基础，是企业质量管理的基本环节。它的基本任务是保证产品的制造质量，建立一个能够稳定生产合格品和优质品的生产系统。其主要工作内容包括组织质量检验工作；组织和促进文明生产；组织质量分析，掌握质量动态；组织工序的质量控制，建立管理点等。

3）辅助过程质量管理的内容。辅助过程，是指为保证制造过程正常进行而提供各种物资技术条件的过程。它包括物资采购供应、动力生产、设备维修、工具制造、仓库保管、运输服务等。它的主要内容有：做好物资采购供应（包括外协准备）的质量管理，保证采购质量，严格入库物资的检查验收，按质、按量、按期地提供生产所需要的各种物资（包括原材料、辅助材料、燃料等）；组织好设备维修工作，保持设备良好的技术状态；做好工具制造和供应的质量管理工作等。另一方面，企业物资采购的质量管理也将显得日益重要。

4）使用过程质量管理的内容。使用过程是考验产品实际质量的过程，它是企业内部质量管理的继续，也是全面质量管理的出发点和落脚点。这一过程质量管理的基本任务是提高服务质量（包括售前服务和售后服务），保证产品的实际使用效果，不断促使企业研究和改进产品质量。它主要的工作内容有：开展技术服务工作，处理出厂产品的质量问题；调查产品使用效果和用户要求。企业把顾客放在经营的中心位置，让顾客的需求引导企业的决策。在那些已建立“顾客完全满意”管理模式的企业中，企业需要了解顾客及其业务，了解他们使用产品的目的、时间、方式、周期；企业需要以顾客的角度进行思考，即“用顾客的眼睛看世界”。

然而，一般的企业仍存在一些旧的质量管理观念，表现为：①把“技术检验科”看成“质量控制科”，长期以来，控制产品质量的唯一有效方式是让产品通过一道道检验关卡，而质量检验工作是由“技术检验科”实施的，因而，有些人认为，质量保证、质量控制、质量管理只不过是技术检验科工作的新名称而已。②把质量管理看成只是管理和工程技术人员的事，这种观念忽视了工人的能动作用，结果是一方面不能充分掌握解决问题的信息及问题产生的原因；另一方面压制了现场操作人员的积极性和潜力的发挥，致使质量难以提高。③把质量控制局限化，没有树立全面质量管理的意识。企业为了提高产品质量，获得最大经济效益，必须抛弃旧的质量管理方法，推行新的质量管理模式。

现代质量管理的特点是：实行全面质量管理，从过去的事后检验，以"把关"为主，转变为以预防、改进为主；从"管结果"转变为"管因素"，即找出影响质量的各种因素，抓住主要矛盾，发动各部门全员参加，运用科学的管理方法和程序，使生产经营的所有活动处于受控状态之中；在工作中将过去的以分工为主转变为以协调为主，使企业联系成为一个紧密的有机整体；在推行全面质量管理时，要求做到"三全一多样"，即全面的、全过程的、全员参加的质量管理以及质量管理所采用的方法是科学的、多种多样的。

（4）全面质量管理的工作程序（PDCA循环） 全面质量管理采用一套科学的、符合认识论的工作程序，即PDCA循环法。质量管理的PDCA循环是由美国质量管理统计学专家戴明（W. E. Deming）在20世纪60年代初创立的，故也称为戴明环活动。它反映了质量改进和完成各项工作必须经过的四个阶段。这四个阶段不断循环下去，周而复始，使质量不断改进。PDCA循环可以进一步具体化为四个阶段和八个步骤。

1）四个阶段（PDCA）。四个阶段包括Plan（计划）、Do（执行）、Check（检查）、Action（处理）。

做任何工作，首先要有一个计划（或设想）；根据计划去工作，即执行计划；工作效果如何，要进行检查；检查的结果可以验证原来计划的正确性，用来改进工作或修改原来的计划或设想。例如，材料加工的热处理工作的四个阶段（PDCA）为：

Plan（计划）——根据零件的热处理技术要求制订工艺和操作方法；Do（执行）——操作者根据工艺实施热处理操作，即执行；Check（检查）——热处理工序完成后，对产品达到技术要求的程度和有关质量问题进行检验和考核，即为检查；Action（处理）——把正确的加以肯定，列为工作标准，以后再操作时可按这一标准进行，对产生的问题要提出来，制订出解决问题的计划并进行改进，即向下一个循环反映，这就是处理。

2）八个步骤。为控制产品质量，PDCA循环可以进一步具体化为八个步骤：

Plan（计划）阶段可以具体化为四个步骤：①分析现状，找出质量问题；②分析产生质量问题的各种因素；③找出影响质量的主要因素；④针对影响质量的主要因素采取措施和制订计划，并预计可达到的效果。

采取措施和制订计划要回答"5W1H"：Why（必要性），What（目的，为什么），Where（地点），Who（由谁执行），When（何时完成），How（方法，如何执行）。

Do（执行）阶段，就是执行措施或计划。

Check（检查）阶段，就是调查采取措施的效果。

Action（处理）阶段，包括两个步骤：①总结经验，把成功和失败的经验教训都规定到相应的标准和制度、规定中，防止再次发生失误；②提出尚未解决的问题。

上述八个步骤中，需要大量的数据和资料，才能作出科学的判断，对症下药。收集和整理数据要利用一些质量管理工具。

通过采用PDCA循环，要形成一种良好的质量意识。好的质量是设计、制造出来的，不是检验出来的；质量管理的实施要求全员参与，并且要以数据为客观依据，要视顾客为上帝，以顾客需求为核心；在实现方法上，要一切按 PDCA 循环办事。

1.2　质量管理及控制的基础工作

质量管理及控制的基础工作大致分为以下五个方面：质量教育培训工作、标准化工作、计量工作、质量信息工作、质量责任制工作等。

1. 质量教育培训工作

这项工作可分为两方面内容，一方面是全面质量管理知识的宣传普及教育，另一方面是技术业务培训教育，二者都不可偏废。全面质量管理知识的宣传普及教育，可采取“分层施教，因人制宜，抓住重点，联系实际”的方法进行。对企业的各级领导干部要进行重点教育，使他们懂得全面质量管理的重要意义，掌握全面质量管理的基本概念，达到基本弄懂，大体掌握，能够从思想上引起重视；对技术干部、管理人员要进行系统教育，使他们能够重点掌握全面质量管理的原理和方法，达到会算会看，会用会干；对一般工人要进行普及教育，提高他们的质量意识，使他们掌握基本知识，运用生动活泼、通俗易懂、深入浅出的教材，联系实际，进行教育。技术业务培训教育可采用岗位练兵、技术操作表演、劳动竞赛及举办各种技术培训班、讲座等方法进行。

2. 标准化工作

标准化工作主要指制定标准、组织实施标准和对标准的实施进行监督检查。对于企业来说，从原材料进厂到产品生产、销售等各个环节都要有标准，不仅有技术标准，而且还要有管理标准、工作标准等，要建立一个完整的标准化体系。标准可分为生产标准和企业管理标准。标准一方面是衡量产品加工生产和工作质量的尺度，另一方面也是企业进行技术管理、质量管理工作的依据。全面质量管理，乃至整个企业的管理工作，从开始到终结，都离不开标准。开展标准化工作，应注意几个问题：一是严肃性，标准一经制定，即应严格执行；二是广泛性，要靠群众、技术人员、管理人员在总结经验的基础上自己来制定、修订和完善；三是科学性，标准是科学经验的总结，既不能朝令夕改，又不能一成不变；四是连贯性，各部门、各生产过程的标准要连贯一致，互相联系，成龙配套，而不能互相掣肘；五是明确性，标准要成文成册，内容明确，要求具体，不能抽象和模棱两可。

3. 计量工作

计量工作是正确评定产品质量的依据，而计量标准，又是其他各项准标的基础。搞好计量工作，应抓好几个环节：一是要正确使用计量器具，要教育职工爱护计量器具、设备，并加以妥善保管，遵守操作规程，建立健全量具的使用责任制，使计量器具得以正确合理的使用，保证质量的准确统一；二是要严格计量器具的检定制度，定期按照国家检定规程的检定项目和方法进行检查、签订，内容包括入库检定、入室检定、周期检定、返还检定；三是要改进落后的计量工具和测试手段，逐步实现检测手段、计量技术的现代化；四是要设立专门的计量管理机构，配备专兼职的计量工作人员。有关材料的计量工作还包括理化工作即性能测试、化学成分分析等工作，这是材料加工质量控制的重要基础工作。

4. 质量信息工作

质量信息工作是指反映产品质量和产、供、销以及服务等各个环节质量活动中的各种数据、报表、资料、文件以及企业外部的有关情报资料等。质量信息是质量管理的耳目，也是一种重要的资源。通过收集有关质量信息情报，可以及时掌握产品质量或服务质量的各种因素和生产技术、经营活动的动态，产品的使用状况，国内外产品质量及市场需求的发展动向。它是改进产品质量、改善各环节工作质量最直接的原始资源和信息来源。要组织好厂内外两个信息反馈，正确认识影响质量各因素变化和质量波动的内在联系，掌握和提高产品质量（或服务质量）的规律。要使质量信息工作在质量管理中发挥其应有的作用，首先，应建立企业的信息中心和信息反馈系统；其次，质量信息要实行分级管理，而且要有专人负责，特别要抓好最基层的信息管理，认真做好原始记录并及时上报；再次，要有一定的考核制度，只有这样才能保证信息系统的正常运行。为充分发挥质量信息的作用，在收集信息时要注意三点：①要保证质量信息的准确、及时、全面；②要做好收集、整理、筛选、分类、建档工作，并实行科学管理，便于使用；③要建立质量信息卡片、台账和档案。对于材料加工企业，质量信息工作主要包括：

1）产品实际使用过程中有关质量的原始记录和原始数据等。

2）制造和辅助过程中有关工作质量和产品质量方面的信息、记录和数据等情报资料。

① 每批原材料（含外购、外协件）进厂质量验收记录、库存保管发放记录、使用前检验记录、质量样本等。

② 生产过程的工艺操作记录，制品在工序间流转记录和质量检验记录，半成品出入库记录，工序控制图表及其原始记录等。

③ 成品质量检验记录，废品原因和数量记录。

④ 设备和工装等的使用验证与磨损记录。

⑤ 测试、计量仪器使用和检修记录。

3）生产同类产品的其他企业的质量情报。

5. 质量责任制

全面质量管理涉及企业的各个部门、各个单位甚至到每一个职工。如果责任不明确，会造成质量无人负责，出了问题找不到责任者，查不清影响质量问题的原因，这样就谈不上改进质量，提高质量。因此，建立健全质量责任制是全面质量管理最重要的基础工作。

建立质量责任制，是对企业每个人都明确规定在质量管理工作中的具体任务、责任和权力，使质量工作达到事事有人管，人人有专责，办事有标准，工作有检查和考核，职责明确功过分明，真正把与质量有关的各项工作和全体职工的积极性结合起来，使企业形成一个严密的、高效的质量管理责任系统。

建立质量责任制要明确以下四点：一是要明确企业主要领导对产品质量的全部责任和总工程师对产品质量中重大技术问题的责任；二是要明确基层单位对产品质量的直接生产责任；三是要明确各职能机构对组织好本部门质量管理工作的责任制；四是要明确每个岗位、每个人员按制度、标准办事以及为保证质量的所承担的工作责任。全面质量管理是全员性的管理，因此，企业的全体职工都要掌握应用全面质量管理的知识和方法，从某种意义上来讲，有了共同的知识，才能有共同的语言，有共同的语言才能有共同的思想和行动，才能上下一条心，使全面质量管理不断深化和持久。

严格的质量责任制不仅可以提高与产品质量直接联系的各项工作质量，而且可以提高企业各项专业管理工作的质量。这样就可以从各个方面把质量隐患消灭在萌芽之中，杜绝产品质量问题的出现。所有这些都为提高产品质量提供了基本保证，所以建立质量责任制也是质量控制工作的基础之一。

1.3 质量管理体系及ISO 9000质量体系认证

1. 质量管理体系简介

质量体系是指“在质量方面指挥和控制组织的管理体系”，也是指为实施质量管理所需要的组织结构、程序、过程和资源。建立质量体系是全面质量管理的核心任务，离开质量体系，全面质量管理就成了“空中楼阁”。企业为实现其所规定的质量方针和质量目标，就需要分解其产品质量形成过程，设置必要的组织机构，明确责任制度，配备必要的设备和人员，并采取适当的控制办法。凡是影响产品质量的技术、管理和人员等各项因素都应得到控制，以减少、清除特别是预防质量缺陷的产生，所有这些项目的总和就是质量体系。质量管理体系包括四大过程，即管理职责、资源管理、产品实现、测量分析改进等。

一个好的质量体系的建设，企业首先必须保证质量体系建立过程的完善，其步骤通常包括：分析质量环、研究具体组织结构、形成文件、全员培训、质量体系审核、质量体系复审等几个步骤；其次，企业要抓住质量体系的特征，保证质量体系设立的合理性，使全面质量管理有效地发挥作用；最后，要保证质量体系在实际生产中得到有效的实施。质量保证体系就是企业以保证和提高产品质量为目标，运用系统的概念和方法，按照质量保证活动的程序，明确各质量保证组织（车间、科室、部门）纵向和横向职能所涉及的职责和权限以及相互关系，构成一个有机的工作网络，以便把专业技术和质量管理工作严密组织起来进行连续的活动。质量体系作为一个组织管理系统，不能直观地展现，因此，建立质量体系时，要形成必要的体系文件。质量体系文件通常包括质量手册、程序性文件（包括管理性程序文件和技术性程序文件）、质量计划及质量记录等。

组织建立质量管理体系不仅要满足在生产经营中顾客对组织质量管理体系的要求，预防不合格发生和提供使顾客和其他相关方面满意的产品，而且应站在更高的层次，追求组织优秀的业绩来保持不断改进、完善质量管理体系。所以，除了组织应定期评价质量管理体系，开展内部质量管理体系评审和管理评审之外，还应按质量管理体系或优秀的管理模式进行自我评定，以评价组织的业绩，识别需要改进的领域，努力实施持续改进，使质量管理体系提高到一个新的水平。

随着科学技术的不断进步和经济的不断发展，以及国际贸易竞争的加剧，用户对质量提出了越来越严格的要求，各企业都把提供高质量的产品、提高顾客的满意度作为企业经营的主要内容和市场竞争的有力手段。随着产品复杂性的增加，仅按技术规范进行验证已远远不够，如果规范本身有缺陷，或者设计、生产和提供产品或服务的组织体系存在某些不足时，技术规范本身就不能保证产品质量，不能始终满足顾客的要求。因此，必须在生产过程中建立质量管理体系，以补充技术规范对产品或服务的要求，这就导致了质量管理体系标准的产生。许多国家为此制订了各种质量保证制度，以适应质量工作的要求和经济发展的需要。但由于各国经济制度及发展水平不同，而且采用的质量术语也不同，各种质量保证制度很难在国际间被认可。于是国际标准化组织为适应国际间贸易的发展，在总结各国质量保证制度经验的基础上，经过多年工作，于1987年3月颁布了ISO 9000系列标准，即《质量管理和质量保证》系列国际标准。这套标准对规范质量管理活动、促进国际间的贸易发展起到了积极的作用。随着形势的发展，这套标准一般每五年进行一次修订，已有不同的版本，如 ISO 9000：1987、ISO 9000：1994、ISO 9000：2000、ISO 9000：2008 等。国际标准化组织理事会单独建立了质量保证技术委员会（即 ISO/TC 176），专门研究国际质量保证领域内的标准化问题和负责制定质量体系的国际标准。

由于 ISO 9000 族标准总结、提取了各国质量管理和质量保证理论的精华，统一了质量术语的概念和质量管理学的原理、方法和程序，反映和发展了世界上技术先进、工业发达国家质量管理的实践经验，而且规定具体实用，因此标准一经颁布就得到了世界各国的普遍重视和采用。目前，世界上已有一百五十多个国家和地区采用了这套标准。随着改革开放的深入和市场经济体制的建立，我国等效采用了 ISO 9000 族标准。如原国家技术监督局于 1994 年 12 月颁布 GB/T 9000—1994 - ISO：1994 族标准，即完全等同采用 ISO：1994 族标准，并于 1995 年 6 月起实施，一直沿用至 2008 版 ISO 族标准公布以后，转为采用 2008 版 ISO 9000 族标准。

综上所述，ISO 9000 族国际标准的产生和发展绝非偶然，它既是当代科学、技术、社会与经济发展的必然产物，又是质量管理的理论和实践经验相结合的成果。具体地说，科学技术的进步与经济发展水平的提升为 ISO 9000 族标准的产生创造了客观条件；世界各国推行质量管理和质量保证活动的成功经验为 ISO 9000 族标准的产生奠定了实践基础；质量管理科学的发展为 ISO 9000 族标准的产生提供了必要的理论基础；国际贸易的激烈竞争是产生 ISO 9000 族标准的现实要求。ISO 9000 族标准的产生和发展不仅顺应了发展国际贸易与交流合作的需要，而且，还对规范市场行为，促进企业加强质量管理，提高产品质量，增强市场竞争力产生了积极效果，特别是在我国市场经济体制建立过程中和经济增长方式的转变中将会发挥出越来越大的作用。

2. ISO 9000 族标准简介

ISO 9000 族标准是国际标准化组织（ISO）在 1994 年提出的概念，是指“由 ISO/TC 176制定的所有国际标准”。该标准族可帮助组织实施并有效运行质量管理体系，是质量管理体系通用的要求或指南。它不受具体的行业或经济部门的限制，可广泛适用于各种类型和规模的组织，在国内和国际贸易中促进相互理解和信任。

2008 版 ISO 9000 族标准由一组密切相关的核心标准和其他支持性的标准和文件组成，详见表 1-1。

在 2008 版 ISO 9000 族标准中，包括了 4 项核心标准：ISO 9000、ISO 9001、ISO 9004、ISO 19011。其中 ISO 9000：2008《质量管理体系—基础和术语》标准表述了 ISO 9000 族标准中质量管理体系的基础知识，并确定了相关术语。该标准首先明确了质量管理的八项原则是组织改进其业绩的框架，能帮助组织获得持续成功，也是 ISO 9000 族质量管理体系标准的基础。标准还表述了建立和运行质量管理体系应遵循的 12 个方面的质量管理体系基础知识。

ISO 9001：2008《质量管理体系—要求》标准规定了对质量管理体系的要求，供组织需要证实其具有稳定地提供顾客要求和适用法律法规要求产品的能力时应用。组织可通过体系的有效应用，包括持续改进体系的过程及确保符合顾客与适用法规的要求，提高顾客满意度。该标准应用了以过程为基础的质量管理体系模式的结构，鼓励组织在建立、实施和改进

表 1-1　2008 版 ISO 9000 族标准和文件组成

分类	组成	内　容
核心标准	ISO 9000 ISO 9001 ISO 9004 ISO 19011	质量管理体系—基础和术语 质量管理体系—要求 质量管理体系—业绩改进指南 质量和（或）环境管理体系审核指南
支持性标准和文件	ISO 10012 ISO/TR 10006 ISO/TR 10007 ISO/TR 10013 ISO/TR 10014 ISO/TR 10015	测量控制体系 质量管理—项目管理质量指南 质量管理—技术状态管理指南 质量管理体系文件指南 质量经济性管理指南 质量管理—培训指南
	ISO/TR 10017	统计技术指南 质量管理原则 选择和使用指南 小型企业的应用

质量管理体系及提高其有效性时，采用过程方法，通过满足顾客要求提高顾客满意度。过程方法的优点是对质量管理体系中诸多单个过程之间的联系及过程的组合和相互作用进行连续控制，以实现质量管理体系的持续改进。

ISO 9004：2008《质量管理体系—业绩改进指南》标准以八项质量管理原则为基础，帮助组织用有效和高效的方式识别并满足顾客和其他相关方的需求和期望，实现、保持和改进组织的整体业绩，从而使组织获得成功。该标准提供了超出 ISO 9001 要求的指南和建议，不同于认证和合同的目的，也不是 ISO 9001 的实施指南。该标准强调一个组织质量管理体系的设计和实施受各种需求、具体目标、所提供的产品、所采用的过程及组织的规模和结构的影响，无意统一质量管理体系的结构或文件。标准也应用了以过程为基础的质量管理体系模式的结构，鼓励组织在建立、实施和改进质量管理体系及提高其有效性和效率时，采用过程方法，以便通过满足相关方的要求来提高对相关方的满意程度。

ISO 19011：2008《质量和（或）环境管理体系审核指南》标准遵循“不同管理体系可以有共同管理和审核要求”的原则，对于质量管理体系和环境管理体系审核的基本原则、审核方案的管理、环境和质量管理体系审核的实施以及对环境和质量管理体系审核员的资格要求提供了指南。它适用于所有运行质量和（或）环境管理体系的组织，指导其内审和外审的管理工作。该标准在术语和内容方面，兼容了质量管理体系和环境管理体系的特点。在对审核员的基本能力及审核方案的管理中，均增加了了解及确定法律和法规的要求。

3. 质量管理体系的建立和实施

任何组织为了达到质量方针所确立的目标，无论是在内部开展质量管理，还是在合同环境下实施外部质量保证，都应建立并全面实施一个由组织结构、程序、过程和资源构成的质量管理体系。质量管理体系的设计和实施受组织的具体目标、产品（服务）、过程及其实践的影响。保证质量管理体系的有效运行是组织质量管理的核心。

（1）建立质量管理体系的程序　按照 ISO 9000 族标准建立或完善质量管理体系，通常包括以下几个阶段：

1）准备阶段。主要是统一思想，学习和培训 ISO 9000 族标准；根据组织的实际情况成立领导小组和组建质量管理体系建设日常办事机构，编制质量管理体系建设工作的进度计划、组织策划编写质量管理体系文件，开展质量管理体系文件的宣传、贯彻和实施。

2）总体设计阶段。结合本组织的具体情况，首先制定组织的质量方针和确定质量目标，然后系统分析质量管理和质量保证的总体要求，统筹规划，提出质量管理体系的总体方案。组织在质量管理体系总体设计的基础上，再对产品实现过程和测量、分析和改进过程做更进一步的具体策划。该阶段主要工作内容包括：收集资料，主要包括法律、技术法规、行政法规、各类标准、国内外认证机构的质量管理体系审核大纲、同行业的质量管理体系文件及经验介绍等；进行质量管理体系环境分析，分析市场对本组织质量体系的要求、分析国内外有关的法规和规定、分析质量管理体系的环境适应性、分析国家经济技术政策对本组织的影响等；制定质量方针；对质量管理体系的结构进行分析，对组成体系的各子体系的功能和联系进行分析，必须确定子体系的数量和它们之间的相互联系；对质量管理体系的现状进行调查和分析；对质量管理体系总体设计方案进行初步评审。

3）采取组织技术措施。为使质量管理体系能有效运行，可以对组织机构进行调整、重组；按照质量管理体系的要求，分配与落实质量职能，在此基础上可开展一系列的可操作的质量活动；为实现和保证质量体系的正常运作和持续改进，组织应根据自身的宗旨、产品特点和规模确定所需要的资源。

4）编制质量管理体系文件。首先应整理各项质量管理体系文件，排出现行的质量手册、规章制度、管理办法和质量记录的目录，以及要编制质量管理体系文件的明细表；编写指导性文件；注意编制质量管理体系文件的次序，一般先编写质量手册，再编制程序文件、质量计划，最后编制质量记录。质量管理体系文件的编制过程是一个反复修改的渐进过程。

（2）质量管理体系的实施和改进　质量管理体系的实施运行，是执行质量管理体系文件，实现质量方针和质量目标，保持质量管理体系持续有效和不断优化的过程。人力资源是质量管理体系结构中的首要因素，因为只有合格的人，才能做出合格的工作。其中人的质量意识（包括职业道德）、技术素质、管理水平决定了人的工作质量，从而很大程度上决定了产品质量。因此，实施质量管理体系必须对不同层次的人员，按照不同的需要，安排不同的内容，采取不同的方式进行培训和教育。

在实施质量管理体系之前，应经过试运行。对试运行中出现的问题，要分析原因切实解决，并在相应的程序文件或质量手册上加以规定。抓好组织协调，是保证质量管理体系实施有效运行的又一项重要工作。在实施质量管理体系时，应做好记录留有证据，并对实施的有效性进行验证。

质量管理体系的建立是为了能稳定地提供满足顾客和法规要求的产品，最终达到顾客满意的目的。究竟是否达到了这个目的，需要进行评价。顾客和第三方认证机构都可以对组织的体系有效性进行评价，但最重要的是组织必须建立自己的评价机制，对所策划的体系、过程及其实施的符合性和有效性进行评价。信息是评价的依据，信息能否及时反馈对确保组织内部及与顾客的良好沟通具有十分重要的意义。质量管理体系的评价要重视内审和管理评审，通过评审以实现持续改进。持续改进可以体现在体系的各个环节和任何阶段，PDCA 的方法体现了持续改进的思想。持续改进的目的是改进质量管理体系的有效性和效率，在 ISO 9001 中最关键的是有效性。可以通过减少、防止错误的发生进行日常改进，以期在稳定的状态下提高管理水平，始终满足顾客不断变化的要求。

4. 全面质量管理（TQM）与 ISO 9000 质量管理体系的特点比较

（1）TQM 与 ISO 9000 的相同点　首先，两者的管理理论和统计理论基础一致。两者均认为产品质量形成于产品全过程，都要求质量体系贯穿于质量形成的全过程；在实现方法上，两者都使用了 PDCA 质量环运行模式。其次，两者都要求对质量实施系统化的管理，都强调企业“一把手”对质量的管理。再次，两者的最终目的一致，都是为了提高产品质量，满足顾客的需要，都强调任何一个过程都是可以不断改进、不断完善的。

（2）TQM 与 ISO 9000 的不同点　首先，目标不一致。TQM 质量计划管理活动的目标是改变现状，其作业只限于一次，目标实现后，管理活动也就结束了，下一次计划管理活动虽然是在上一次计划管理活动结果的基础上进行的，但绝不是重复与上次相同的作业。而 ISO 9000 质量管理活动的目标是维持标准现状，其目标值为定值，其管理活动是重复相同的方法和作业，使实际工作结果与标准值的偏差量尽量减少。其次，工作中心不同。TQM 是以人为中心，ISO 9000 是以标准为中心。再次，两者执行标准及检查方式不同。实施 TQM 企业所制定的标准是企业结合其自身特点制定的自我约束的管理体制，其检查方主要是企业内部人员，检查方法是考核和评价（方针目标讲评，QC 小组成果发布等）。ISO 9000 系列标准是国际公认的质量管理体系标准，它是供世界各国共同遵守的准则，贯彻该标准强调的是由公正的第三方对质量体系进行认证，并接受认证机构的监督和检查。

TQM 是一个企业“达到长期成功的管理途径”，但成功地推行 TQM 必须达到一定的要求。对大多数企业来说，直接引入 TQM 有一定的难度。而 ISO 9000 则是质量管理的基本要求，它只要求企业稳定组织结构，确定质量体系的要素和模式就可以贯彻实施。贯彻 ISO 9000 系列标准和推行 TQM 之间不存在截然不同的界限，只有把两者结合起来，才是现代企业质量管理深化发展的方向。

企业开展 TQM，必须从基础工作抓起，认真结合企业的实际情况和需要，贯彻实施 ISO 9000 族标准。应该说，“认证”是企业实施标准的自然结果。企业在贯彻 ISO 9000 标准、取得质量认证证书后，一定不要忽视甚至丢弃 TQM。

5. ISO 9000 质量体系认证简介

21 世纪企业运作所面临的挑战无处不在，主要挑战包括以下主要方面：收益性、适应性、竞争性、企业发展、全球化、技术改变的速度。优秀的企业将会有相应的处理方法、应对程序和标准来接受这些挑战；上规模的企业则会选择申请质量管理体系的认证。

实施和申请质量管理体系的认证可帮助企业达到持续改进的目的。运用一个已被认可的管理体系并结合现有的外部验证，可使企业能够持续地更新其自身的任务、战略、运作和服务的等级。

申请认证质量管理体系的益处包括：客户将会看到更具竞争力的企业，从而增强市场竞争的机会，能降低成本，明确员工的职责、义务和工作的动机，提高利益相关方心目中的地位，通过承诺来完成正确的事情。

目前可以申请的各类质量管理体系认证一般包括：实践的验证和程序公正的第三方验证基准—ISO 9000－质量管理体系；ISO 14001－环境管理体系；OHSAS 18001－职业健康与安全管理体系；CMSAS－客户投诉管理体系；ISO/TS 16949－汽车供应行业的质量管理体系；TL 9000－电信供应行业的质量管理体系；ISO 22000 & HACCP－食品安全管理体系；ISO 27001/BS 17799－信息安全管理体系；ISO 20000/BS 15000－IT 服务管理体系；IMS－整合管理体系。

为了能充分地利用 ISO 9000 质量管理体系管理一个组织，需要采取以下步骤：首先，需要决定这一组织做什么，如何做；然后，将它纳入文件体系，必须按照所说的去做，保证所做的是有效的；最后，通过认证向股东及相关方证实对质量的承诺。

（1）实施质量管理体系时需要考虑的主要步骤

1）购买标准。在准备实施质量体系认证前，需要一些标准，而且必须读懂、读通。有许多有关质量的出版物和软件工具对于理解、实施并注册质量管理体系有所帮助。

2）组建队伍制订策略。通过与最高管理层协商制订策略，组织策划全面实施质量管理体系。质量管理体系的实施在于高级管理层，所以在开始实施质量管理体系时需要高级经理的参与。

3）考虑培训。无论是质量经理还是高级经理负责实施质量管理体系，都需要提高总体意识。小组活动、研讨会和培训课可以起到很大的帮助。

4）选择顾问。认真听取保持中立的顾问关于如何更好地实施质量管理体系的建议。由于顾问有丰富的经验实施 QMS，所以能防止走弯路。

5）选择认证公司。认证公司是第三方机构，如 BSI，可以前往并有效地审核所申请公司的质量管理体系，如果符合标准，BSI 将颁发证书。由于种种市场原因，选择认证公司是一个复杂的过程，考虑的因素包括：认证公司的经验，地理范围，价格和服务水准。

6）撰写质量手册。质量手册是高级别文件，它要列出质量管理的要点。通过 What（什么）、Why（为什么）和 How（如何）在业务中实施质量管理体系。

7）建立支持性文件。建立程序文件以支持质量手册，要求清晰简练地列出为完成一项工作的要点，包括 What（什么）、Why（为什么）和 How（如何）。

8）实施质量管理体系。实施的关键是沟通和培训。在实施阶段，所有执行程序的人都要收集记录以证明规定的已经做到了，并符合规定。

9）预审核服务。通常是在体系实施后 6 周进行，目的是找出没能达到标准的区域。这些区域是初审之前应考虑改进的方向。

10）获得认证。在认证机构安排初审的阶段，认证机构将审核申请认证企业的质量管理体系，并建议是否发证。

11）后续审核。一旦获得认证并拿到证书，申请认证的企业就可以对外宣传所在的企业已成功获得认证。为保证认证资格，申请认证的企业需要继续实施所有质量体系。认证机构会定期对标准执行情况进行检查。

（2）质量管理体系认证步骤　一般质量管理体系的认证步骤如下：

1）准备申请。申请程序，拿到报价，评估申请认证企业的需要后，给申请企业一个正式报价单，列出认证所需费用。

2）正式申请。需要填写申请表，并递交认证公司。认证公司将指派一位主任审核员担任审核过程中主要的审核工作。该审核员应对申请认证企业的行业非常了解，对改进系统提供支持。

3）预监督评审。认证企业代表与主任审核员一起审核，这可以保证所有程序性文件都符合 ISO 9001：2000 标准的要求。确定审核日期时需认证企业代表与主任审核员一起确定初审最佳时间。

4）审核。先经初审，正式审核由主任审核员执行。审核过程包括对申请认证企业的质量系统进行取样，对质量管理体系的实施和效果进行核实。在主任审核员审核完毕后，通常会提出一些建议。

5）认证/确认。根据主任审核员的建议，所申请的认证企业被认证机构正式确认后，将获得证书。

6）持续审核。获得认证后，主任审核员每年将定期拜访，促进体系改进并确保体系符合标准要求。

1.4 质量控制的基本方法

1.4.1 质量控制中的数据收集

1. 数据收集过程

收集数据要根据目的，从总体中收集。总体（亦称母体）就是根据人们的目的而选择和研究的对象的全部，总体的大小习惯上用 N 表示。样本（子样）是从总体中抽出来用以判断一批产品质量的那一小部分产品，样本的大小习惯上用 n 表示，样本中每一个产品叫样品。不论为了何种目的收集数据，首先要抽样。抽样就是从总体中随机抽取样本的活动。抽样（或称取样）有两种方法：

（1）随机抽样　一批产品（即总体）里每一件产品都有相等的机会被抽到，样本具有代表性，多用于产品的验收。常用抽签法、随机数表法（按目前通用的数理统计随机数表抽取）以及掷骰子法等。

（2）按工艺进程相隔一定时间连续抽样　该法是按时间顺序抽取的，只能代表这个时间的情况，只能反映抽样时工艺过程的状况，不能反映整批产品的状况。该法多用于工序质量控制。

经过抽样检查判为合格的批，不等于该批中每个产品都合格；同样，判为不合格的批，不等于该批中全部产品都不合格。

收集数据的目的大体有两种：工序控制和判断一批产品的质量。这样，如果要控制热处理中的淬火工序，就应以经过淬火工序后的一批零件作为总体，从中抽取部分零件（半成品）进行检测，如检查硬度、裂纹、变形等，得到具体数据，经过判断得出结论，如有问题，再反馈到工序中采取措施以改进淬火工作。

如果要评价一件机械产品的质量，则需要考查该产品从下料到机械加工、热处理直至包装各工序的质量是否合格，以及质量可以达到什么水平等。要评价一批产品的质量，则可从一批产品中抽出部分作样品进行检测，得到数据来判断该产品的质量水平。

2. 数据的种类

根据来源，数据可分为计量值数据和计数值数据。

计量值数据是具有连续性的数据，即可以用各种计量仪测量的数据，如硬度、强度、长度等。一般计量值可以有小数。

计数值数据是非连续性数据，即具有离散分布性质的数据，是判断属性的数据，不能用计量仪进行测量。计数值数据只能用查数办法收集，一般只取整数，如1，2，3，…计数值数据还可分为计件数据和计点数据。计件数据是根据某种质量特性对产品进行按件查数的数据，如一批产品中有多少件合格品，有几件有裂纹，有几件变形过大等。计点数据是反映一件产品中某种质量缺陷有多少的数据，如高速钢刀具淬火、回火后表面有多少麻点，铸件上有多少砂眼等。

3. 收集数据的目的和要领

1）明确收集数据的目的。实际工作中，收集数据的目的是：掌握生产现状；分析实际问题；检查本身或别人的工作；调查生产过程；判断产品质量。

2）要符合收集数据的目的，必须把数据分层（分类）。

3）收集数据的时间和地点对最后判断采取措施十分重要。

4）数据必须可靠。

1.4.2 常用的质量管理方法及控制工具

在质量管理中，经常要用到一些方法和工具。目前较常用的方法有：分层法、排列图法、因果分析图法、调查表法、直方图法、散布图法和控制图法。

1. 分层法

所谓分层法，就是把收集来的原始质量数据，按照一定的目的和要求加以分类整理，以便分析质量问题及其影响因素的一种方法。分层法又称分类法，是质量管理中常用来分析影响质量因素的重要方法。

根据分层的目的，按照一定的标志加以区分，把性质相同、在同一条件下收集的数据归在一起。分层时，应使同一层的数据波动幅度尽可能小，而层间的差别尽可能大。

（1）按不同的操作者分　如按新、老工人，男、女，不同工龄，操作技术水平高低进行分类。

（2）按机器设备分　如按不同型号、新旧程度进行分类。

（3）按原材料分　如按不同的供料单位、不同的进料时间、不同的生产环境等标志分类。

（4）按操作方法分　如按不同的切削用量、温度、压力等工作条件进行分类。

（5）按不同的时间分　如按不同的班次、不同的日期进行分类。

（6）按不同的检验手段分　如按不同的测量仪器、测量者进行分类。

（7）按产生废品的缺陷项目分　如按铸件的裂纹、气孔等缺陷分类。

2. 排列图法

排列图又称主次因素分析图或帕累托图（Pareto）。它是用来找出影响产品质量主要因素的一种有效工具。

排列图是由两个纵坐标、一个横坐标、几个直方块和一条折线所构成的，如图1-1所示。排列图的横坐标表示影响产品质量的因素或项目，按其影响程度大小，从左到右依次排列。排列图的左纵坐标表示频数（如件数、金额、工时、吨位等），右纵坐标表示频率（以百分比表示），直方块的高度表示某个因素影响的大小，从高到低，从左到右，按顺序排列。折线表示各影响因素大小的累积百分数，是由左到右逐渐上升的，这条折线就称为帕累托曲线。

一般，把因素分成 A、B、C 三类：A 类，累计百分数在 80% 以下的诸因素；B 类，累计百分数在 80% ~90% 的诸因素；C 类，累计百分数在 90% ~100% 的诸因素。

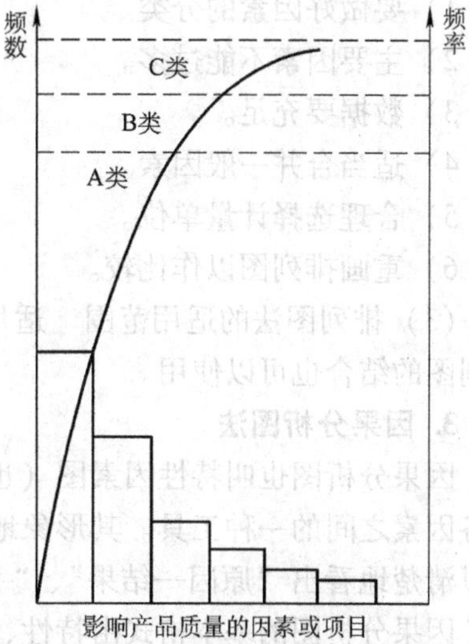

图 1-1　排列图

（1）排列图的制作步骤　排列图的制作步骤如图 1-2 所示。

1）确定所要调查的问题和收集数据。

2）设计一张数据记录表，将数据填入其中，并计算合计栏。

3）制作排列图用数据表，表中列有各项不合格类型及不合格数，累计不合格数，各项不合格所占比率以及累计比率，某铸件质量检验的排列图数据表见表 1-2。

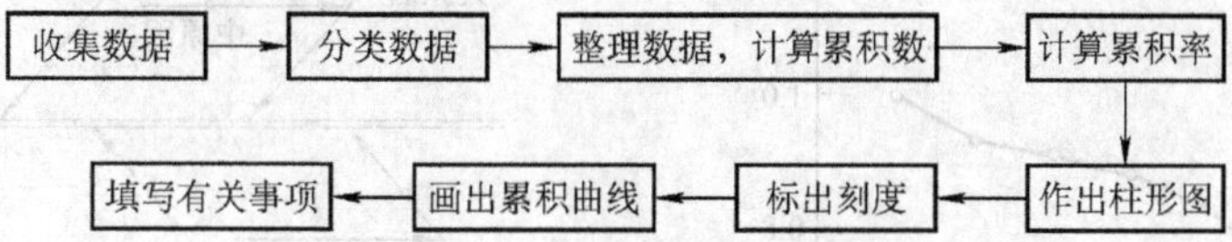

图 1-2　排列图的制作步骤

表 1-2　某铸件质量检验的排列图数据表

不合格类型	不合格数	累计不合格数	比率（%）	累计比率（%）
断裂	104	104	52	52
擦伤	42	146	21	73
污染	20	166	10	83
弯曲	10	176	5	88
裂纹	6	182	3	91
砂眼	4	186	2	93
其他	14	200	7	100
合计	200	—	100	—

4）画两根纵轴和一根横轴。在左边纵轴上标上件数（频数）的刻度，最大刻度为总件数（总频数）；在右边纵轴上标上比率（频率）的刻度，最大刻度为 100%。左边总频数的刻度与右边总频率的刻度（100%）高度相等。在横轴上将频数从大到小依次列出。

5）在横轴上按频数大小画出矩形，矩形的高度代表各不合格项频数的大小。

6）在每个直方块右侧上方标上累计值（累计频数和累计频率百分数），描点，用实线连接，画累计频数折线（帕累托曲线）。根据表 1-2 中的数据制作出的排列图如图 1-3 所示。

（2）绘制排列图时的注意事项

1）要做好因素的分类。

2）主要因素不能过多。

3）数据要充足。

4）适当合并一般因素。

5）合理选择计量单位。

6）重画排列图以作比较。

（3）排列图法的适用范围　适用于各行各业以及各个方面的工作改进活动，分层法与排列图的结合也可以使用。

3. 因果分析图法

因果分析图也叫特性因素图（也称鱼刺图或石川图），是整理和分析影响质量（结果）的各因素之间的一种工具。其形象地表示了探讨问题的思维过程，通过有条理地逐层分析，可以清楚地看出“原因—结果”、“手段—目标”的关系，使问题的脉络完全显示出来。

因果分析图的基本格式由特性、原因、枝干三部分构成，如图 1-4 所示。

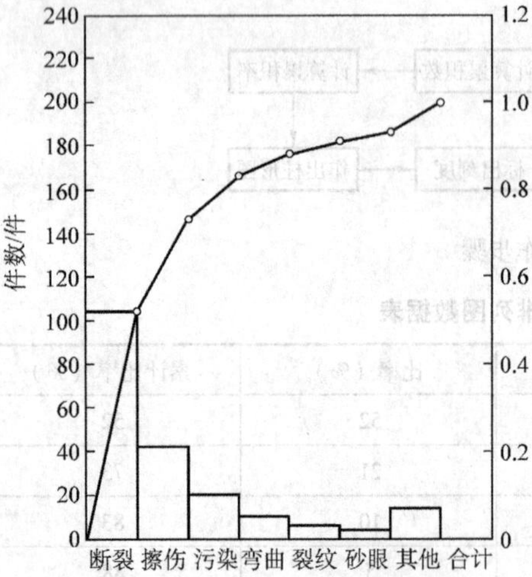

图 1-3　某铸件质量检验数据的排列图

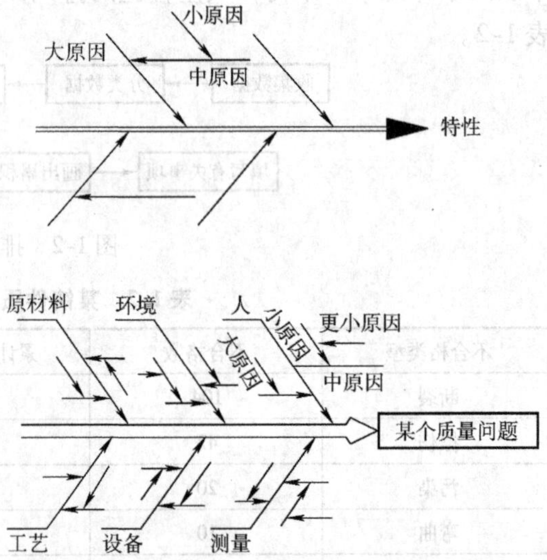

图 1-4　因果分析图

（1）因果分析图的制作步骤

1）确定分析对象。把要分析的质量特性问题填入主干线箭头指向的方块中。

2）记录分析意见。把大家针对质量特性问题所提出的各种原因，用长短不等的箭线排列在主干线的两侧。属于大原因的，用较长的箭线指向主干线；属于某大原因内次一级的中原因，用略短的箭线指向该大原因的箭线；属于小原因的箭线指向与它关联的中原因的箭线。

3）检查有无遗漏。即对所分析的种种原因检查一下，看有无遗漏，若有遗漏可及时补上。

4）记下必要事项。注明绘图者、参加讨论分析人员、时间等可供参考事项。

（2）绘制因果分析图时的注意事项

1）问题尽量具体、明确、有针对性。

2）集思广益。

3）分析到能采取具体措施为止。

4）主要原因的确定。

5）对关键因素采取措施后，再用排列图等方法来检验其效果。

4. 调查表法

调查表法是利用统计表来进行数据整理和粗略原因分析的一种方法，也叫检查表法或统计分析表法。

调查表是最基本的质量原因分析方法，也是最为常用的方法。在实际工作中，经常把调查表法和分层法结合起来使用，这样可以把可能影响质量的原因调查得更为清楚。需要注意的是，调查表法必须针对具体的产品，设计出专用的调查表进行调查和分析。

常用的调查表类型包括缺陷位置调查表、不良项目调查表和不良原因调查表。

（1）缺陷位置调查表　若要对产品各个部位的缺陷情况进行调查，可将产品的草图或展开图画在调查表上，当某种缺陷发生时，可采用不同的符号或颜色在发生缺陷的部位上标出。若在草图上划分缺陷分布情况区域，可进行分层研究，分区域要尽可能等分。缺陷位置调查表的一般格式可参照表1-3绘制。

表1-3　缺陷位置调查表

名称		调查项目	尘粒	日期	
代号			流漆	检查者	
工序名称	喷漆		色斑	制表者	
（简图位置）				尘粒 流漆 色斑	

（2）不良项目调查表　不合格品统计调查表用于调查产品质量发生了哪些不良情况及其各种不良情况的比率大小。以内燃机车修理厂柴油机总装工段一次组装不合格的返修为例作出产品不良项目调查表，见表1-4。

（3）不良原因调查表　要弄清楚各种不良品发生的原因，就需要按设备、操作者、时间等标志进行分层调查，填写不良原因调查表，见表1-5。

5. 直方图法

直方图法是从总体中随机抽取样本，将从样本中获得的数据进行整理，从而找出数据变化的规律，以便测量工序质量的好坏。直方图是常用的质量管理工具。

（1）直方图作图步骤

1）收集数据。数据个数一般为50个以上，最少不少于30个。

表 1-4　产品不良项目调查表

名称	柴油机	项目数	7	日期	年　月　日
代号		不良件数	208 台	检查人	
工段名称	总装工段	检查数	310 台	制表人	

返修项目名称	频数	小计	占返修率比率（%）
气缸内径圆度超差		72	34.6
进水管漏水		46	22.1
凸轮轴超差		30	14.5
检爆阀座漏水		24	11.5
进水管漏水		12	5.8
螺纹处漏水		10	3.8
其他		14	7.7
总计		208	100

表 1-5　不良原因调查表

	年　月　日
品名	工厂名
工序：最终检验	部门　制造部
不合格种类	检验员
检查总数：2530	批号　02－8－6
备注：全数检验	合同号　02－5－3

不合格种类	检查结果	小计
表面缺陷	正正正正正正正一	36
砂眼	正正正正	20
加工不合格	正正正正正正正正正一	46
形状不合格	正	5
其他	正正	10
	总计	107

2）求极差 R。在原始数据中找出最大值和最小值，计算二者的差就是极差，即 $R = x_{max} - x_{min}$。

3）确定分组的组数和组距。一批数据究竟分多少组，通常根据数据个数的多少来定，可参考表 1-6。

表 1-6　直方图分组数表

数据个数	分组数 K
50～100	6～10
100～250	7～12
250 以上	10～20

4）确定各组界限。先取测量值单位的1/2，分组界限应该能够包括最大值和最小值。第一组的上下限值为最小值±($h/2$)。第一组的上界限值就是第二组的下界限值，第二组的下界限值加上组距就是第二组的上界限值，也就是第三组的下界限值，依次类推，可定出各组的组界。为了计算的需要，往往要决定各组的中心值。每组的上下界限相加除以2，所得数据即为组中值。组中值为各组数据的代表值。

5）制作频数分布表。将测得的原始数据分别归入到相应的组中，统计各组的数据个数，即频数f_i，各组频数填好以后检查一下总数是否与数据总数相符，避免重复或遗漏。

6）画直方图。以横坐标表示质量特性（如表1-6中的中心值），纵坐标表示频数，在横轴上标明各组组界，以组距为底，频数为高，画出一系列的直方柱，就成了直方图。

7）在直方图的空白区域记上有关的数据资料，如样本数、平均值、标准差等。

（2）常见直方图类型

1）标准型（对称型）。数据的平均值与最大和最小值的中间值相同或接近，平均值附近的数据频数最多，频数在中间值向两边缓慢下降，并且以平均值左右对称。这种形状是最常见的。

2）锯齿型。作频数分布表时，如分组过多，会出现此种形状。另外，当测量方法有问题或读错测量数据时，也会出现这种形状。

3）偏态型。数据的平均值位于中间值的左侧（或右侧），从左至右（或从右至左），数据分布的频数增加后突然减少，形状不对称。

4）平顶型。当几种平均值不同的分布混在一起，或某种要素缓慢变化时，常出现这种形状。

5）双峰型。靠近直方图中间值的频数较少，两侧各有一个“峰”。当有两种不同的平均值相差大的分布混在一起时，常出现这种形状。

6）孤岛型。在标准型的直方图的一侧有一个“小岛”。出现这种情况是夹杂了其他分布的少量数据，如工序异常、测量错误或混有另一分布的少量数据。图1-5给出了直方图各种类型的形状。

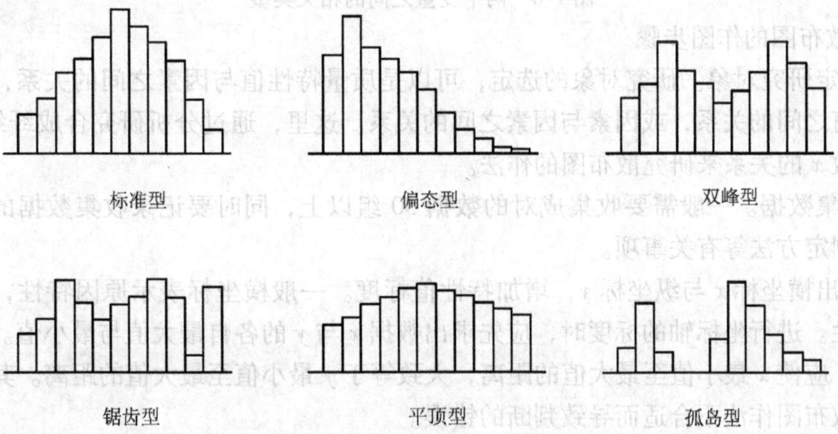

图1-5　不同形状的直方图

6. 散布图法

散布图（相关图）是通过分析研究两种因素的数据关系，来控制影响产品质量的相关因素的一种有效方法。相关关系一般可为：原因与结果的关系、结果与结果的关系和原因与原因的关系。

用相关图法，可以应用相关系数、回归分析等进行定量的分析处理，确定各种因素对产品质量影响程度的大小。如果两个数据之间的相关度很大，那么可以通过对一个变量的控制来间接控制另外一个变量。

通过对相关图的分析，可以帮助我们肯定或者否定关于两个变量之间可能关系的假设。

（1）两个变量的相关类型　在相关图中，两个要素之间可能具有非常强烈的正相关，或者弱的正相关。这些都体现了这两个要素之间不同的因果关系。一般情况下，两个变量之间的相关类型主要有六种：强正相关、弱正相关、不相关、强负相关、弱负相关以及非线性相关，如图 1-6 所示。

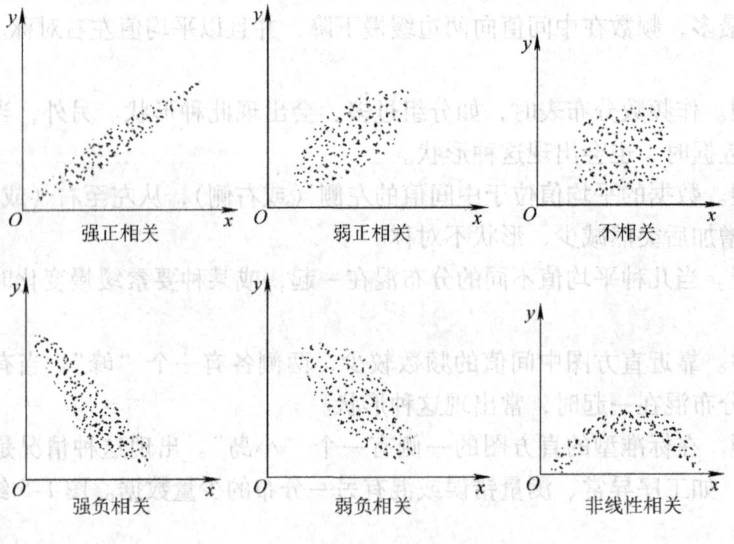

图 1-6　两个变量之间的相关类型

（2）散布图的作图步骤

1）确定研究对象。研究对象的选定，可以是质量特性值与因素之间的关系，也可以是质量特性值之间的关系，或因素与因素之间的关系。这里，通过分析研究合成纤维的强度 y 与拉伸倍数 x 的关系来研究散布图的作法。

2）收集数据。一般需要收集成对的数据 30 组以上，同时要记录收集数据的日期、取样方法、测定方法等有关事项。

3）画出横坐标 x 与纵坐标 y，增加特性值标度。一般横坐标表示原因特性，纵坐标表示结果特性。进行坐标轴的标度时，应先求出数据 x 与 y 的各自最大值与最小值。划分间距的原则是：应使 x 最小值至最大值的距离，大致等于 y 最小值至最大值的距离。其目的是为了避免因散布图作法不合适而导致判断的错误。

4）根据数据画出坐标点。按 x 与 y 的数据分别在横、纵坐标上取对应值，然后分别引出平行于 y 轴与 x 轴的平行线，其交点即为所求的坐标点。

（3）绘制散布图时的注意事项

1）作散布图时，要注意对数据进行正确的分层，否则可能作出错误的判断。

2）对明显偏离群体的点子，要查明原因。对被确定为异常的点子要剔除。

3）当收集的数据较多时，难免出现重复数据。在作图时为了表示这种情况，在点的右上方标明重复次数。

4）由相关分析所得的结论，仅适用于试验的取值范围内，不能随意加大适用范围。在取值范围不同时，再作相应的试验与分析。

7. 控制图法

控制图又叫管理图。它是判断和预报生产工序中质量状况是否发生异常波动的一种有效的方法。控制图是1924年由美国的休哈特（W. A. Shewhart）首创的。

控制图共有11种，在热处理生产中最常用的有$\bar{x}$—R控制图。$\bar{x}$为平均值，其计算式为

$$\bar{x} = \frac{x_1 + x_2 + x_3 + \cdots + x_n}{n} = \frac{1}{n}\sum_{i=1}^{n} x_i$$

式中，R为极差，指一组数据中最大值x_{max}与最小值x_{min}之差，即$R = x_{max} - x_{min}$。

$\bar{x}$—R控制图的形式如图1-7所示，它是平均值控制图与极差控制图的结合。控制图的横坐标是按时间顺序抽样的样本编号，统称为子样号；纵坐标为质量特征值（如硬度、强度、畸变量、晶粒度）。

进行热处理质量控制时，不仅要根据生产情况绘制控制图，还要学会分析控制图中各数据点的波动情况。当热处理处于受控状态时，图中各数据点随机地分散在中心线两侧附近。若点值跳出控制线，或虽没有跳出控制界限但排列出现缺陷（如：点值连续出现在中心线一侧；连续上升或下降；点值排列出现周期性变化等），则说明工艺过程出现异常，必须查明原因，采取对策。控制图中：UCL为上控制线，CL为中心线，LCL为下控制线。

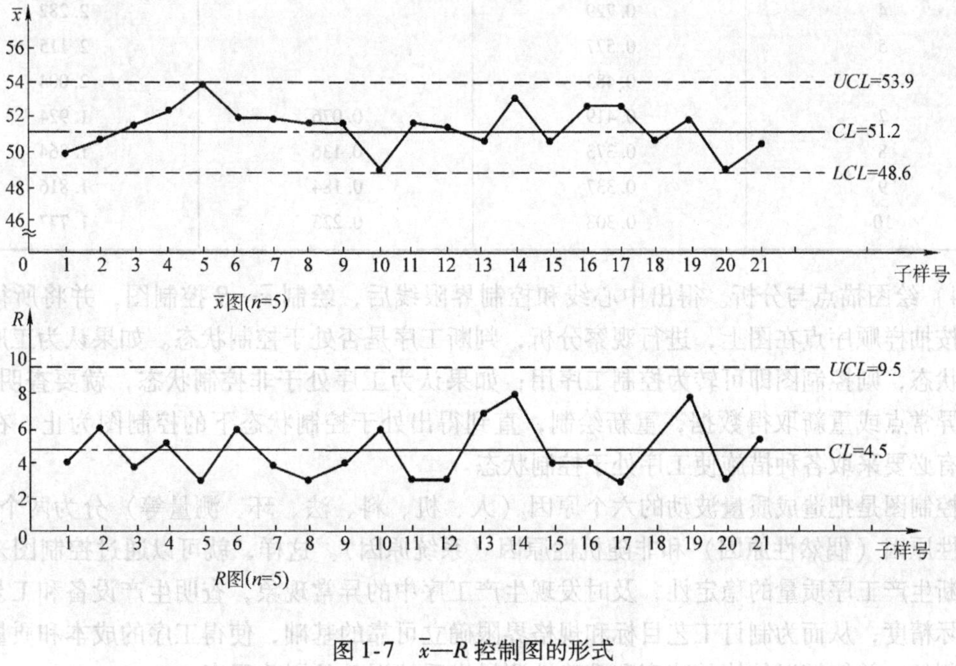

图1-7　$\bar{x}$—R控制图的形式

$\bar{x}$—R 控制图的绘制方法如下：

1）选定控制质量特性。首先要明确被控制的质量特性。选定的控制质量特性必须是影响质量的关键特性，而且必须是可以测量的，在技术上是可以控制的。

2）收集数据。应采取间隔随机抽样，以保证数据的代表性。在一般的质量控制中，样本含量多取 $n=4\sim5$，在绘制分析用控制图时，数据数量 N 应不少于 100 个。当 $n=4\sim5$、数据量 $N\geqslant100$ 时，至少必须取 20～25 个样本。这时，为了使数据情报能更好地代表总体，收集数据的时间不应少于 10～15 天。收集的数据应详细准确地记入数据表中。

3）确定控制界限线。根据理论分析和计算，$\bar{x}$ 控制图的中心线与上、下控制界限为：

$$CL=\bar{\bar{x}}$$
$$UCL=\bar{\bar{x}}+A_2R$$
$$LCL=\bar{\bar{x}}-A_2R$$

R 控制图的中心线与上、下控制界限线为：

$$CL=R$$
$$UCL=D_4R$$
$$LCL=D_3R$$

式中，$\bar{x}$ 为样本均值；R 为极差平均值；A_2、D_4、D_3 为系数，可从控制图系数表（表 1-7）中查出，它们随 n 的大小而变化。

表 1-7 控制图系数表

系数 / n	A_2	D_3	D_4
2	1.880		3.627
3	1.023		2.575
4	0.729		2.282
5	0.577		2.115
6	0.483		2.004
7	0.419	0.076	1.924
8	0.373	0.136	1.864
9	0.337	0.184	1.816
10	0.308	0.223	1.777

4）绘图描点与分析。得出中心线和控制界限线后，绘制 $\bar{x}$—R 控制图，并将所得样本数据按抽样顺序点在图上，进行观察分析，判断工序是否处于控制状态。如果认为工序处于控制状态，则控制图即可转为控制工序用；如果认为工序处于非控制状态，就要查明原因，剔除异常点或重新取得数据，重新绘制，直到得出处于控制状态下的控制图为止。在这期间，有必要采取各种措施使工序处于控制状态。

控制图是把造成质量波动的六个原因（人、机、料、法、环、测量等）分为两个大类：随机性原因（偶然性原因）和非随机性原因（系统原因）。这样，就可以通过控制图来有效地判断生产工序质量的稳定性，及时发现生产工序中的异常现象，查明生产设备和工艺装备的实际精度，从而为制订工艺目标和规格界限确立可靠的基础，使得工序的成本和质量成为可预测的，并能够以较快的速度和准确性测量出系统误差的影响程度。

1.5 材料加工的质量检测与控制

1.5.1 材料加工质量控制在生产中的地位和作用

在机械产品制造过程中，材料加工发挥着重要作用，材料加工的质量控制一般包括原材料检验、材料成形（毛坯的铸造、锻压、焊接等，机械加工）质量控制、热处理质量控制、表面处理的质量控制等。这些工序的质量控制直接影响着机械产品的质量。

通过材料加工的质量控制可以确保机械产品的质量符合要求，促进材料加工技术不断提高。材料加工质量控制的主要依据是：①相关的技术标准和规范；②施工图样；③产品制造的工艺文件；④订货合同等。

1.5.2 材料加工的质量检验及分类

1. 质量检验

所谓“质量检验”是指对实体的一种或多种质量特性进行诸如测量、检查、试验、度量，并将结果与规定的质量要求进行比较，以确定各个质量特性的符合性活动。符合质量规定要求的称为“合格”；不符合质量规定要求的称为“不合格”。质量检验方式很多，随着企业管理水平和产品的不同有所不同。

2. 质量检验的分类

（1）按产品生产流程顺序分类

1）进货检验。进货检验又称为入厂检验，是指外购件或成品入厂的检验，主要包括外购件的首件（批）样品检验和成批产品的入厂检验。一般在以下三种情况下进行首件（批）检验，即新材料、新产品首次交货；设计上有了重大的变化；工艺上有了较大的革新。

进行首（批）件检验的目的是为了全面掌握和了解供货单位的产品质量水平，并通过检验，建立衡量质量的具体标准，以后进货则与所建立的质量标准进行对比，符合质量标准的接收，不符合的拒收。

成批产品入厂检验的目的是为了对入厂的货物在质量上进行把关，以防止不合格的产品进厂流入生产过程，影响生产的正常秩序，引起产品质量的波动。

2）工序检验。对某一工序加工的在制品、半成品进行的检验称为工序检验。其目的是及时检验出生产过程中产生的废次品，防止废次品流入下道工序，造成浪费和影响产品质量。工序检验的对象不仅是检验产品，还要检验与产品质量有关的工艺质量和工作质量。工序检验一般分为首件检验、巡回检验和固定检验。首件检验是在工序内的设备、班次发生变化的情况下进行的，其目的是及早发现问题，防止大批产品报废，它是一种预防性检验。巡回检验是检验员到生产现场进行检验，其目的是机动地掌握现场生产情况，记录资料，发现问题，排除隐患，以保证产品质量和生产过程的稳定。固定检验是由专职检验人员在固定检验地点，利用固定设备进行的检验，其目的是控制关键工序和零部件的质量标准要求，剔除废次品，保证产品质量的优良和稳定。

3）成品检验　成品检验又称为最终检验，是完成全部生产过程后，对即将入库向外销售的产品所进行的一次全面的质量检验。成品检验是出厂前的最后一次检验，因此检验内容比较全面，包括产品性能、寿命、可用性、安全性、外观以及材料等。成品检验要求严格按照检验规程，由专职检验人员进行，符合技术要求的产品，要标明记号，填好质量保证书，方可入库。

（2）按质量检验的地点分类

1）集中检验。集中检验是指把被检验的产品集中在一个固定的场所进行检验，如检验站等。一般最终检验采用集中检验方式。

2）现场检验。现场检验是指在生产现场或产品存放地进行检验。一般工序检验（过程检验）或大型产品的最终检验采用现场检验的方式。

3）流动检验。流动检验是指检验人员在生产现场按一定的时间间隔对有关工序的产品质量和加工工艺进行的监督检验。

（3）按质量检验的方法分类

1）理化检验。理化检验是指主要靠检具、仪器、仪表、测量装置或化学方法对产品进行检验，获得检验结果的方法。有条件时尽可能采用理化检验。

2）感官检验。感官检验是依靠人的感觉器官对产品的质量进行评价或判断。如对产品的形状、颜色、气味、伤痕、老化程度等，依靠人的感官进行检验，并判断产品质量的合格与否。

3）试验性使用鉴别。试验性使用鉴别是指对产品进行实际使用效果的检验。通过对产品的实际使用或试用，观察产品使用特性的适用性情况。

（4）按被检验产品的数量分类

1）全数检验。全数检验也叫百分之百检验，是对所提交的全部产品逐件按规定的标准进行全数检验。全数检验适用以下情况：产品价值高但检验费用不高时；关键质量特性和安全性能指标较高时；生产批量不大，质量保证又无可靠措施时；精度要求比较高或对下道工序加工影响比较大的质量特性；手工操作比例比较大，质量不稳定的加工工序所生产的产品；用户退回的不合格交验品。

2）抽样检验。抽样检验是指从交验的一批产品（批量为 N）中，随机抽取一个样本（由 n 个单位产品组成）进行检验，从而对批产品质量作出推断的过程。抽样检验适用于以下情况：生产批量大，自动化程度高，产品质量比较稳定的情况；带有破坏性检验项目的产品；产品价值不高但检验费用较高时；某些生产效率高、检验时间长的产品；外协件、外购件大量进货时；有少数产品不合格不会造成重大损失的情况，如螺母、螺钉等。

根据抽样方案的不同，抽样检验可分为统计抽样检验和非统计抽样检验。统计抽样检验的方案完全由统计技术所决定，其对交验批的接受概率只受批质量水平唯一因素的影响，因此是科学的、合理的抽样检验。非统计抽样（如百分比抽样检验）的方案不是由统计技术决定的，其对交验批的接受概率不只受批质量水平的影响，还受到批量大小的影响，是不科学的、不合理的抽样检验。

抽样检验的步骤为：抽样、检验、推断。

3）免检。免检又称为无试验检验，主要是对国家权威部门产品质量认证合格的产品或信得过产品在买入时执行的无试验检验，接收与否可以供应方的合格证或检验数据为依据。执行免检时，顾客往往要对供应方的生产过程进行监督。监督的方式可采用派员进驻或索取生产过程的控制图等方式进行。

（5）按质量特性的数据性质分类

1）计量值检验。计量值检验需要测量和记录质量特性的具体数值，取得计量值数据，并根据数据值与标准对比，判断产品是否合格。计量值检验所取得的质量数据，可应用直方图、控制图等统计方法进行质量分析，可以获得较多的质量信息。

2）计数值检验。在工业生产中为了提高生产效率，常采用界限量规（如塞规、卡规等）进行检验。所获得的质量数据为合格品数、不合格品数等计数值数据，而不能取得质量特性的具体数值。

（6）按被检验后样品的状况分类

1）破坏性检验。破坏性检验是指只有将被检验的样品破坏后才能取得检验结果（如金属材料的强度等）。经破坏性检验后被检验的样品完全丧失了原有的使用价值，因此抽样的样本量小，检验的风险大。

2）非破坏性检验。非破坏性检验是指检验过程中产品不受破坏，产品质量不发生实质性变化的检验。如零件尺寸的测量等属于非破坏性检验。由于无损检测技术的发展，非破坏性检验的范围在逐渐扩大。运用统计技术（如回归分析），以非破坏性检验推断破坏性检验的结果（如以金属材料的硬度推断其抗拉强度），大大提高了检验的有效性。

（7）按检验目的分类

1）生产检验。生产检验是指生产企业在产品形成的整个生产过程中的各个阶段所进行的检验。生产检验的目的在于保证生产企业所生产的产品质量。生产检验执行内控标准。

2）验收检验。验收检验是指顾客（需方）在验收生产企业（供应方）提供的产品所进行的检验。验收检验的目的是顾客为了保证验收产品的质量。验收执行的是验收标准。

3）监督检验。监督检验是指各级政府主管部门所授权的独立检验机构，按质量监督管理部门制订的计划，从市场抽取商品或直接从生产企业抽取产品所进行的市场抽查监督检验。监督检验的目的是为了对投入市场的产品质量进行宏观控制。

4）验证检验。验证检验指各级政府主管部门所授权的独立检验机构，从企业生产的产品中抽取样品，通过检验验证企业所生产的产品是否符合所执行的质量标准要求的检验。如产品质量认证中的型式试验就属于验证检验。

5）仲裁检验。仲裁检验是指当供需双方因产品质量发生争议时，由各级主管部门所授权的独立检验机构抽取样品进行检验，提供给仲裁机构作为裁决的技术依据。

（8）按供需关系分类

1）第一方检验。生产方（供方）称为第一方。第一方检验指生产企业自己对自己所生产的产品进行的检验。第一方检验实际就是生产检验。

2）第二方检验。使用方（顾客、需方）称为第二方。需方对采购的产品或原材料、外购件、外协件及配合产品等所进行的检验称为第二方检验。第二方检验实际就是进货检验（买入检验）和验收检验。

3）第三方检验。由各级政府主管部门所授权的独立检验机构称为公证的第三方。第三方检验包括监督检验、验证检验和仲裁检验等。

（9）按检验人员分类

1）自检。自检是指由操作人员自己对自己所加工的产品或零部件所进行的检验。自检的目的是操作者通过检验了解被加工产品或零部件的质量状况，以便不断调整生产过程生产出完全符合质量要求的产品或零部件。

2）互检。互检是同工种或上下道工序的操作者相互检验所加工的产品。互检的目的在于通过验收及时发现不符合工艺规程规定的质量问题，以便及时采取措施，从而保证加工产品的质量。

3）专检。专检是指企业质量检验机构直接领导，专职从事质量检验的人员所进行的检验。

（10）按检验系统组成部分分类

1）逐批检验。逐批检验是指对生产过程所生产的每一批产品逐批进行的检验。逐批检验的目的在于判断批产品合格与否。

2）周期检验。周期检验是从逐批检验合格的某批或若干批中按确定的时间间隔（季或月）所进行的检验。周期检验的目的在于判断周期内的生产是否稳定。

逐批检验和周期检验构成了企业的完整检验体系。周期检验是为了判定生产过程中系统因素作用的检验，而逐批检验是为了判定随机因素作用的检验，二者是投产和维持生产的完整的检验体系。周期检验是逐批检验的前提，没有周期检验或周期检验不合格的生产系统不存在逐批检验；逐批检验是周期检验的补充，逐批检验是在经周期检验杜绝系统因素作用的基础上而进行的控制随机因素作用的检验。

一般情况下逐批检验只检验产品的关键质量特性，而周期检验要检验产品的全部质量特性以及环境（温度、湿度、时间、气压、外力、负荷、辐射、霉变、虫蛀等）对质量特性的影响，甚至包括加速老化和寿命试验。因此，周期检验所需设备复杂、周期长、费用高，但绝不能因此不进行周期检验。企业没有条件进行周期检验时，可委托各级检验机构代做周期检验。

（11）按检验效果分类

1）判定性检验。判定性检验是依据产品的质量标准，通过检验判断产品合格与否的符合性判断。判定性检验的主要职能是把关，其预防职能并不明显。

2）信息性检验。信息性检验是利用检验所获得的信息进行质量控制的一种现代检验方法。因为信息性检验既是检验又是质量控制，故具有很强的预防功能。

3）寻因性检验。寻因性检验是在产品的设计阶段，通过充分的预测，寻找可能产生不合格的原因，有针对性地设计和制造防差错装置，用于产品的生产制造过程，杜绝不合格品的产生。因此，寻因性检验具有很强的预防功能。

判定性检验的工作内容主要包括熟悉与掌握有关规定的要求（质量标准），进行测量、比较、判定并加以标识，对不合格产品进行处置，对测量的数据、不合格品处置等进行记录。

1.5.3　产品检验状态与不合格品的控制

对于判定性检验来说，产品的检验状态有四种：产品未经检验（待检）、产品检验合格、产品检验不合格和产品已经检验但尚待判定。只有检验合格的原材料、零部件、外购件、外协件、配套件才能投入生产，只有合格的半成品才能转序，只有合格的产品才能出厂（入库）。不合格的产品不能计算产值和产量，并严格控制避免错用、误用。企业必须正确区分和管理产品所处的状态，并以恰当的方式进行标识，以区分产品是否经过检验，检验的结果是否合格。要按质量计划或程序文件的规定，对产品生产、安装和服务过程中的产品检验状态标识妥善保护，确保合格产品才能交付顾客（用户）。

1. 检验标识

检验标识一般可分为验证状态标识和产品标识两个方面。

（1）验证状态标识　是标注产品所处的符合性状态的标识。为了保证企业有一个正常的生产秩序，防止未经检验或经检验不合格及尚未认定的原材料、零部件流入下道工序，必须对生产过程中的原材料、零部件的检验状态进行标识，以明确是否经过检验合格。根据检验状态的类别，验证状态标识也相应有待检、已检合格和不合格三种。对处于各种检验状态的实物，应通过存放区域（定置管理）及检验标识予以区别，以便能有效追溯有关的质量记录及责任者。

验证状态的标识可以应用标记、印章、标签、标牌、路线卡、检验记录、存放容器及存放地点等方法区别。验证状态的标识应明确由企业的哪个部门负责，在生产过程中的哪一段实施以及应在产品的哪一部位标识。实行验证状态标识既可以有效防止产品混批和不合格产品的非正常转序，又便于追溯责任者。故实施验证状态标识是质量体系中实施实物控制的主要环节，是保证检验工作有效性的重要措施。要特别注意标识的识别和保护，防止标识涂改、消失而造成不同状态产品的误用、混用，对标识印章、标签等应严格管理。

（2）产品标识　产品标识是用于每件或每批产品形成过程中识别记录的标识，可以通过在产品上作出标记或挂上标签，或用随行文件加以标识。对大量生产或流程性材料也可以用投料批号、熔炼炉号等标识。

产品标识的目的在于区分不同类别、规格、批次、炉号等的产品，既能有效识别从投料到产品全过程中的产品，防止混用，又可实现产品加工过程的可追溯形，追溯到产品（或批）的原始状态、生产过程和使用情况的能力，以便查找不合格的原因，采取相应的纠正和预防措施。

2. 不合格品的控制

不合格品的控制包括不合格品的评审和处置，目的在于对生产过程各环节所产生的不合格品及时地验证、确认、隔离和处置，以确保不合格原材料（含零部件、外购件、外协件）不投产，不合格半成品不转序，不合格品不出厂。

（1）不合格品的控制程序　不合格品的控制包括以下内容：

1）一旦发现不合格品要及时作出标识，以便识别。标识的形式可采用色标、票签、印记等。

2）做好不合格品的记录，确定不合格品的范围，如生产时间、地点、产品批次、零部件号、生产设备等。

3）评价不合格品，提出对不合格品的处置方法，决定返工、返修、让步、降级、报废等处置方式，并做好记录。

4）对不合格品要隔离存放，严防误用或误装。

（2）对不合格品的评审与处置　对不合格品的评审是根据不合格品哪一项质量特性不合格，依据其严重程度和造成的损失大小来决定由哪一级处理，谁负责，谁参加评审，并明确评审的职责和处置的权限。

（3）对不合格品的处置　根据对不合格品的评审来决定采用哪种处置方法。如返工、返修、降级或改作他用、拒收或报废等。

（4）不合格品的控制及采取纠正和预防措施　不合格品的控制措施包括：

1）企业应制订处理不合格品的工作程序，并在管理标准中明确规定在生产过程中一旦发现不合格品时，应立即采取标识、鉴别、隔离、处置、评审和处理及预防其再发生的各项措施。

2）在生产过程中一旦发现可能出现不合格品或不合格批时，应立即进行鉴别和记录，在条件允许时应对以前生产的批进行复检。对确认不合格品或不合格批应按规定作出标识、隔离、确保不得误用或误装。

3）企业应指定有关部门人员对不合格品进行评定，以确定能否回用、返工、返修、降级使用或报废，并按规定立即进行处置。

4）一旦发现不合格品后应立即进行质量分析，采取纠正和预防措施，防止再发生。

5）建立和健全不合格品管理制度和档案，定期进行质量统计分析，掌握产生不合格品的原因和规律，以便采取预防措施加以控制。

不合格品的纠正和预防措施包括：

1）对产生的不合格品，要调查并找出产生原因，研究防止再发生而应采取的措施。

2）为保证措施的有效实施，应有必要的控制手段。

3）对生产过程的质量记录和用户的申诉进行分析，查明和消除产生不合格品的潜在原因。

4）执行纠正和预防措施若涉及质量体系文件（如程序文件、作业指导书）的更改，应按文件控制程序办理，并做好记录。

5）对生产过程中产生的不合格品，应立即采取补救措施，预防再发生。进行质量改进以减少返工、返修、报废所造成的损失。

6）对产生不合格品的责任部门及个人实行质量否决权，按规定进行处罚。

1.5.4　质量检验机构在质量体系中的职能

1. 鉴别的职能

鉴别的职能是根据技术标准、产品图样、工艺规程和订货合同（协议）的规定，采用相应的检验方法观察、试验、测量产品的质量特性，判定产品质量是否符合规定的质量要求。不进行鉴别就不能确定产品的质量状况，难以实现其他的职能。

2. 把关的职能

质量“把关”是质量检验最重要、最基本的职能。产品实现的过程往往是一个复杂的过程，影响产品质量的人、机、料、法、环境诸因素都会在这个过程中发生变化和波动，各过程（工序）不可能始终处于相同的状态，质量波动是客观存在和不可避免的。因此，必须通过严格的检验，剔除不合格品予以“隔离”，实现不合格原材料不准投产、不合格半成品不准转序、不合格成品不准出厂，严把质量关。

3. 预防的职能

现代的质量检验不是单纯的事后把关，还同时起到预防作用。检验的预防作用体现在以下几个方面：

1）通过对过程能力的测定和控制图的应用起到预防的作用。无论是过程能力测定还是控制图的应用，都需要通过产品质量检验取得质量数据，但这种检验的目的不仅是为了判定产品合格与否，也可以通过计算过程能力的大小或反映过程的状态是否受控。

2）通过过程作业的首检与巡检起到预防作用。当一个班次或一批产品开始作业（加工）时或当设备进行了调整时，一般应进行首件检验，只有当首检合格并得到认可时，才能正式投产。其检验的目的是为了预防出现成批不合格。而正式投产后为了及时发现作业过程中的异常变化，还要定时或不定时的到作业现场进行巡回检验，一旦发现问题可以及时采取措施纠正。

3）广义的预防作用。实际上对原材料和外购件的进货检验；对半成品转序或入库前的检验，既起到把关的作用又起到预防的作用。前过程（工序）的把关，对后续过程（工序）就是预防。特别是应用现代数理统计方法对检验数据进行分析，就能找到或发现质量变异的特征和规律。利用这些特征和规律就能改善质量状况，预防不稳定的生产状态的出现。

4. 报告的职能

为了使领导层和相关部门及时掌握产品生产过程中的质量状况，评价和分析控制的有效性，把检验获得的数据和信息，经汇总、整理、分析后写成报告，为质量控制、质量改进、质量考核以及质量管理决策提供重要信息和依据。质量报告的主要内容如下：

1）原材料、外购件、外协件进货验收的质量状况及合格率。

2）过程检验、成品检验的合格率、返修率、报废率和等级品率，以及相应的质量损失金额。

3）按产品组成部分（如零件、部件、组件）或作业单位划分统计的合格率、返修率、报废率及相应的质量损失金额。

4）产品不合格的原因分析。

5）重大质量问题的调查、分析和处理意见。

6）提高产品质量和质量改进的建议。

5. 监督的职能

质量检验部门还承担着企业内的质量监督职能，包括产品质量的监督，专职和兼职质量检验人员工作质量的监督，工艺技术执行情况的技术监督。

1.6　质量管理及质量控制的发展

质量管理及质量控制理论的发展可以概括为以下几个阶段：

1）20世纪30年代以前为质量检验阶段，仅能对产品的质量实行事后把关。但质量并不是检验出来的，所以，质量检验并不能提高产品质量，只能剔除次品和废品。

2）1924年提出休哈特理论，质量控制从检验阶段发展到统计过程控制阶段，利用休哈特工序质量控制图进行质量控制。休哈特认为，产品质量不是检验出来的，而是生产制造出来的，质量控制的重点应放在制造阶段，从而将质量控制从事后把关提前到制造阶段。

3）1961年菲根堡姆提出全面质量管理理论（TQM），将质量控制扩展到产品寿命循环的全过程，强调全体员工都要参与质量控制。

4）20世纪70年代，日本学者田口玄一博士提出田口质量理论，它包括离线质量工程学（主要利用三次设计技术）和在线质量工程学（在线工况检测和反馈控制）。田口玄一博士认为，产品质量首先是设计出来的，其次才是制造出来的。因此，质量控制的重点应放在设计阶段，从而将质量控制从制造阶段进一步提前到设计阶段。

5）20世纪80年代，利用计算机进行质量管理（CAQ），出现了在CIMS环境下的质量信息系统（QIS）。借助于先进的信息技术，质量管理与控制又上了一个新台阶，因为信息技术可以实现以往所无法实现的很多质量管理与控制功能。

6）如今，全面质量管理开始发展与兴起，全面质量管理是企业管理现代化、科学化的一项重要内容。它于20世纪60年代产生于美国，后来在西欧与日本逐渐得到推广与发展。它应用数理统计方法进行质量控制，使质量管理实现定量化，变产品质量的事后检验为生产过程中的质量控制。全面质量管理类似于日本式的全面质量控制（TQC）。首先，质量的含义是全面的，不仅包括产品服务质量，而且包括工作质量，用工作质量保证产品或服务质量；其次，TQC是全过程的质量管理，不仅要管理生产制造过程，而且要管理采购、设计直至储存、销售、售后服务的全过程。

世界上著名的质量管理专家对质量管理及质量控制理论和实践进行了展望，如著名美国质量管理专家朱兰博士指出过去的20世纪是生产率的世纪，而21世纪应是质量的世纪。质量是全民的事业，与人有关、人人有责。全民必须参与质量活动，全社会应监督质量活动。必须在质量管理方面做出革命性变革，以追求高质量。全面质量管理就是为了达到高质量所要做的一切事情。菲根堡姆博士指出质量是一个综合的概念，要把战略、质量、价格、成本、生产率、服务和人力资源、能源和环境学一起进行考虑，即要认识到现代经济中质量的广泛性，以树立“大质量”概念。使质量成为能同时达到顾客完全满意、人力资源和低成本的公司的行为方式。美国营销学家菲利普科勒特也指出产品质量分为绩效质量与吻合质量。绩效质量是产品的绝对工作质量，它是单纯以产品中所包含的工程技术水平来衡量的质量，而不考虑质量的市场定位；吻合质量是指由市场定位决定的，与目标市场的需要相一致的质量。日本著名质量管理专家石川馨博士认为全面质量管理是经营的一种思想革命，新的经营哲学。国际质量科学院院士刘源张认为世界上最好的东西莫过于全面质量管理了。他对全面质量管理有着十分精辟的见解：①全面质量管理是为了改善职工素质和企业素质，以达到提高质量、降低消耗和增加效益的目的；②全面质量管理的关键是质量管理工作的协调和督促，而这项工作最后只有组织的最高领导者有权去做；③管理的历史就是从管人到尊重人的历史。

随着社会、经济和技术的发展，质量管理及质量控制的内涵和外延都发生了许多新的变化，形成了许多新的观点并表现出以下几种发展的趋势：

（1）“零缺陷”的观点 “零缺陷”观点认为：改善质量的基础在于第一次就把事情做对，要改变“缺点难免”的传统思想，树立无缺点的新概念。要求每个员工在自己的工作职责范围内努力做到无缺陷，力求按照作业标准、工作程序和工作方法正确地去工作，做到零部件加工及装配无缺陷、文件图样无缺陷、信息传递无缺陷、决策无缺陷，从而保证产品质量，降低成本，按期交货，全面满足用户要求。“零缺陷”管理强调从人的心理方面和具体作业方面鼓励员工在从事某项工作之前就消除缺陷，使员工在工作中处于积极主动的状态。“零缺陷”管理逐渐成为质量管理战略的实施策略之一。

（2）重视现场管理3N、4M、5S等方法 企业的现场管理水平对保证或提高产品质量有着十分重要的作用。企业管理人员和技术人员在生产现场直接面临着工序、控制、生产系统优化运行等实际问题，因此掌握好 3N、4M、5S 等方法对提高产品质量意义重大，并且已成为当前日益盛行的现场管理方法。

3N 是指工序前不接受不合格品、工序中不产生不合格品、工序后不转交不合格品。通过这一原则，将市场竞争中的顾客和供应方的关系引入到生产管理中，使前后工序成为供需关系，由此促使企业员工必须掌握本岗位的技能，严格按照工艺规程操作。

4M 是指生产过程中影响产品质量的人（Man）、机器（Machine）、材料（Material）和方法（Method）四大要素。通过对这四大要素的严格管理，使操作者能最大限度地发挥其潜能，使机器保持最佳运行状态，使所用材料能最大限度地保证加工质量，使所采用的加工方法尽量最佳。在这“四个要素”中，“人”是最根本的，同时也是起决定作用的要素。因此，在质量管理中，更应加强“以人为本”的质量管理思想。

日本著名的“5S”活动，被称为制造过程质量管理的基础性工作。这里的“5S”是指现场进行的整理（Seiri）、整顿（Section）、清扫（Seison）、清洁（Seiketsu）和素养（Shitsuke）。“5S”活动的实施，一方面可为员工创造一个安全、清洁、愉快的工作环境，保证他们的身心健康，增强归属感；另一方面可以保证质量，降低消耗，增加效益，提高企业形象。“5S”活动对于提高工作效率、防止浪费、提高质量都有着十分重要的意义。

（3）6σ 管理法的推进将成为质量管理新的潮流　6σ 是一个统计学上的概念，σ 就是总体标准偏差。6σ 意味着在每百万次活动或机会中只出现 3.4 次失误（已经考虑了 1.5σ 的漂移）。可见 6σ 管理法意味着以高标准、严要求来取得高质量，这是一种近乎完美地满足客户需求的要求，是一种近乎无缺陷的、当前世界先进的质量控制方法。目前，6σ 管理法因其良好的经济性和可操作性、管理上的系统性和科学性，已被世界各国大公司采用。可以预计，6σ 管理法将成为质量管理新的潮流。

（4）计算机辅助质量管理得到了快速发展　随着信息技术、自动化控制技术和人工智能技术的不断发展，将计算机引入质量管理和控制必将成为一个重要的发展方向。

（5）多品种、小批量生产环境下质量管理的研究将成为重点　21 世纪的市场是动态多变的，顾客的需求是多种多样的。面向顾客订货的多品种、小批量生产，将成为一种主流的生产模式。在这种模式下，原来常用的、面向大批量生产的质量控制技术，特别是统计质量控制技术已不再适用。在统计质量控制中，必须有足够数量的样本才能得出统计结论，否则，得到的分析结果将毫无意义。而在多品种、小批量生产中，零部件或产品的生产数量往往较少，因此无法应用控制图、抽样检验理论进行控制。因此，多品种、小批量生产环境下的质量管理和控制必将成为研究和关注的热点。

复习思考题

1-1　何谓产品质量？说明产品质量与工作质量的关系。

1-2　指出质量管理的基本过程。

1-3　说明质量策划的基本过程。

1-4　何谓质量控制？并指出其目的。

1-5　说明质量管理的八项基本原则？

1-6　何谓全面质量管理，指出全面质量管理的工作程序？

1-7　说明质量管理和质量控制的基础工作包括哪些内容？

1-8　何谓质量管理体系？指出 ISO 9000 族核心标准的构成。

1-9　分析比较全面质量管理（TQM）与 ISO 9000 质量管理体系的异同。

1-10　说明质量管理体系（ISO 9000）认证的主要步骤包括哪些？

1-11　常用的质量管理和质量控制的工具有哪些？

1-12　何谓质量检验？说明质量检验的分类方法。

1-13　结合实际案例谈一谈质量管理和控制以及质量检验的重要性。

第 2 章　金属材料的质量检测

2.1　常用金属材料的化学成分与性能

金属材料在现代工农业生产中占有极其重要的地位，不仅机械制造、交通运输、国防工业、科学技术等各个部门中需要使用大量的金属材料，而且在人们日常生活中也离不开金属材料。金属材料的品种繁多，工程上常用的金属材料一般可分为两大类：一类为钢铁材料，包括钢和铸铁；另一类为非铁金属及合金，如铝及铝合金、铜及铜合金、镁及镁合金、钛及钛合金和轴承合金等。

金属材料的性能主要是指使用性能和工艺性能。使用性能是金属材料在使用条件下所表现出来的性能，包括力学性能、物理性能和化学性能等；工艺性能是金属材料在加工过程中所表现出来的性能，包括铸造性能、锻造性能、焊接性能、热处理性能和机械加工性能等。金属材料不仅应具有优良的使用性能，而且还应具有良好的工艺性能。一般机械零件，在设计和选材时经常以力学性能指标作为主要依据，可是在很多情况下，工艺性能却能成为决定某种材料能否被选用的关键性因素。

金属材料的成分不同，性能各异，而且通过加工，特别是热处理以后，性能变化很大。金属材料的性能与其成分、组织和加工工艺有着非常密切的关系。

2.1.1　常用钢材的化学成分与性能

钢铁材料属于铁碳合金。含碳量 w_C 小于 2.11% 的铁碳合金称为钢，含碳量 w_C 大于 2.11% 的铁碳合金称为铸铁。

1. 钢的分类

工业用钢的种类繁多，根据不同的需要，如使用、管理、贸易和行业特点等需要，可采用不同的分类方法，在有些情况下，还可以混合使用几种分类方法。

（1）我国曾采用的习惯分类方法

1）按钢的品质（指冶金质量，特别是硫、磷含量）可分为普通钢（$w_P \leqslant 0.045\%$，$w_S \leqslant 0.055\%$）、优质钢（w_P、w_S 均 $\leqslant 0.040\%$）、高级优质钢（$w_P \leqslant 0.035\%$，$w_S \leqslant 0.030\%$）。

2）按冶炼方法可分为平炉钢、转炉钢、电炉钢；根据炼钢时所用脱氧方法，可分为沸腾钢、镇静钢和半镇静钢。

3）按钢的用途可分为建筑及工程用钢、机械制造用钢、工具钢、特殊性能钢、专业用钢（如桥梁、容器、锅炉、兵器用钢）等，每一大类又可分为许多小类。

4）按钢中的含碳量可大致分为低碳钢（$w_C \leqslant 0.25\%$）、中碳钢（$w_C = 0.25\% \sim 0.6\%$）、高碳钢（$w_C > 0.6\%$）。

5）按钢中的合金元素含量可分为低合金钢（$w_{Me} \leqslant 5\%$）、中合金钢（$w_{Me} = 5\% \sim 10\%$）、高合金钢（$w_{Me} > 10\%$）。

6）根据钢中合金元素的种类可分为锰钢、铬钢、硼钢、硅锰钢、铬镍钢等。

7）按合金钢在空气中冷却所得到的组织可分为珠光体钢、贝氏体钢、马氏体钢、奥氏体钢、莱氏体钢等。

8）工业用钢材按最终加工方法分为热轧材和冷轧材、拉拔材、锻材、挤压材、铸件等。

9）钢的工业产品按轧制成品和最终产品（GB/T 15574—1995）可分为大型型钢、棒材、中小型型钢、盘条、钢筋混凝土用轧制成品、铁道用钢、钢板桩、扁平制品（热、冷轧薄板、厚板、钢带、宽扁钢）、钢管、中空棒材及经过表面处理的扁平成品、复合产品等。

（2）国家标准 GB/T 13304.1—2008 和 GB/T 13304.2—2008 钢分类方法　国家标准（GB/T 13304.1—2008 和 GB/T 13304.2—2008）《钢分类》是参照国际标准制定的。钢的分类分为“按化学成分分类”、“按主要质量等级和主要性能及使用特性分类”两部分。

1）按化学成分分类。依据钢中含有合金元素规定含量界限值，将钢分成非合金钢、低合金钢、合金钢三大类，见表 2-1。

① 非合金钢。钢中的合金元素规定含量见表 2-1。这类钢主要是以 Fe 为基本元素，碳含量 $w_C \leqslant 2\%$ 的 Fe-C 合金。依据铁碳合金中碳含量的多少，将非合金钢分为：工业纯铁（$w_C < 0.04\%$）、低碳钢（$w_C \leqslant 0.25\%$）、中碳钢（$w_C = 0.25\% \sim 0.6\%$）、高碳钢（$w_C > 0.6\%$）。

② 低合金钢。钢中的合金元素规定含量见表 2-1。低合金钢中加入的合金元素的总量较少，一般其质量分数不大于 5%。

③ 合金钢。钢中的合金元素含量界限见表 2-1。根据加入合金元素总量的多少，合金钢可分为：低合金钢（合金元素总质量分数≤5%）、中合金钢（合金元素总质量分数为 5% ~ 10%）、高合金钢（合金元素总质量分数 >10%）。

表 2-1　非合金钢、低合金钢和合金钢中合金元素规定质量分数的界限值

合金元素	合金元素规定质量分数界限值（%）			合金元素	合金元素规定质量分数界限值（%）		
	非合金钢	低合金钢	合金钢		非合金钢	低合金钢	合金钢
Al	<0.10	—	≥0.10	Se	<0.10	—	≥0.10
B	<0.0005	—	≥0.0005	Si	<0.50	0.50 ~ 0.90	≥0.90
Bi	<0.10	—	≥0.10	Te	<0.10	—	≥0.10
Cr	<0.30	0.30 ~ 0.50	≥0.50	Ti	<0.05	0.05 ~ 0.13	≥0.13
Co	<0.10	—	≥0.10	W	<0.10	—	≥0.10
Cu	<0.1	0.1 ~ 0.5	≥0.50	V	<0.04	0.04 ~ 0.12	≥0.12
Mn	<1.0	1.0 ~ 1.40	≥1.40	Zr	<0.05	0.05 ~ 0.12	≥0.12
Mo	<0.05	0.05 ~ 0.10	≥0.10	混合稀土	<0.02	0.02 ~ 0.05	≥0.05
Ni	<0.30	0.30 ~ 0.50	≥0.50	其他元素（S，P，C 除外）	<0.05	—	≥0.05
Nb	<0.02	0.02 ~ 0.06	≥0.06				
Pb	<0.40	—	≥0.40				

如果在低合金钢中同时含有一组元素 Cr、Ni、Mo、Cu 或另一组元素 Nb、Ti、V、Zr 中的两种或两种以上时，应同时考虑这些元素的规定含量总和。如果钢中这些元素的规定含量总和大于表 2-1 中规定的每种元素最高界限值总和的 70%，应划为合金钢。

此外，根据表 2-1 的分类，采用“非合金钢”一词代替传统的“碳素钢”。但在 1992 年施行新的钢分类以前所制定的有关技术标准中均采用“碳素钢”。这类标准中，有的仍属现行标准，故本书与此类标准有关的术语，仍使用碳素钢术语，如碳素结构钢、碳素工具钢等。

2）按钢的主要质量等级、主要性能及使用特性分类

① 按钢的主要质量等级分类。钢的主要质量等级是指钢在生产过程中是否需要控制的质量要求以及控制质量要求的严格程度。主要质量的含义更为广泛，如 S、P 含量，残余元素含量，力学性能，电磁性能，表面质量，非金属夹杂物含量，热处理等项要求。依据主要质量等级不同，可把钢分成三类：

a. 普通质量钢。普通质量钢包括普通质量非合金钢、普通质量低合金钢两类。

b. 优质钢。优质钢包括优质非合金钢、优质低合金钢、优质合金钢三类。

c. 特殊质量钢。特殊质量钢包括特殊质量非合金钢、特殊质量低合金钢、特殊质量合金钢三类。

② 非合金钢按主要性能和使用特性分类。主要性能和使用特性是指规定或限制钢的主要性能指标，钢具有某种使用特性，使得钢的用途细化或专门化。

a. 以规定最高强度为主要特性的非合金钢，如冷成形薄钢板。

b. 以规定最低强度为主要特性的非合金钢，如造船、压力容器等用的结构钢。

c. 以规定碳含量为主要特性的非合金钢，如线材、调质钢。

d. 非合金易切钢。

e. 非合金工具钢。

f. 具有特定电磁性能的非合金钢，如工业纯铁。

g. 其他非合金钢。

③ 低合金钢按主要性能和使用特性的分类

a. 可焊接的低合金高强度结构钢。

b. 低合金耐候钢。

c. 低合金钢筋钢。

d. 铁道用低合金钢。

e. 矿用低合金钢。

f. 其他低合金钢。

④ 合金钢按主要性能和使用特性的分类

a. 工程结构用合金钢，包括一般工程结构用合金钢、合金钢筋钢、地质石油钻探用合金钢、压力容器用合金钢、高锰钢等。

b. 机械结构用合金钢，包括调质合金结构钢、表面硬化合金结构钢（如渗碳钢、渗氮钢、感应淬火钢等）、合金弹簧钢、冷塑成形钢。

c. 不锈、耐蚀和耐热钢。耐热钢又可分为抗氧化钢和热强钢等。按金相组织不同，不锈耐蚀钢又可分为：马氏体型不锈钢、铁素体型不锈钢，奥氏体与铁素体型不锈钢，沉淀硬

化型不锈钢等。

d. 工具钢，包括合金工具钢和高速钢。合金工具钢又可分为量具刃具钢、冷作模具钢、热作模具钢、塑料模具钢、无磁模具钢等。高速钢又可分为钨系高速钢、钨钼系高速钢、钴系高速钢。

e. 滚动轴承钢，包括高碳高铬轴承钢、渗碳轴承钢、不锈轴承钢、高温轴承钢、无磁轴承钢等。

f. 特殊物理性能钢，包括软磁钢、永磁钢、无磁钢、高电阻钢与合金等。

g. 其他合金钢类。

2. 工业用钢牌号表示方法

(1) 非合金结构钢（碳素结构钢）和低合金高强度结构钢的牌号表示法

1）非合金结构钢（碳素结构钢）牌号。非合金结构钢（碳素钢）牌号是由代表屈服强度的“屈”字的汉语拼音字母Q+屈服强度数值（单位为MPa）+质量等级代号+脱氧方法组成。质量等级代号有A、B、C、D四个级别，表示由A至D钢中S、P含量依次降低。脱氧方法是用符号F、b、Z、TZ分别表示沸腾钢、半镇静钢、镇静钢和特殊镇静钢，“Z”和“TZ”可以省略。如Q235AF的碳素结构钢，表示屈服强度$\sigma_s \geqslant 235$MPa，质量等级为A级的沸腾钢。碳素结构钢有Q195、Q215、Q235、Q255、Q275五个牌号。

2）低合金高强度结构钢的牌号。低合金高强度结构钢的牌号基本上与碳素结构钢牌号相似，是由代表屈服强度“屈”字的汉语拼音字母Q+屈服强度数值（单位为MPa）+质量数等级代号组成。质量等级代号有A、B、C、D、E五个级别，并由A到E钢中的S、P含量依次降低。如Q460E表示屈服强度$\sigma_s \geqslant 460$MPa，质量等级为E级的低合金高强度结构钢。低合金高强度结构钢有Q295、Q345、Q390、Q420、Q460五个牌号。

(2) 优质非合金结构钢（优质碳素结构钢）牌号表示方法　优质非合金结构钢牌号是由两位数字表示钢中的碳的万分含量。按钢中锰含量多少，将优质非合金结构分为普通含锰量组（$w_{Mn}=0.25\%\sim0.8\%$）和较高含锰量组（$w_{Mn}=0.7\%\sim1.2\%$）并在两位数字后面加“Mn”符号表示。如45钢表示平均碳含量$w_C=0.45\%$的普通含锰组的优质碳素结构钢。45Mn钢表示平均碳含量$w_C=0.45\%$的较高含锰组的优质碳素结构钢。它们的牌号分别为：08F、10F、15F、08、10、15、20、25、30、35、40、45、50、55、60、65、70、75、80、85、15Mn、20Mn、25Mn、30Mn、35Mn、40Mn、45Mn、50Mn、60Mn、65Mn、70Mn。

(3) 非合金易切钢（易切削结构钢）牌号表示方法　此类钢的牌号是在同类结构钢牌号前面冠以符号“Y”，表示易切削钢，如Y20表示平均碳含量$w_C=0.2\%$的易切削结构钢。

(4) 非合金工具钢（碳素工具钢）牌号的表示方法　碳素工具钢牌号是由“碳”的汉语拼音首位字母“T”后加数字组成的。数字表示钢中平均碳的千分含量。碳素工具钢均为优质钢。当钢号末尾有“A”符号时，表示该钢为高级优质钢（$w_S \leqslant 0.02\%$，$w_P \leqslant 0.03\%$）。如T13A表示平均碳含量$w_C=1.3\%$的高级优质碳素工具钢。碳素工具钢牌号有T7、T8、T8Mn、T9、T10、T11、T12、T13及牌号后面加“A”等。

(5) 合金钢牌号的表示方法　我国的低合金钢、合金钢牌号的表示方法是按钢的碳含量及所含的合金元素的种类及含量来确定的。

1）合金结构钢牌号。合金结构钢牌号由“两位数字+元素符号+数字”来表示。前面的两位数字表示钢中碳的万分含量，加入的合金元素用化学符号表示，其后的数字表示该合金元素的百分含量。若合金的质量分数≤1.5%时不标明数字；若合金的质量分数≥1.5%、≥2.5%、≥3.5%……，则应分别标出2、3、4……。例如20Cr表示平均碳含量w_C = 0.2%、w_{Cr}≤1.0%的合金结构钢。

2）合金工具钢牌号。其表示方法为，当碳含量w_C<1%时，牌号前面以千分含量标出碳含量（一位数字）；当碳含量w_C≥1%时，牌号前面无数字。合金元素表示与合金结构钢相同。如CrWMn表示钢中平均碳含量w_C≥1%，并且Cr、W、Mn的质量分数均小于或等于1.5%的合金工具钢。又如9CrWMn表示钢中平均碳含量w_C = 0.91%，Cr、W、Mn的质量分数均小于或等于1.5%的合金工具钢。但高速钢的牌号例外。

3）滚动轴承钢牌号。其牌号是用“滚”的汉语拼音大写字母“G”为首位，其后加入合金元素Cr的平均含量的千分含量来表示。如GCr15表示钢中平均铬含量w_{Cr} = 1.5%的滚动轴承钢。

4）不锈钢和耐热钢牌号。不锈钢和耐热钢牌号的表示方法相同，牌号前的数字表示平均碳含量的万倍，合金元素的表示方法与其他合金钢相同。当w_C≤0.03%或0.08%者，在牌号前分别冠以“00”与“0”。如不锈钢30Cr13的平均w_C = 0.3%、w_{Cr}≈13%；06Cr19Ni10钢的平均w_C≈0.06%、w_{Cr}≈19%、w_{Ni}≈10%；另外，当w_{Si}≤1.5%、w_{Mn}≤2%时，牌号中不予标出。

5）铸钢牌号

① 工程用铸造碳钢。牌号前面用“铸钢”汉语拼音字母组合“ZG”，后面的一组数字表示屈服强度，第二组数字表示抗拉强度，若牌号末尾标字母H（焊）表示该钢是焊接结构用碳素铸钢。例如，ZG230—450表示屈服强度为230MPa，抗拉强度为450MPa的工程用铸钢。

② GB/T 5613—1995《铸钢牌号表示方法》。该标准规定在牌号前面用“铸钢”汉语拼音字母组合“ZG”，后面用一组数字表示碳的万分含量。并依次排列各主要合金元素符号及百分含量。如ZG15CrMoV，表示平均碳含量w_C = 0.15%、w_{Cr} = 0.9% ~ 1.4%、w_{Mo} = 0.9% ~ 1.4%、w_V = 0.9%的铸造合金钢。

③ 工程结构用合金钢铸钢。这类铸钢如ZGMn13型，合金元素符号后的数字为该合金元素的平均百分含量。

3. 常用钢种

常用钢种有很多，这里仅介绍其中的几类，包括工程结构钢（碳素结构钢、低合金结构钢）、机械结构用钢（渗碳钢、调质钢、易切削钢、弹簧钢、滚动轴承钢）、工具钢（刃具钢、模具钢、量具钢）、特殊性能钢（不锈钢、耐热钢、耐磨钢）。

（1）工程结构钢

1）碳素结构钢。国标GB/T 700—2006规定，碳素结构钢的牌号由代表屈服强度的字母、屈服强度的数值（MPa）、质量等级符号和脱氧方法符号等4个部分按顺序组成，实际应用中为了简便，常常只采用前面两个部分来表示钢的牌号。例如，Q195中，Q为钢的屈服强度“屈”字汉语拼音的首位字母，应读作“屈”；195为屈服强度，表示屈服强度不低于195MPa。碳素结构钢的牌号、化学成分和力学性能见表2-2。

2）低合金结构钢。低合金结构钢是结合我国资源条件，在碳素钢中加入少量合金元素（一般不超过3%）形成的。这类钢具有良好的力学性能，特别是具有较高的屈服强度，还具有良好的塑性和比碳素钢更低的冷脆临界温度，目前已大量用于桥梁、船舶、车辆、高压容器、管道、建筑方面。2008 年的国家标准 GB/T 1591—2008 公布了低合金结构钢的新牌号及成分和性能，见表 2-3。

表 2-2　碳素结构钢的牌号、化学成分和力学性能（GB/T 700—2006）

牌号	等级	化学成分（%），不大于					脱氧方法	拉伸试验：屈服强度 σ_s/MPa，钢材厚度（直径）/mm，不小于						σ_b/MPa	断后伸长率 δ_5（%），钢材厚度（直径）/mm，不小于					冲击吸收功/J	
		w_C	w_{Mn}	w_{Si}	w_S	w_P		≤16	>16~40	>40~60	>60~100	>100~150	>150~200		≤40	>40~60	>60~100	>100~150	>150~200	温度/℃	V形纵向不小于
Q195	—	0.12	0.50	0.30	0.040	0.035	F、Z	195	185	—	—	—	—	315~430	33		—	—	—	—	—
Q215	A	0.15	1.20	0.35	0.050	0.045	F、Z	215	205	195	185	175	165	335~410	31	30	29	27	26	—	—
	B				0.045	0.045														20	27
Q235	A	0.22	1.40	0.35	0.050	0.045	F、Z	235	225	215	205	195	185	375~500	26	25	24	22	21	—	—
	B	0.20			0.045	0.045														20	27
	C	0.17			0.040	0.040	Z													0	
	D				0.035	0.035	TZ													-20	
Q275	A	0.24	1.50	0.35	0.050	0.045	F、Z	275	265	255	245	225	215	415~540	22	21	20	18	17	—	—
	B	0.22			0.045		Z													20	27
	C	0.20			0.040	0.040	Z													0	
	D				0.035	0.035	TZ													-20	

表 2-3　低合金高强度结构钢的牌号、成分及特性（GB/T 1591—2008）

牌号	质量等级	化学成分（%，不大于）w_C	w_{Si}	w_{Mn}	w_P	w_S	w_{Nb}	w_V	w_{Ti}	旧牌号 GB 1591—1988	主要特性
Q345	A、B、C、D、E	A、B、C 级 0.18 D、E 级 0.20	0.50	1.70	A 级 0.035 B 级 0.035	A 级 0.035 B 级 0.035	0.07	0.15	0.20	12MnV 14MnNb 16Mn 16MnRE 18Nb	钢的强度高，具有良好的综合性能和焊接性能
Q390	A、B、C、D、E	0.20	0.50	1.70	C 级 0.030	C 级 0.030	0.07	0.20	0.20	15MnV 15MnTi 16MnNb	钢中加入 Nb、V、Ti 使晶粒细化，提高强度，具有良好的力学性能、工艺性能和焊接性能
Q420	A、B、C、D、E	0.20	0.50	1.70	D 级 0.030	D 级 0.025	0.07	0.20	0.20	15MnVN 14MnVTiRE	具有良好的综合性能和焊接性能
Q460	C、D、E	0.20	0.60	1.80	E 级 0.025	E 级 0.020	0.11	0.20	0.20	—	强度最高，在正火、正火加回火或淬火加回火状态下有良好的综合力学性能

（2）机械结构用钢　机械结构用的合金钢主要用于制造各种机械零件和构件，其质量等级均为特殊质量等级，大多需经热处理后使用。若按主要工艺特点不同，机械结构用钢又可分为表面硬化钢、调质钢、弹簧钢、冷塑成形钢、非调质钢和低碳马氏体钢以及航空、航

天、兵器等专业用合金结构钢。它们通常以钢棒、钢管、钢板、钢带、钢丝等不同规格供货。按工艺特点分类的机械结构用钢有渗碳钢、调质钢、易切削钢、弹簧钢、滚动轴承钢等。

1）渗碳钢。碳含量为 $w_C = 0.1\% \sim 0.25\%$，经过渗碳、淬火、低温回火后使用的非合金渗碳钢和合金渗碳钢。

a. 非合金渗碳钢。这类钢主要用于受力不大，表面要求耐磨的一般齿轮、凸轮等机械零件。也可以不经热处理，利用该类钢碳含量低，强度低、塑性高、韧性高，有良好焊接性和成形性的特点，用于制造受力不大的冲击件、焊接件，如螺栓、螺母、螺钉、杠杆、轴套、焊接容器等零件或构件。常用的钢种为15、20。

b. 合金渗碳钢。合金渗碳钢的热处理工艺及力学性能见表2-4。根据淬透性的高低，常用合金渗碳钢可分为三类：低淬透性合金渗碳钢，如15Cr、20Cr、15Mn2、20Mn2等；中淬透性渗碳钢，如20CrMnTi、20CrMnMo、12CrNi3A等；高淬透性渗碳钢，如12CrNi4A、18Cr2Ni4WA、20Cr2Ni4A等。

表2-4 常用合金渗碳钢的热处理工艺及力学性能（GB/T 699—1999、GB/T 3077—1999）

牌号	热处理				力学性能				
	淬火温度/℃ 第一次/第二次	冷却介质	回火温度/℃	冷却介质	σ_b/MPa	σ_s/MPa	δ_5（%）	ψ（%）	A_K/J
15Cr	880/800	水、油	200	水、空气	≥750	≥500	≥11	≥45	≥56
20Cr	880/800	水、油	200	水、空气	≥850	≥550	≥10	≥40	≥48
15Mn2	900/—	空气	200	水、空气	≥600	≥350	≥17	≥40	—
20Mn2	850/—	水、油	200	水、空气	≥800	≥600	≥10	≥40	≥48
20CrMnTi	880/870	油	200	水、空气	≥1100	≥850	≥10	≥45	≥56
20CrMnMo	850/—	油	200	水、空气	≥1200	≥900	≥10	≥45	≥56
12CrNi3A	860/780	油	200	水、空气	≥950	≥700	≥11	≥50	≥72
12CrNi4A	860/780	油	200	水、空气	≥1100	≥850	≥10	≥50	≥72
18Cr2Ni4WA	950/850	空气	200	水、空气	≥1200	≥850	≥10	≥45	≥80
20Cr2Ni4A	880/780	油	200	水、空气	≥1200	≥1100	≥10	≥45	≥64

2）调质钢。调质钢一般是指经淬火加高温回火（调质处理）的碳素结构钢和合金结构钢，经调质处理后得到回火索氏体组织，具有高的强度和良好的塑性与韧性的组合，即具有良好的综合力学性能。调质钢的含碳量 w_C 一般介于0.25%～0.50%之间。含碳量过低，则不易淬硬，回火后达不到所需的硬度；含碳量过高，则韧性不足。合金元素有强化作用，合金调质钢中的主加元素有Cr、Ni、Mn、Si等，其他合金元素如Mo、V、Al、B等，含量一般较少。

调质钢常用于制造汽车、拖拉机、机床等机械上要求具有良好综合力学性能的重要零件，如柴油机连杆螺栓、汽车底盘上的半轴及机床主轴等。40、45钢等中碳钢经调质处理后，力学性能不高，只适用于尺寸较小、载荷较轻的零件。42CrMo、40CrNiMo钢等合金调质钢的综合力学性能较好，可用于尺寸较大、载荷较重的零件。常用调质钢的牌号、调质处理工艺及力学性能见表2-5。

表 2-5　常用调质钢的牌号、调质处理工艺及力学性能（GB/T 699—1999、GB/T 3077—1999）

牌号	调质处理				力学性能				
	淬火温度/℃	冷却介质	回火温度/℃	冷却介质	σ_b/MPa	σ_s/MPa	δ_5（%）	ψ（%）	A_K/J
45	830	水	560～620	水、油	700～850	450～550	15～17	40～45	40～48
42Mn2V	860	油	600	水、油	≥1000	≥850	≥11	≥45	≥48
40MnVB	850	油	500	水、油	≥1050	≥850	≥10	≥45	≥56
40Cr	850	油	500	水、油	≥1000	≥800	≥9	≥45	≥48
40CrMn	840	油	520	水、油	≥1000	≥850	≥9	≥45	≥48
42CrMo	850	油	580	水、油	≥1100	≥950	≥12	≥45	≥64
35CrMo	850	油	560	水、油	≥1000	≥850	≥12	≥45	≥64
30CrMnSi	880	油	540	水、油	≥1100	≥900	≥10	≥45	≥40
40CrNi	820	空	500	水、油	≥1000	≥800	≥10	≥45	≥56
40CrNiMo	850	油	620	水、油	≥1000	≥850	≥12	≥55	≥80

3）易切削钢。易切削钢是在低碳、中碳或高碳钢中加入一种或几种合金元素，通过相应的工艺使其具有良好的切削加工性能。易切削钢的性能要求比较单一，就是要具有良好的切削加工性能，希望在高速切削下易断屑，刀具磨损小，并能提高表面加工质量。常用易切削钢的成分和力学性能见表2-6。

表 2-6　常用易切削钢的成分和力学性能（GB/T 8732—2004）

牌号	化学成分（%）					热轧钢的纵向力学性能			
	w_C	w_{Si}	w_{Mn}	w_S	w_P	σ_b/MPa	δ_5（%）	ψ（%）	HBW
Y12	0.08～0.16	0.15～0.35	0.70～1.00	0.10～0.20	0.08～0.15	390～540	≥22	≥36	≤170
Y15	0.10～0.18	≤0.15	0.80～1.20	0.23～0.33	0.05～0.10	390～540	≥22	≥36	≤170
Y20	0.17～0.25	0.15～0.35	0.70～1.00	0.08～0.15	≤0.06	450～600	≥20	≥30	≤175
Y30	0.27～0.35	0.15～0.35	0.70～1.00	0.08～0.15	≤0.06	510～655	≥15	≥25	≤187
Y40Mn	0.37～0.45	0.15～0.35	1.20～1.55	0.28～0.30	≤0.05	690～735	≥14	≥20	≤207

4）弹簧钢。弹簧钢是专门结构钢，主要用于制造各种弹簧或有类似性能要求的零件。弹簧是利用弹性变形来储存能量、缓和振动和冲击的，所以对弹簧钢的主要性能要求是高弹性极限和疲劳强度，具有较高的含碳量。

弹簧钢也有碳素钢与合金钢之分。碳素弹簧钢的含碳量一般为 $w_C=0.60\%\sim0.75\%$。合金弹簧钢的含碳量一般为 $w_C=0.46\%\sim0.70\%$，所含合金元素主要有Si、Mn、Cr、V等，它们的主要作用是提高钢的淬透性和回火稳定性，强化铁素体和细化晶粒，从而可有效地改善弹簧钢的力学性能，提高弹性极限和屈强比。

弹簧钢还可分为冷拉（轧）弹簧钢和热轧弹簧钢。冷拉（轧）弹簧钢是在室温下经拉丝（拔丝）或轧制而成的弹簧钢，直径较小或厚度较薄的弹簧一般用冷拉弹簧钢丝或冷轧弹簧钢带制成。这类弹簧钢是由碳素钢（65、65Mn、75）或合金钢（55Si2Mn、60Si2Mn）经冷拉而成，冷拉后可获得很高的强度。热轧弹簧钢又称为热成形弹簧钢，是用以制造拖拉机、汽车上的各种尺寸较大的热成形螺旋弹簧和板弹簧用钢。常用热轧弹簧钢的牌号、化学成分、热处理和力学性能见表 2-7。

表 2-7　常用热轧弹簧钢的牌号、化学成分、热处理和力学性能（GB/T 1222—2007）

种类	牌号	化学成分（%）						热处理/℃		力学性能（不小于）			
		w_C	w_{Si}	w_{Mn}	w_{Cr}	w_V	$w_{其他}$	淬火温度和淬火介质	退火温度	σ_s/MPa	σ_b/MPa	δ(%)	ψ(%)
碳素弹簧钢	65	0.62 ~ 0.70	0.17 ~ 0.37	0.50 ~ 0.80	≤0.25	—	—	840 油	500	800	1000	9	35
	85	0.82 ~ 0.90	0.17 ~ 0.37	0.50 ~ 0.80	≤0.25	—	—	820 油	480	1000	1150	6	30
	65Mn	0.62 ~ 0.70	0.17 ~ 0.37	0.90 ~ 1.20	≤0.25	—	—	830 油	540	800	1000	8	30
合金弹簧钢	55SiMnVB	0.52 ~ 0.60	0.70 ~ 1.00	1.00 ~ 1.30	≤0.35	0.08 ~ 0.16	B0.0005 ~ 0.0035	860 油	460	1225	1375	5	30
	60Si2Mn	0.56 ~ 0.64	1.50 ~ 2.00	0.60 ~ 0.90	≤0.35	—	—	870 油	480	1200	1300	5	25
	50CrVA	0.46 ~ 0.54	0.17 ~ 0.37	0.50 ~ 0.80	0.80 ~ 1.10	0.10 ~ 0.20	—	850 油	500	1150	1300	10(δ_5)	40
	60Si2CrVA	0.56 ~ 0.64	1.40 ~ 1.80	0.40 ~ 0.70	0.90 ~ 1.20	0.10 ~ 0.20	—	850 油	410	1700	1900	6(δ_5)	20
	30W4Cr2VA	0.26 ~ 0.34	0.17 ~ 0.37	≤0.40	2.00 ~ 2.50	0.50 ~ 0.80	W4 ~ 4.5	1050 ~ 1100 油	600	1350	1500	7(δ_5)	40

5）滚动轴承钢。用于制造滚动轴承的钢称为滚动轴承钢。滚动轴承在柴油机、拖拉机、汽车以及其他高速运转的机械中得到了广泛应用，结构上一般均由外套、内套、滚动体（钢球、滚柱、滚针）和保持架等组成。

根据滚动轴承的工作条件，对滚动轴承钢的性能要求很高。滚动轴承钢必须具有高而均匀的耐磨性、高的弹性极限和接触疲劳强度、足够的韧性和淬透性，同时在大气和润滑剂中具有一定的耐蚀能力。所以，滚动轴承钢一般为高碳铬钢，其含碳量为 $w_C = 0.95\% \sim 1.10\%$，含铬量为 $w_{Cr} = 0.40\% \sim 1.65\%$，尺寸较大的轴承可采用铬锰硅钢。常用滚动轴承钢的化学成分见表 2-8，热处理制度、回火后硬度及用途见表 2-9。

表 2-8　常用滚动轴承钢的化学成分（GB/T 18254—2002）

牌号	化学成分（%）								
	w_C	w_{Si}	w_{Mn}	w_P	w_S	w_{Cr}	w_{Ni}	w_{Mo}	w_{Cu}
GCr9	0.95 ~ 1.05	0.15 ~ 0.35	0.15 ~ 0.30	≤0.025	≤0.025	0.90 ~ 1.20	≤0.30	0.08	≤0.25
GCr15	0.95 ~ 1.05	0.15 ~ 0.35	0.25 ~ 0.45	≤0.025	≤0.025	1.40 ~ 1.65	≤0.30	0.10	≤0.25
GCr15SiMn	0.95 ~ 1.05	0.45 ~ 0.75	0.95 ~ 1.25	≤0.025	≤0.025	1.40 ~ 1.65	≤0.30	0.10	≤0.25

表 2-9　常用滚动轴承钢的热处理制度、回火后硬度及用途

牌号	热处理		回火后硬度	主要用途
	淬火温度/℃	回火温度/℃	HRC	
GCr9	800～820	150～160	62～66	20mm 以内的各种滚动轴承
GCr15	820～840	150～160	62～66	壁厚＜14mm、外径＜250mm 的套圈，直径 25～50mm 的滚柱
GCr15SiMn	820～840	170～200	＞62	壁厚≥14mm、外径≥250mm 的套圈，直径 20～200mm 的钢球

（3）工具钢　用来制造各种刃具、模具、量具和其他工具的钢，称为工具钢。工具钢可分为碳素工具钢与合金工具钢。根据工具的服役条件和使用要求，对工具钢的性能要求一般都比较高，需具有高的淬透性、硬度和耐磨性，对切削刃具还要求有较高的热硬性，对于热加工模具还要求具有一定的抗热疲劳性能、热处理变形小等。因此，工具钢的含碳量都比较高。

1）刃具钢。刃具钢主要用于制造切削刃具，如车刀、铣刀、钻头等。刃具钢可分为碳素刃具钢、低合金刃具钢、高速钢等。常用的碳素刃具钢有 T7、T7A、T8、T8A、T9、T9A、T10、T10A、T12、T12A 等，其含碳量为 $w_C = 0.65\% \sim 1.30\%$，经淬火和低温回火后，能达到 60HRC 以上的硬度和较高的耐磨性。常用的低合金刃具钢有 9SiCr、9Mn2V、CrWMn 等，其热处理和碳素刃具钢基本相同，即球化退火、淬火和低温回火。高速钢钢号现有几十种，它们的性能不同，适用于制造各种用途和不同类型的高速切削刃具，常用的高速钢有 W18Cr4V（18-4-1）、W6Mo5Cr4V2（6-5-4-2）、W6Mo5Cr4V3（6-5-4-3）等。

2）模具钢。模具钢主要用于制造模具，如冲压模、锻模、挤压模、压铸模等。根据工作条件的不同，模具钢可分为冷作模具钢和热作模具钢。冷作模具钢的化学成分基本上和刃具钢相似，如 T10、9SiCr、9Mn2V、CrWMo 等都可作为冷作模具钢，不过只适合于制造尺寸较小的模具。对于尺寸较大的重载或要求精度较高、热处理变形小的模具，一般采用 Cr12、Cr12MoV 等。热作模具钢一般是含碳量 $w_C \leqslant 0.50\%$ 并含有 Cr、Ni、Mo、Mn 等合金元素的亚共析钢，常用的有 5CrMnMo、5CrNiMo、3Cr2W8V、4Cr5MoSiV、4Cr5W2SiV 等。

3）量具钢。量具钢主要用于制造各种量具。精度较低、形状简单的量具如量规等，可采用 T10A、T12A、9SiCr 等钢来制造。精度不高、耐冲击的样板、直尺等量具，可采用 10、15 钢经渗碳、淬火及低温回火，或 50、55、60、60Mn、65Mn 钢经感应加热表面淬火来制造。高精度的量具如塞规、块规等常用热处理变形小的 CrMn、CrWMn 钢来制造。

（4）特殊性能钢　特殊性能钢是指在耐蚀、耐热、耐磨等方面具有优良性能的合金钢，包括不锈钢、耐热钢、耐磨钢等。

1）不锈钢。不锈钢是指能抵抗大气、酸、碱、盐等腐蚀介质腐蚀的合金钢的统称。为了提高金属材料的耐蚀性能，减少失效事故，减少其腐蚀消耗及延长设备的使用寿命，人们研究并生产了一系列不锈钢。实际上并没有绝对不受腐蚀的钢种，只是不锈钢的腐蚀速度很缓慢而已。不锈钢中含有大量的 Cr，或大量的 Ni 和 Cr，其中 Cr 是提高耐蚀性能的基本元素。不锈钢按成分可分为铬不锈钢、铬镍不锈钢和铬锰氮不锈钢等。不锈钢按组织可分为马氏体不锈钢、铁素体不锈钢和奥氏体不锈钢等。常用的马氏体不锈钢有 12Cr13、20Cr13、

30Cr13、40Cr13、95Cr18 等，可用作力学性能要求较高、耐蚀性能要求一般的零件。常用的铁素体不锈钢有 10Cr17、06Cr13Al、1Cr28、10Cr17Mo、008Cr27Mo 等，可制作在高温下工作的零件。常用的奥氏体不锈钢有 06Cr19Ni10、12Cr18Ni9、06Cr18Ni11Ti、06Cr17Ni12Mo2Ti 等，在氧化性介质中或还原性介质中均有良好的耐蚀性，故应用广泛。

2）耐热钢。耐热钢是在高温下不发生氧化并具有足够强度的钢，可分为马氏体型耐热钢和奥氏体型耐热钢。马氏体型耐热钢是在 Cr13 型马氏体不锈钢的基础上，添加了强化基体的合金元素 W、Mo 和强碳化物形成元素 V、Ti、Nb 等形成的，经淬火、回火后使用，组织是回火马氏体或回火索氏体，常用的耐热钢有 42Cr9Si2、40Cr10Si2Mo、12Cr13、14Cr11MoV、13Cr11Ni2W2MoV 等。奥氏体型耐热钢是利用弥散分布的、高温时不易聚集长大的碳化物或金属间化合物使钢强化的，因此，它的高温强度比马氏体型耐热钢要高，工作温度达 650～700℃，常用的奥氏体不锈钢有 12Cr18Ni9、45Cr14Ni14W2Mo 等。

3）耐磨钢。耐磨钢主要指在冲击载荷下发生加工硬化的高锰钢，它主要应用于在使用过程中经受强烈冲击和严重磨损的零件，如坦克车履带、破碎机颚板、铁路的道岔等。高锰钢的碳含量为 $w_C = 1.0\% \sim 1.3\%$，锰含量为 $w_{Mn} = 11.0\% \sim 14.0\%$，主要为奥氏体组织，且有优良的性能。这种钢机械加工比较困难，基本上都是铸造成形的，常用牌号为 ZGMn13。

2.1.2　常用铸铁的化学成分与性能

铸铁是由含碳量 $w_C > 2.1\%$ 的一系列由 Fe、C、Si 等元素组成的合金的总称，其化学成分范围为：$w_C = 2.4\% \sim 4.0\%$，$w_{Si} = 0.6\% \sim 3.0\%$，$w_{Mn} = 0.2\% \sim 1.2\%$，$w_P = 0.1\% \sim 1.2\%$，$w_S = 0.008\% \sim 0.15\%$。有时还加入其他合金元素，以便获得具有特种性能的铸铁。

1. 铸铁的分类

铸铁的种类很多，根据铸铁的强度可分为低强度铸铁和高强度铸铁；按照化学成分可分为普通铸铁和合金铸铁；根据金相组织可分为珠光体铸铁、铁素体铸铁等。目前，工业生产中通常是按照铸铁中碳的存在形式和石墨的形态来划分的。

碳在铸铁中，除少量溶于基体外，绝大部分是以石墨或碳化物的形式存在。根据碳的存在形式，可将铸铁分为三类：白口铸铁（碳几乎全部以碳化物形式存在，断口呈银白色）、灰铸铁（碳主要以石墨形式存在，断口呈暗灰色）和麻口铸铁（一部分碳以碳化物形式存在，另一部分碳以石墨形式存在，断口黑白相间构成麻点）。根据石墨的形态不同，可将铸铁分为四种：灰铸铁（石墨呈片状）、可锻铸铁（石墨呈团絮状）、球墨铸铁（石墨呈球状）和蠕墨铸铁（石墨呈蠕虫状）。

2. 铸铁的性能

铸铁的性能取决于铸铁的组织和成分。铸铁的力学性能主要取决于基体组织以及石墨的数量、形状、大小及分布特点。石墨的力学性能很低，硬度仅为 3～5HBW，抗拉强度约为 20MPa，断后伸长率近于零。石墨与基体相比强度和塑性都要小得多，故分布于金属基体中的石墨可视为空洞，减小了铸铁的有效承载面积，所以铸铁的强度、塑性和韧性比碳钢低。

石墨的存在使铸铁的力学性能不如钢，但却使铸铁具有良好的减摩性、高的消振性、低的缺口敏感性以及优良的切削加工性等。此外，铸铁含碳量高，熔点比钢要低，铸造流动性好，铸造收缩小，故其铸造性能优于钢。因其含碳量高，故金属液不易吸气及氧化，并且熔炼设备及熔炼工艺简单。在工业上，铸铁因具备优良的工艺性能和使用性能、生产工艺简单、成本低廉，因此，被广泛用于机械制造、冶金、矿山、石油化工、交通运输、建筑和国防等部门。

3. 常用的铸铁及应用

（1）灰铸铁

1）灰铸铁的化学成分和组织。灰铸铁的化学成分一般为 $w_C=2.5\%\sim3.6\%$、$w_{Si}=1.1\%\sim2.5\%$、$w_{Mn}=0.6\%\sim1.2\%$、$w_S\leqslant0.15\%$、$w_P\leqslant0.15\%$。灰铸铁的组织为金属基体上分布着片状石墨。其金属基体组织因共析阶段石墨化进行的程度不同，可分为铁素体、铁素体+珠光体、珠光体三种。相应地，铸铁的组织也有三种：铁素体+石墨、铁素体+珠光体+石墨、珠光体+石墨。

2）灰铸铁的牌号、性能及应用。灰铸铁的牌号是由“灰铁”的拼音大写字母“HT”后面加一组数字来表示铸铁的最低抗拉强度（单位为 MPa），灰铸铁的牌号、性能及应用见表 2-10。

表 2-10　灰铸铁的牌号、性能及应用（GB/T 9439—2009）

分类	牌号	铸件壁厚/mm	抗拉强度 σ_b /MPa	抗弯强度 σ_{bb} /MPa	抗压强度 σ_{bc} /MPa	硬度 HBW	应用举例
铁素体灰铸铁	HT100	所有尺寸	≥100	≥260	≥500	<140	防护罩、手轮、重锤等低载荷不重要的零件
铁素体+珠光体灰铸铁	HT150	15~30	≥150	≥330	≥650	150~200	机座、变速箱体、皮带轮、轴承座、支架等承受中等载荷的零件
珠光体灰铸铁	HT200	15~30	≥200	≥400	≥750	170~220	齿轮、支座、气缸、机体、飞轮、床身、齿轮箱、轴承座等承受较大载荷的重要零件
	HT250	15~30	≥250	≥470	≥1000	190~240	
孕育（变质）灰铸铁	HT300	15~30	≥300	≥540	≥1100	187~255	齿轮、凸轮、活塞环、机身等承受高载荷、耐磨和高气密性的重要零件
	HT350	15~30	≥350	≥610	≥1200	197~269	
	HT400	20~30	≥400	≥680	—	207~269	

（2）可锻铸铁

1）可锻铸铁的化学成分和组织。可锻铸铁的化学成分为 $w_C=2.2\%\sim2.8\%$、$w_{Si}=1.2\%\sim2.0\%$、$w_{Mn}=0.4\%\sim1.2\%$、$w_P\leqslant0.1\%$、$w_S\leqslant0.2\%$。可锻铸铁的化学成分特点是 C、Si 含量较低，以便铸态下获得全白口组织。铸件经长时间石墨化退火，其金相组织有两种，即铁素体+石墨、珠光体+石墨。

2）可锻铸铁的牌号、性能及应用。可锻铸铁是由白口铸铁经长时间石墨化退火而得到团絮状石墨的一种高强度铸铁。根据退火条件不同，又可分为黑心可锻铸铁和白心可锻铸铁。可锻铸铁的石墨呈团絮状，较之片状石墨对基体的割裂作用要小得多，应力集中也大为减少，故其力学性能比灰铸铁高。可锻铸铁的牌号是由“KTH”（或“KTZ”）和其后的两组数字组成。其中“KT”表示“可锻”，“H”表示黑心可锻铸铁，“Z”表示珠光体可锻铸铁。后面两组数字分别为最低抗拉强度和断后伸长率。

可锻铸铁的力学性能除与石墨团的形状、大小、数量和分布有关外，还与金属基体的组织有很大的关系。铁素体可锻铸铁具有一定强度和较高的塑性与韧性，主要用作承受冲击和振动的铸件。珠光体可锻铸铁具有高的强度、硬度和耐磨性以及一定的塑性、韧性，主要用于要求高强度、高硬度、高耐磨性的铸件。可锻铸铁适合于生产形状复杂的薄壁小件。

可锻铸铁的生产工艺周期长、工艺复杂、成本高，除管件及建筑脚手架扣件仍采用可锻铸铁外，近年来不少传统的可锻铸铁件已逐渐被球墨铸铁件所取代。我国的可锻铸铁的牌号、性能及应用见表2-11。

表2-11 可锻铸铁的牌号、性能及应用（GB/T 9440—2010）

分类	牌号	试样直径/mm	抗拉强度 σ_b/MPa	伸长率 δ（%）	硬度HBW	应用举例
铁素体（黑心）可锻铸铁	KTH300—06	15	300	6	<150	水暖管件、汽车后桥壳、支架、钢丝绳扎头、扳手、农机上的犁刀、犁铧等
	KTH300—08	15	330	8	<150	
	KTH350—10	15	350	10	<150	
	KTH370—12	15	370	12	<150	
珠光体可锻铸铁	KTZ450—06	15	450	6	150~200	曲轴、连杆、齿轮、活塞环、扳手、矿车轮、凸轮轴、传动链条、万向接头等
	KTZ500—04	15	550	4	180~230	
	KTZ600—02	15	650	2	210~260	
	KTZ700—02	15	700	2	240~290	

（3）球墨铸铁

1）球墨铸铁的化学成分和组织。球墨铸铁的生产过程是在一定成分的铁液中加入一定量的球化剂（稀土镁等）和孕育剂，通过球化剂在铁液中的作用使石墨化后的石墨变成球状。球墨铸铁化学成分的确定，是在有利于石墨化的前提下，根据铸件的壁厚大小、组织性能要求来选定，特点是C、Si含量较高，Mn、P及S含量低并保证有一定量的残留Mg和稀土元素。大概范围：$w_C=3.6\%\sim3.9\%$、$w_{Si}=2.0\%\sim2.8\%$、$w_{Mn}=0.6\%\sim0.8\%$、$w_S\leqslant0.04\%$、$w_P\leqslant0.1\%$、$w_{Mg_残}=0.03\%\sim0.05\%$、$w_{RE_残}=0.03\%\sim0.05\%$。

球墨铸铁的基体组织与许多因素有关，除了化学成分的影响外，还与铁液处理和铁液的凝固条件以及热处理有关。球墨铸的基体组织在铸态下通过控制化学成分和孕育控制，也可以通过退火或正火处理来进一步调整其基体组织。球墨铸铁的金相组织有：铁素体+石墨、铁素体+珠光体+石墨、珠光体+石墨等。

2）球墨铸铁的牌号、性能及应用。我国的球墨铸铁的牌号、性能及应用见表2-12。其中“QT”表示“球铁”的大写拼音字母，后面两组数字分别表示最低抗拉强度（MPa）和断后伸长率（%）。

球墨铸铁具有优良的力学性能，它的强度、塑性、韧性等均高于其他铸铁。它的疲劳极限接近于中碳钢，多次冲击抗力高于中碳钢、屈强比几乎是钢的一倍多。此外，球墨铸铁还保留了灰铸铁的优良性能，如良好的铸造性、切削加工性、减振性、耐磨性及较低的缺口敏感性等。所以，在机械工业中，已成功地代替了许多碳钢、合金钢、可锻铸铁和非铁金属，用来制造一些受力复杂、强度、韧性和耐磨性要求高的零件。

表 2-12　球墨铸铁的牌号、性能及应用（GB/T 1348—2009）

基　体	牌　号	力学性能（不小于）					应用举例
		σ_b/MPa	$\sigma_{0.2}$/MPa	δ（%）	A_K/J	HBW	
铁素体球墨铸铁	QT400—18	400	250	18	14	130～180	气缸、后桥壳、机架、变速箱壳等
	QT450—10	450	310	10	—	160～210	
珠光体+铁素体球墨铸铁	QT600—3	600	370	3	—	190～270	曲轴、连杆、凸轮轴、气缸套、矿车轮等
珠光体球墨铸铁	QT700—2	700	420	2	—	225～305	
	QT800—2	800	480	2	—	245～335	

（4）蠕墨铸铁

1）蠕墨铸铁的化学成分和组织。蠕墨铸铁的化学成分大致是 $w_C=3.5\%\sim3.9\%$、$w_{Si}=2.1\%\sim2.8\%$、$w_{Mn}=0.4\%\sim0.8\%$、$w_S<0.1\%$、$w_P<0.1\%$。蠕墨铸铁和球铁生产工艺相近，是在一定成分的铁液中加入蠕化剂及孕育剂处理使石墨呈蠕虫状。基体组织和球墨铸铁相似。蠕化处理工艺控制比较严，处理不足易生成片状石墨成为灰铸铁，处理过量时石墨球化成为球墨铸铁。

它与灰铸铁金相组织的不同之处在于灰铸铁中片状石墨的特征是片长而薄，端部较尖，而蠕墨铸铁中石墨片短而厚，端部较钝。它的基体组织同灰铸铁一样，也有三种。

2）蠕墨铸铁的牌号、性能及应用。蠕墨铸铁是20世纪60年代开始发展并逐步受到重视的一种新型铸铁材料。蠕墨铸铁是一种综合性能良好的铸铁材料，其力学性能介于球墨铸铁与灰铸铁之间，抗拉强度、屈服强度、断后伸长率、弯曲疲劳极限均优于灰铸铁，接近于铁素体球墨铸铁。而导热性、切削加工性均优于球墨铸铁，与灰铸铁相近。常用于抗热疲劳的铸件，如钢锭模、发动机排气管、玻璃模具以及耐磨件。我国的蠕墨铸铁牌号、性能及应用见表2-13。其中“RuT”表示“蠕铁”的大写拼音字母，后面数字表示最低抗拉强度（MPa）。

表 2-13　蠕墨铸铁的牌号、性能及应用（JB/T 4403—1999）

牌　号	抗拉强度 σ_b/MPa	屈服强度 $\sigma_{0.2}$/MPa	伸长率 δ(%)	硬度 HBW	应用举例
RuT420	≥420	≥335	≥0.75	200～280	活塞环、制动盘、钢珠研磨盘、吸淤泵体等
RuT380	≥380	≥300	≥0.75	193～274	
RuT340	≥340	≥270	≥1.0	170～249	重型机床件，大型齿轮箱体，盖、座、飞轮、起重机卷筒等
RuT300	≥300	≥240	≥1.5	140～217	排气管、变速箱体、气缸盖、液压件、烧结机蓖条等
RuT260	≥260	≥195	≥3	121～197	增压器废气进气壳体、汽车底盘零件等

（5）特殊性能铸铁　随着科学技术的发展，对铸铁也提出了更高的要求，除现有的力学性能外，有时还要求某些特殊性能，如耐磨、耐热及耐蚀性等。为此，可向铸铁中加入某

些合金元素，以获得合金铸铁，或称为特殊性能铸铁，包括耐磨铸铁、耐热铸铁、耐蚀铸铁等。

1）耐磨铸铁。为提高铸铁的耐磨性，可在铸铁中加入一些铜、钼、铬、锰、镍、磷等合金元素，形成耐磨铸铁，如高磷铸铁、铜铬钼铸铁、磷铜钛铸铁、钒钛铸铁、硼铸铁等。

2）耐热铸铁。为提高铸铁的耐热性，可在铸铁中加入一些铝、硅、铬等合金元素，形成耐热铸铁，如中硅耐热铸铁、高铬耐热铸铁、中硅球墨铸铁、高铝球墨铸铁、铝硅球墨铸铁等。

3）耐蚀铸铁。为提高铸铁的耐蚀性，可在铸铁中加入较多的硅、铝、铬等合金元素，形成耐蚀铸铁，如高硅耐酸铸铁、高铝耐蚀铸铁等。

2.1.3 常用非铁金属及其合金的化学成分与性能

钢铁以外的所有其他金属通常称为有色金属，也称非铁金属。非铁金属及其合金在工程上应用较多的主要有铝、铜、镁、钛、锌等及其合金，以及轴承合金等。非铁金属如按性能分，可以分为轻金属（密度≤4.5g/cm^3，如铝、镁、钛、钙、锶等）、重金属（密度>4.5g/cm^3，如铜、锌、铅、镍、锡等）、贵金属（如金、银和铂族元素）、稀有金属（锂、铍、钨、钼、铌、稀土金属等）和半金属（如硅、硼、硒等）。与钢铁材料相比，非铁金属及其合金具有许多钢铁材料所没有的特殊的物理、化学和力学性能，是现代工业尤其是许多高科技产业不可缺少的材料。

1. 铝及铝合金

（1）纯铝　铝是目前工业中用量最大的非铁金属。纯铝为银白色金属，密度为2.7g/cm^3，大约是铁的1/3。具有面心立方结构，无同素异构转变，熔点为660℃。纯铝强度低（σ_b=80~100MPa）、硬度低（20HBW）、塑性好（$\delta\approx50\%$，$\psi\approx80\%$），适合进行各种冷热加工，特别是塑性加工。纯铝不能进行热处理强化，虽然可以通过冷作硬化的方式来强化，但一般也不能直接用于制作结构材料，而主要用作导线材料及制作某些要求质轻、导热或防锈但强度要求不高的器具。

纯铝分为高纯度铝和工业纯铝，后者的纯度为98%~99%，含少量铁、硅等杂质。工业纯铝的旧牌号有L1、L2、…、L6，“L”是“铝”的汉语拼音字首（对应的新牌号为1070、1060、1050…），后边的数字表示纯度，数字越大则纯度越低。工业高纯铝的牌号以LG1、LG2、…、LG5表示（对应的新牌号为1A85、1A90、…、1A99），其数字越大，纯度越高。当纯铝中杂质含量增加时，其导电性、导热性、耐蚀性及塑性有所下降。

（2）铝合金的分类　在纯铝中加入合金元素形成铝合金，通过合金化及时效强化，可以大幅提高其强度。根据化学成分和生产工艺特点，铝合金可分为变形铝合金和铸造铝合金两类。

变形铝合金在加热时能形成单相固溶体组织，合金的塑性较高，适于压力加工。变形铝合金一般先铸成锭子，再经过压力加工制成板材、带材、管材、棒材、线材等半成品。变形铝合金又可分为两类：不能热处理强化的铝合金和能热处理强化的铝合金。

铸造铝合金中含有共晶组织，因而熔点低、液态流动性好，适于铸造。为了综合运用热处理强化和过剩相强化，铸造铝合金的化学成分都比较复杂，合金元素的种类和数量相对较多。以所含主要合金元素为标志，铸造铝合金又可分为铝硅系、铝铜系、铝镁系、铝锌系四类。

(3) 变形铝合金　根据 GB/T 16474—1996《变形铝及铝合金牌号表示方法》，凡是化学成分与变形铝及铝合金国际牌号注册协议组织命名的合金相同的所有合金，其牌号直接采用国际四位数字体系牌号，未与国际四位数字体系牌号的变形铝合金接轨的采用四位字符牌号命名，并按要求注册化学成分。四位字符体系牌号的第一、三、四位为阿拉伯数字，第二位为英文大写字母。牌号的第一位数字表示组别。牌号的第二位英文字母表示原始合金的改型情况，A 表示原始合金，B ~ Y 表示原始合金的改型合金。例如，2A12 表示主要合金元素为铜的 12 号原始铝合金，7A04 表示主要合金元素为锌的 04 号原始铝合金。

变形铝合金是指需经过不同的压力加工变成型材的铝合金。这类铝合金是机械工业和航空航天工业中重要的结构材料。目前，我国生产的变形铝合金分为防锈铝合金、硬铝合金、超硬铝合金及锻铝合金四大类，其中防锈铝合金属于不能热处理强化的铝合金，其余三类合金属于能热处理强化的铝合金。常用变形铝合金的类别、牌号、化学成分和力学性能见表2-14。

表 2-14　常用变形铝合金的类别、牌号、化学成分和力学性能（摘自 GB/T 3190—2008 和 GB/T 16474—1996）

类别	牌号	化学成分（%）					力学性能	
		w_{Cu}	w_{Mg}	w_{Mn}	w_{Zn}	其他	σ_b/MPa	δ（%）
防锈铝合金	5A05	0.10	4.8 ~ 5.5	0.3 ~ 0.6	0.20	—	265	15
	3A21	0.20	0.05	1.0 ~ 1.6	0.10	Ti0.15	165	20
硬铝合金	2A11	3.8 ~ 4.8	0.4 ~ 0.8	0.4 ~ 0.8	0.30	Ti0.15	370	12
	2A12	3.8 ~ 4.9	1.2 ~ 1.8	0.3 ~ 0.9	0.30	Ni0.10 Ti0.15	390 ~ 420	12
超硬铝合金	7A04	1.4 ~ 2.0	1.8 ~ 2.8	0.2 ~ 0.6	5.0 ~ 7.0	Cr0.1 ~ 0.25 Ti0.10	500 ~ 530	6
锻铝合金	6A02	0.2 ~ 0.6	0.45 ~ 0.9	0.15 ~ 0.35	0.20	Si0.5 ~ 1.2	295	12
	2A50	1.8 ~ 2.6	0.4 ~ 0.8	0.4 ~ 0.8	0.30	Si0.7 ~ 1.2	380	10
	2A14	3.9 ~ 4.8	0.4 ~ 0.8	0.4 ~ 1.0	0.30	Ni0.10	460	8

1）防锈铝合金。防锈铝合金主要是 Al - Mn 系（牌号为 3A 系列铝合金）和 Al - Mg 系（牌号为 5A 系列铝合金）合金。合金元素 Mn 或 Mg 的添加使此类合金具有较高的耐蚀性。合金的代号用 LF（“铝防”汉语拼音字首）及顺序号表示。防锈铝合金有很好的塑性加工性能和焊接性能，但强度较低且不能热处理强化，只能采用冷变形加工提高其强度。应用较广的防锈铝合金是 3A21、5A02 和 5A03。

2）硬铝合金。硬铝合金是 Al - Cu - Mg 系合金，具有强烈的时效强化作用，经时效处理后具有很高的硬度、强度，故 Al - Cu - Mg 系合金总称为硬铝合金（牌号为 2A 系列铝合金）。硬铝的代号由 LY（“铝硬”汉语拼音字首）和顺序号表示。硬铝的耐蚀性差，尤其不耐海水腐蚀，因此，常用表面包覆纯铝的方法来增加其耐蚀性。此外，向硬铝中加入少量 Mn 以中和 Fe 的有害影响，也可改善耐蚀性。

3）超硬铝合金。超硬铝的牌号是 7A 系合金，是在铝锌镁合金系基础上发展起来的，属 Al－Zn－Mg－Cu 系合金，是目前室温强度最高的一类合金，其强度值可达 500～700MPa，超过高强度硬铝 2A12（LY12），故称为超硬铝合金。这类合金除了强度高以外，韧性储备也很高，又具有良好的工艺性能，是飞机工业中重要的结构材料，典型合金为 7A04（LC4）。

4）锻铝合金。锻铝属于 Al－Mg－Si－Cu 系铝合金，具有良好的热塑性和锻造性能，可用于制作形状复杂或承受重载的各类锻件和模锻件，故称为锻铝。锻铝在经固溶处理和人工时效后可获得与硬铝相当的力学性能。锻铝的代号用 LD（“铝锻”的汉语拼音字首）和顺序号表示。典型的锻铝合金为 2A60（LD6）。

（4）铸造铝合金　与变形铝合金相比，铸造铝合金的力学性能不如变形铝合金，但其铸造性能好，可进行各种形状复杂零件的铸造。成分位于共晶点的合金具有最佳的铸造性能，但同时合金组织中会出现大量硬脆的化合物，使合金的脆性增加。因此，实际使用的铸造合金并非都是共晶合金。它与变形铝合金相比只是合金元素含量高一些。铸造铝合金按主加合金元素的不同，可分为 Al－Si 系、Al－Cu 系、Al－Zn 系和 Al－Mg 系合金四类。铸造铝合金的代号用 ZL（“铸铝”的汉语拼音字首）和三位数字表示，第一位数字表示合金类别（以 1、2、3、4 顺序号分别代表 Al－Si 系、Al－Cu 系、Al－Mg 系和 Al－Zn 系），第二、三位数字表示合金顺序号。铸造铝合金的牌号由“ZAl”合金元素符号及合金含量（$w_{合金元素}\times 100$）组成。常用的铸造铝合金的牌号（代号）、化学成分、力学性能及用途见表 2-15。

表 2-15　常用的铸造铝合金的牌号（代号）、化学成分、力学性能及用途（摘自 GB/T 1173—1995）

类别	牌号（代号）	化学成分（%）						铸造方法与热处理状态	力学性能			用途举例
		w_{Si}	w_{Cu}	w_{Mg}	w_{Mn}	$w_{其他}$	w_{Al}		σ_b/MPa	δ(%)	HBW	
铝硅合金	ZAlSi7Mg（ZL101）	6.0～7.5		0.25～0.45			余量	J，T5 S，T5	205 195	2 2	60 60	形状复杂的零件，如飞机、仪器的零件，抽水机壳体，工作温度不超过 185℃的汽化器等
	ZAlSi12（ZL102）	10.0～13.0					余量	J SB，JB SB，JB，T2	155 145 135	2 4 4	50 50 50	形状复杂的零件，如仪表、抽水机壳体，工作温度在 200℃以下，要求气密性承受低载荷的零件
	ZAlSi5CuMg（ZL105）	4.5～5.5	1.0～1.5	0.4～0.6			余量	J，T5 S，T5 S，T6	235 195 225	0.5 1.0 0.5	70 70 70	形状复杂，在 225℃以下工作的零件，如风冷发动机的气缸头、机匣、油泵壳体等
	ZAlSi12CuMg1（ZL108）	11.0～13.0	1.0～2.0	0.4～1.0	0.3～0.9		余量	J，T1 J，T6	195 255		85 90	要求高温强度及低膨胀系数的高速内燃机活塞及其他耐热零件
	ZAlSi9Cu2Mg（ZL111）	8.0～10.0	1.3～1.8	0.4～0.6	0.10～0.35	Ti0.10～0.35	余量	SB，T6 J，T6	255 315	1.5 2	90 100	250℃以下工作的承受重载的气密零件，如大马力柴油机气缸体、活塞等

（续）

类别	牌号（代号）	化学成分（%） w_{Si}	w_{Cu}	w_{Mg}	w_{Mn}	其他	w_{Al}	铸造方法与热处理状态	力学性能 σ_b/MPa	δ(%)	HBW	用途举例
铝铜合金	ZAlCu5Mn（ZL201）		4.5~5.3		0.6~1.0	Ti0.15~0.35	余量	S，T4 S，T5	295 335	8 4	70 90	在175~300℃工作的零件，如支臂、挂架梁、内燃机气缸头、活塞等
	ZAlCu4（ZL203）		4.0~5.0				余量	J，T4 J，T5	205 225	6 3	60 70	中等载荷、形状较简单的零件，如托架和工作温度不超过200℃并要求切削加工性能好的小零件
铝镁合金	ZAlMg10（ZL301）			9.5~11.0			余量	S，T4	280	10	60	在大气或海水中的零件，承受大振动载荷，工作温度不超过150℃的零件
	ZAlMg5Si（ZL303）	0.8~1.3		4.5~5.5	0.1~0.4		余量	S，J	145	1	55	腐蚀介质作用下的中等载荷零件，在严寒大气中以及工作温度不超过200℃的零件，如海轮配件和各种壳体
铝锌合金	ZAlZn11Si7（ZL401）	6.0~8.0		0.1~0.3		Zn9.0~13.0	余量	J，T1 S，T1	245 195	1.5 2	90 80	工作温度不超过200℃、结构形状复杂的汽车、飞机零件，也可制作日用品

注：1. 铸造方法：S—砂型铸造，J—金属型铸造，B—变质处理。
2. 热处理状态：T1—人工时效，T2—退火，T4—固溶处理＋自然时效，T5—固溶处理＋不完全人工时效，T6—固溶处理＋人工时效。

1）Al－Si系铸造铝合金。铸造铝硅合金又称硅铝明，是以上四类铸造铝合金中铸造性能最好的，具有中等强度和良好的耐蚀性，因而应用最广。具有共晶成分（$w_{Si}=11.7\%$）的铝硅合金ZAlSi12具有优良的铸造性能，ZL104合金是强度最高的Al－Si系铸造铝合金。铸造铝硅合金一般常用于制造发动机气缸以及仪表外壳等。

2）Al－Cu系铸造铝合金。铸造铝铜合金中铜含量一般为$w_{Cu}=4\%\sim14\%$，时效强化效果好，在铸造铝合金中具有最高的强度和耐热性。但由于合金中共晶体数量少（铝铜二元合金的共晶点在$w_{Cu}=33.2\%$处），故铸造性能不好，耐蚀性也较差。可用于制作要求高强度或在高温（200~300℃）条件下工作的零件。ZL203合金的热处理强化效果最大，是常用的铝铜合金。

3）Al－Mg系铸造铝合金。铸造铝镁合金的优点是相对体积质量轻（仅为2.55），强度和韧性较高，并具有优良的耐蚀性、切削性和抛光性。铝镁铸造合金中当镁含量w_{Mg}为9.5%~11.5%时性能最好，常用的是ZL301合金。为了改善铝镁铸造合金的铸造性能，可加入$w_{Si}=0.8\%\sim1.3\%$的硅。铝镁铸造合金常用作制造承受冲击、振动载荷和耐海水或大气腐蚀、外形较简单的重要零件和接头等。

4）Al－Zn系铸造铝合金。铸造铝锌合金的优点是具有较高的强度，是最便宜的一种铸造铝合金。该合金铸造性能良好，并且在铸造冷却时就可形成含锌的过饱和α固溶体（称为“自淬火效应”），使铸件具有较高的强度，既可直接进行人工时效，也可直接使用。铝锌合金铸造时也需要进行变质处理。这类合金的缺点是密度较大，耐蚀性较差，热裂倾向大。常用的是ZL401合金。

2. 铜及铜合金

铜为面心立方晶格，密度约为8.9g/cm^3，熔点为1083℃。纯铜的最大优点是导电及导热性好，其导电性在金属中仅次于银而居第二位，故纯铜的主要用途就是制作电工元件。工业纯铜具有玫瑰红色，表面形成氧化膜后呈紫色，常用牌号有 T1、T2、T3。

纯铜的强度不高，不宜直接用作结构材料。在铜中加入适当的合金元素后，可获得强度较高的铜合金。依据加入合金元素的不同，铜合金可分为黄铜和青铜两大类。依据生产方法的不同，铜合金又可分为压力加工铜合金和铸造铜合金两大类。

（1）黄铜　黄铜是以锌为主要合金元素的铜合金。按所含合金元素的种类，黄铜可分为简单黄铜和复杂黄铜，只含锌不含其他合金元素的黄铜称为简单黄铜或普通黄铜，除锌以外还含有一定数量其他合金元素的黄铜称为复杂黄铜或特殊黄铜。按生产方法的不同，黄铜又可分为压力加工黄铜和铸造黄铜。

常用黄铜的牌号（代号）、化学成分、力学性能及用途见表 2-16。该表按 GB/T 1176—1987 和 GB/T 5232—1985 修正，其中力学性能数字中的分母：对压力加工黄铜为硬化状态（变形程度 50%），对铸造黄铜为金属型铸造；力学性能数字中的分子：对压力加工黄铜为退火状态（600℃），对铸造黄铜为砂型铸造。

表 2-16　常用黄铜的牌号（代号）、化学成分、力学性能及用途（摘自 GB/T 2040—2002 和 GB/T 5231—2001）

组别/牌号（代号）		化学成分（%）		力学性能①			用途举例②
		w_{Cu}	$w_{其他}$	σ_b/MPa	δ（%）	HBW	
普通黄铜	H90	88.0～91.0	余量 Zn	245/392	35/5	—	双金属片、供水和排水管、证章、艺术品（又称金色黄铜）
	H68	67.0～70.0	余量 Zn	294/392	40/13	—	复杂的冷冲压件、散热器外壳、弹壳、导管、波纹管、轴套
	H62	60.5～63.5	余量 Zn	294/412	40/10	—	销钉、铆钉、螺钉、螺母、垫圈、弹簧、夹线板、散热器
	ZCuZn38	60.0～63.0	余量 Zn	295/295	30/30	59/68.5	一般结构件如散热器、螺钉、支架等
特殊黄铜	HSn62-1	61.0～63.0	0.7～1.1Sn 余量 Zn	249/392	35/5	—	与海水和汽油接触的船舶零件（又称海军黄铜）
	HSi80－3	79.0～81.0	2.5～4.0Si 余量 Zn	300/350	15/20	—	船舶零件，在海水、淡水和蒸汽（<265℃）条件下工作的零件
	HMn58－2	57.0～60.0	1.0～2.0Mn 余量 Zn	382/588	30/3	—	海轮制造业和弱电用件
	HPb59－1	57.0～60.0	0.8～1.9Pb 余量 Zn	343/441	25/5	—	热冲压及切削加工零件，如销、螺钉、螺母、轴套（又称易削黄铜）
	ZCuZn40Mn3Fe1	53.0～58.0	3.0～4.0Mn 0.5～1.5Fe 余量 Zn	440/490	18/15	98/108	轮廓不复杂的重要零件，海轮上在 300℃以下工作的管配件，螺旋桨等大型铸件
	ZCuZn25Al6Fe3Mn3	60.0～66.0	4.5～7.0Al 1.5～4.0Mn 1.2～4.0Fe 余量 Zn	725/745	7/7	166.5/166.5	要求具有一定强度的耐蚀零件如压紧螺母、重型蜗杆、轴承、衬套

① 力学性能中分母的数值，对压力加工黄铜来说是指硬化状态（变形程度 50%）的数值，对铸造来说是指金属型铸造时的数值；分子数值，对压力加工黄铜为退火状态（600℃）时的数值，对铸造黄铜为砂型铸造时的数值。

② 主要用途在国家标准中未作规定。

（2）青铜　青铜是以除锌和镍以外的其他元素作为主要合金元素的铜合金。按所含合金元素的种类，青铜可分为锡青铜、铝青铜、铅青铜、铍青铜等。按生产方法的不同，青铜又可分为压力加工青铜和铸造青铜。

常用青铜的牌号（代号）、化学成分、力学性能及用途见表2-17。该表按GB/T 1176—1987和GB/T 5233—1985修正，其中力学性能数字中的分母：对压力加工青铜为硬化状态（变形程度50%），对铸造青铜为金属型铸造；力学性能数字中的分子：对压力加工青铜为退火状态（600℃），对铸造青铜为砂型铸造。

表2-17　常用青铜的牌号（代号）、化学成分、力学性能及用途

（摘自GB/T 2040—2002、GB/T 1176—1987、GB/T 5231—2001、GB/T 4423—2007）

类型	牌号（代号）	化学成分（%）		力学性能①			用途举例②
		第一主加元素 w_B	$w_{其他}$	σ_b/MPa	δ（%）	HBW	
加工锡青铜	QSn4-3	Sn3.5~4.5	Zn2.7~3.3 余量Cu	$\frac{294}{490\sim687}$	$\frac{40}{3}$	—	弹性元件、管配件、化工机械中耐磨零件及抗磁零件
	QSn6.5-0.1	Sn6.0~7.0	P0.1~0.25 余量Cu	$\frac{294}{490\sim687}$	$\frac{40}{5}$	—	弹簧、接触片、振动片、精密仪器中的耐磨零件
铸造锡青铜	ZCuSn10P1	Sn9.0~11.5	P0.5~1.0 余量Cu	$\frac{220}{310}$	$\frac{3}{2}$	$\frac{78}{88}$	重要的减摩零件，如轴承、轴套及蜗轮、摩擦轮、机床丝杠螺母
	ZCuSn5Pb5Zn5	Sn4.0~6.0	Zn4.0~6.0 P04.0~6.0 余量Cu	$\frac{200}{200}$	$\frac{13}{13}$	$\frac{59}{59}$	低速、中载荷的轴承、轴套及蜗轮等耐磨零件
特殊青铜	QAl7	Al6.0~8.0	—	$\frac{—}{637}$	$\frac{—}{5}$	—	重要用途的弹簧和弹性元件
	ZCuAl10Fe3	Al8.5~11.0	Fe2.0~4.40 余量Cu	$\frac{490}{540}$	$\frac{13}{15}$	$\frac{98}{108}$	耐磨零件（压下螺母、轴承、蜗轮、齿圈）及在蒸汽、海水中工作的高强度耐蚀件
	ZCuPb30	Pb27.0~33.0	余量Cu	$\frac{—}{—}$	$\frac{—}{—}$	$\frac{—}{24.5}$	大功率航空发动机、柴油机曲轴及连杆的轴承、齿轮、轴套
	QBe2	Be1.8~2.1	Ni0.2~0.5 余量Cu	—	—	—	重要仪表的弹簧与弹性元件，耐磨零件以及在高速、高压下工作的轴承

① 力学性能数字表示意义同表2-16。

② 主要用途在国家标准中未作规定。

3. 镁及镁合金

（1）镁及镁合金的性能　镁及镁合金是目前工业应用中最轻的工程结构材料，密度小，比强度和比刚度高，均优于钢和铝合金，可满足航空、航天、汽车及电子产品轻量化和环保的要求。此外，镁合金还具有铸造性能优良、切削加工性能优良、阻尼减振性好、导电导热性好、电磁屏蔽性好以及原料丰富和回收容易等优点，成为世界各地应用增长最快的材料之一，被誉为“21世纪的绿色工程结构材料”。

但是镁合金的耐热性较差，随着温度的升高，镁合金的强度和抗蠕变性能大幅度下降。镁的平衡电位较低（-2.34V），比铝的电位还负，在常用介质中的电位也都很低，故镁及镁合金的耐蚀性也较差。耐热性和耐蚀性差是制约镁合金应用的主要因素。随着镁合金腐蚀防护研究的不断深入和新型耐热、耐蚀镁合金的开发，镁合金的应用领域必将进一步扩大。

（2）镁合金的分类　根据化学成分的不同，镁合金可分为Mg-Al、Mg-Zn、Mg-RE、Mg-Li系镁合金。根据生产工艺的不同，镁合金可分为铸造（包括压铸和砂型铸造）镁合金和变形镁合金。经锻造和挤压后，变形镁合金比相同成分的铸造镁合金有更高的强度，可以加工成形状更复杂的零件。我国的镁合金牌号中，MB表示变形镁合金，ZM表示铸造镁合金，后面标以序号。

（3）变形镁合金　镁为密排六方晶格，这就决定了镁的塑性低，且物理性能和力学性能均有明显的方向性，这使其在室温下的变形只能沿晶格底面进行滑移，这种单一滑移系使它的压力加工变形能力很低。镁只有在加热到225℃以上时，才能通过滑移系的增加使其塑性显著提高。因此，镁及镁合金的压力加工都是在热状态下进行的，一般不宜进行冷加工。常用变形镁合金的牌号和化学成分见表2-18，主要合金系为Mg-Mn、Mg-Zn-Zr、Mg-RE、Mg-Li系等。

表2-18　常用变形镁合金的牌号和化学成分（%）

牌号	美国牌号	w_{Al}	w_{Zn}	w_{Mn}	w_{Zr}	w_{Th}	w_{Nd}	w_{Y}
MB1				1.3~1.5				
MB2	M1	3.0~4.0	0.2~0.8	0.15~0.5				
MB8				1.5~2.5			0.15~0.35	
MB15	ZK61		5.0~6.0	0.1	0.3~0.9			
MB22			1.2~1.6		0.45~0.8			2.9~3.5
MB25			5.5~6.4	0.1	≥0.45			0.7~1.1
	AZ80	8.5	0.5	0.2				
	HM21			0.8		2		

Mg-Mn系合金有良好的耐蚀性和焊接性。主要牌号有MB1、MB2、MB8。MB1合金高温塑性好，可生产板材、棒材、型材和锻件。MB2合金主要用于生产形状较复杂的锻件和模锻件。MB8合金可生产管材、棒材、板材和锻件，用于飞机的蒙皮、壁板及润滑系统的附件。

Mg-Zn-Zr系合金是热处理强化变形镁合金，主要牌号有MB15、MB22、MB25。MB15合金为高强度变形镁合金，能制造形状复杂的大型构件，如飞机上的机翼翼肋等。MB22和MB25合金可以取代部分中等强度铝合金，用于制造飞机受力构件。

Mg-RE系合金是超过200℃应用的镁合金。常用的稀土元素是Y、Nd、Ce、Dy、Gd等，此外还有混合稀土。加入稀土元素是提高镁合金性能最为直接的方法，可以有效提高镁合金的室温和高温力学性能，因此，稀土元素在镁合金中的应用十分广泛。

Mg-Li系合金采用密度只有0.53g/cm^{3}的Li作合金元素，可得到比纯镁和水还要轻的合金，因此具有超轻合金之称。Mg－Li 系合金具有较好的塑性和较高的弹性模量，且阻尼减振性好，易于切削加工，是航空工业理想的材料。

（4）铸造镁合金　镁的熔点不高，所以镁在高温下极易发生氧化，其氧化膜非但无保护性，反而会促进进一步的氧化。镁合金的熔炼都在 750℃以下进行，温度过高会使氧化加剧，在 850℃以上表面有火焰出现或发生爆裂。因此，镁合金熔炼前，所用的各种原材料均要烘干以免带入水分；熔炼时要通入惰性气体或加覆盖剂进行保护，避免发生氧化和燃烧。镁合金浇注前要搅拌以除去氧化物和氯化物夹杂，防止其降低合金的耐蚀性，且铸型也要充分烘干，以免浇注时发生爆炸。常用铸造镁合金的牌号和化学成分见表 2-19，主要合金系为 Mg－Zn－Zr、Mg－Al－Zn、Mg－RE、Mg－Th 系等。

表 2-19　常用铸造镁合金的牌号和化学成分（%）

牌号	美国牌号	w_{Al}	w_{Zn}	w_{Mn}	w_{Zr}	w_{Th}	w_{RE}	w_{Nd}	w_{Ag}
ZM1			3.5～5.5		0.5～1.0				
ZM2	ZE41		3.5～5.0		0.5～1.0		0.7～1.7		
ZM3			0.2～0.7		0.3～1.0		2.5～4.0		
ZM5	AZ81	7.5～9.0	0.2～0.8	0.15～0.5					
ZM4	EZ33		2.0～3.0		0.5～1.0		2.5～4.0		
ZM6			0.2～0.7		0.4～1.0			2.0～2.8	
ZM8			5.5～6.0		0.5～1.0		2.0～3.0		
	HK31				0.7	3.2			
	HK32		2.2		0.7	3.2			
	QH21				0.7	1		1	2.5
	QE22				0.7			2.5	2.5

Mg－Zn－Zr 系合金中的锌含量增加时，合金的强度升高。加入少量锆后可细化晶粒，改善力学性能。早期使用 ZM1 合金，在其中加入适量的混合稀土，就成为 ZM2 合金，其高温蠕变强度、瞬时强度和疲劳强度均得到明显提高，可在 170～200℃下工作，用于制造飞机的发动机和导弹的各种铸件。

Mg－Al－Zn 系合金中的铝含量 w_{Al} 一般要高于 7%，才能保证合金有足够高的强度。加入少量锌可提高合金元素的固溶度，加强热处理强化效果，有效地提高合金的屈服强度。常用的 Mg－Al－Zn 合金为 ZM5，用于制造飞机机舱的连接隔框、舱内隔框等，以及发动机、仪表和其他结构上承受载荷的零件。

Mg－RE 系合金是在高温下应用的镁合金，温度在 200～300℃之间，具有良好的高温强度。应用最广的是 QE22（Mg－2.5Ag－2Nd－0.7Zr），经 525℃固溶 4～8h 水冷，200℃时效 8～16h，其 $\sigma_{0.2}=185\text{MPa}$，$\sigma_b=240\text{MPa}$，$\delta=2\%$，在 250℃以下有较高的屈服强度，可用于制造飞机起落架等部件。

Mg－Th 系合金中的 QH21（Mg－2.5Ag－1Nd－1Th－0.7Zr），由于加入了钍元素，降低了钕在镁中的溶解度，促使时效析出更为细小的沉淀强化相，并且不易聚集长大，因而有比 QE22 合金更为优越的蠕变性能。但钍具有放射性，这限制了它的使用。

4. 钛及钛合金

钛是银白色金属，熔点为 1668℃，密度为 4.5g/cm^3，具有重量轻、比强度高、耐高温等优点。钛的电极电位低，钝化能力强，在常温下极易形成由氧化物和氮化物组成的致密的与基体结合牢固的钝化膜，在大气及淡水、海水、硝酸、碱溶液等许多介质中非常稳定，具有极高的耐蚀性。

钛在固态下具有同素异构转变。在882.5℃以下为密排立方晶格，称为α－Ti，强度高而塑性差，加工变形较困难。在882.5℃以上为体心立方晶格，称为β－Ti，塑性较好，易于进行压力加工。目前，钛及钛合金的加工条件较复杂，成本较高，这在很大程度上限制了它的应用。

工业纯钛的钛含量一般在99.0%～99.5%之间，室温组织为α相，塑性好，具有优良的焊接性能和耐蚀性能，长期工作温度可达300℃，可制成板材、棒材、线材等。主要用于飞机的蒙皮、构建和耐蚀的化学装置、海水淡化装置等。

工业纯钛不能进行热处理强化，实际使用中主要采用冷变形进行强化，热处理工艺主要有再结晶退火和去应力退火。

（1）钛合金的分类　为了进一步改善钛的性能，需进行合金化。按照对钛的α、β转变温度的影响，所加的合金元素可分为三类：α相稳定元素、β相稳定元素以及对相变影响不大的中性元素。

根据钛合金在退火状态下的相组成，可将其分为α钛合金、β钛合金和（α+β）钛合金，牌号分别用TA、TB、TC加上编号来表示，这是目前国内使用较普遍的钛合金分类方法。

α钛合金中加入的主要元素有Al、Sn、Zr等，在室温和使用温度下均处于α单相状态，在500～600℃时具有良好的热塑性和抗氧化能力，焊接性能也良好，并可利用高温锻造进行热成形加工。典型牌号是TA7，主要用于制造导弹燃料罐、超声速飞机的涡轮机匣等部件。

β钛合金中加入的主要元素有Mo、V、Cr等，有较高的强度和优良的冲压性能，可通过淬火和时效进一步强化。典型牌号是TB2，主要用于制造压气机叶片、轴、轮盘等重载荷零件。

（α+β）钛合金室温组织为（α+β）两相组织，塑性很好，容易锻造、压延和冲压成形，并可通过淬火和时效进行强化，热处理后强度可提高50%～100%。典型牌号是TC4，既可用于低温结构件，也可用于高温结构件，常用来制造航空发动机压气机盘和叶片以及火箭液氢燃料箱部件等。

（2）常用钛合金的牌号及力学性能　常用钛合金的牌号、化学成分、热处理和力学性能见表2-20。

表2-20　常用钛合金的牌号、化学成分、热处理和力学性能（GB/T 2965—1996，GB/T 3620—1994）

类别	牌号	化学成分	热处理	室温力学性能		高温力学性能		
				σ_b/MPa	δ_5（%）	试验温度/℃	σ_b/MPa	σ_{100}/MPa
α钛合金	TA6	Ti－5Al	退火	685	10	350	420	390
	TA7	Ti－5Al－2.5Sn	退火	785	10	350	490	440
β钛合金	TB2	Ti－5Mo－5V－8Cr－3Al	固溶+时效	1370	8	—	—	—

（续）

类别	牌号	化学成分	热处理	室温力学性能		高温力学性能		
				σ_b/MPa	δ_5（%）	试验温度/℃	σ_b/MPa	σ_{100}/MPa
（α+β）钛合金	TC4	Ti-6Al-4V	固溶+时效	—	—	—	—	—
	TC3	Ti-5Al-4V	退火	800	10	—	—	—
	TC2	Ti-4Al-1.5Mn	退火	685	12	350	420	390

5. 轴承合金

用来制造轴瓦及其内衬的合金，称为轴承合金。滑动轴承作为轴颈的支撑件，具有承载面积大、工作平稳、无噪声、检修方便等优点，在汽车、机床及其他设备中得到广泛应用。当机器不运转时，轴停放在轴承上，对轴承施以压力。当轴高速旋转时，轴对轴承施以周期性交变载荷，有时还伴有冲击。轴与轴瓦之间还有强烈的摩擦。

为了保证轴承的运转精度和工作平稳性，同时保证轴颈处受到的磨损最小，轴瓦材料必须具有良好的减摩性、耐磨性、磨合性、工艺性，在工作温度下具有足够的抗压强度和疲劳强度以及良好的耐蚀性、导热性和较小的膨胀系数。

为此，轴承合金的基体应采用对轴颈材料钢铁互溶性小的金属，如锡、铅、铝、铜等，且金相组织应由多个相组成，如在软基体上分布着硬质点，或在硬基体上嵌镶软颗粒。

常用的轴承合金有锡基、铅基、铝基、铜基合金等，其中前两种又称为“巴氏合金”。

（1）锡基轴承合金　锡基轴承合金是在锡锑合金基础上添加一定数量的铜，又称锡基巴氏合金。这类合金是在软基体（锑溶解于锡中形成的固溶体）上分布硬质点（以化合物SnSb为基的固溶体）的轴承合金，其减摩性、耐蚀性、导热性和韧性都比较好，但疲劳强度比较低，工作温度不能超过150℃，适于制作重要的轴承。常用锡基轴承合金的牌号、化学成分、力学性能和主要用途见表2-21。

表2-21　常用锡基轴承合金的牌号、化学成分、力学性能和主要用途（GB/T 1174—1992）

牌号	化学成分（%）					HBW	熔点/℃	主要用途
	w_{Sb}	w_{Cu}	w_{Pb}	w_{Sn}	杂质总量			
ZSnSb4Cu4	4.0~5.0	4.0~5.0		余量	0.5	20	225	涡轮机及内燃机高速轴承及轴衬
ZSnSb8Cu4	7.0~8.0	3.0~4.0		余量	0.55	24	238	一般大型机械轴承及轴衬
ZSnSb12Pb10Cu4	11.0~13.0	2.5~5.0	9.0~11.0	余量	0.55	29	185	一般发动机的主轴承

（2）铜基轴承合金　许多种类的铸造青铜和铸造黄铜均可用作轴承合金，其中应用最多的为铅青铜和锡青铜，其牌号、化学成分、力学性能和主要用途见表2-22。

铅青铜中常用的是ZCuPb30，其室温组织为Cu+Pb，铜为硬基体，颗粒状铅为软质点，是硬基体上分布软质点的轴承合金，可用来制造承受高速、重载的重要轴承。

锡青铜中常用的是ZCuSn10P1，其室温组织为$\alpha+\delta+Cu_3P$，α固溶体为软基体，δ相及Cu_3P为硬质点，是软基体上分布硬质点的轴承合金，适合制造高速、重载机械上的轴承。

表2-22　常用铜基轴承合金的牌号、化学成分、力学性能和主要用途（GB/T 1176—1987）

牌号	化学成分（%）				力学性能			用　途
	w_{Pb}	w_{Sn}	$w_{其他}$	w_{Cu}	σ_b/MPa	δ（%）	HBW	
ZCuPb30	27.0～33.0			余量			25	高速高压航空发动机、高压柴油机轴承
ZCuPb20Sn5	18.0～23.0	4.0～6.0		余量	150	6	44～55	高压轴承、机床、轧钢机及抽水机轴承
ZCuPb15Sn8	13.0～17.0	7.0～9.0		余量	170～200	5～6	60～65	冷轧机轴承
ZCuSn10P1		9.0～11.5	P0.5～1.0	余量	220～310	2～3	80～90	高速高载荷柴油机轴承
ZCuSn5Pb5Zn5	4.0～6.0	4.0～6.0	Zn4.0～6.0	余量	200	13	60～65	中速中载轴承

（3）铝基轴承合金　按照化学成分的不同，铝基轴承合金可分为铝锡系、铝锑系、铝石墨系。铝锑轴承合金中，以Al－20Sn－1Cu合金最为常用，其组织是在硬基体铝上分布软质点锡。铝锑轴承合金的化学成分为$w_{Sb}=4\%$、$w_{Mg}=0.3\%\sim0.7\%$，其余为铝，其组织为软基体α固溶体上分布硬质点AlSb，加入镁可提高合金的疲劳强度和韧性。铝石墨轴承合金是近年来发展起来的一种新型减摩材料，其摩擦因数与铝锡轴承合金相似。由于石墨具有良好的润滑作用和减振作用，该轴承合金在干摩擦时具有自润滑性能，工作温度达250℃时，仍具有良好的性能。

与其他轴承合金相比，铝基轴承合金价格低廉，密度小，导热性好，疲劳强度高，耐蚀性好，并且原料丰富，目前已广泛用于高速、高负荷下工作的轴承。

2.2　金属材料的入厂检验流程

2.2.1　核对文件与准备标准

金属材料属于冶金产品，从事金属材料生产、订货、运输、使用、保管和检验必须依据统一的技术标准，即冶金产品标准。从事金属材料生产和检验的工作人员必须掌握标准的有关内容。

我国冶金产品使用的标准分为国家级、行业级和企业级（厂级），分别为国家标准（简称国标，代号为“GB”）、行业标准（冶金行业标准“YB”、机械行业标准“JB”等）、企业标准三级。不同级别的标准对产品的要求也不同，可根据对产品的要求选用相应级别的标准。

不同类型的金属材料使用要求不同，要求其达到的标准等级也不同。所谓金属材料的检验是指采用检查、度量、试验等方法，将金属材料的质量与相关的文件规定及标准要求的质量相比较的过程。所以，金属材料检验的第一步就是核对文件与准备标准，它们是金属材料检验的依据。

1. 金属材料的检验依据

金属材料的检验必须按照相关的施工图样、技术标准、检验文件、订货合同等的规定进行。

（1）施工图样　施工图样是生产中使用的最基本的资料，规定了原材料、形状、尺寸及检验要求等，加工制作应按图样的规定进行。

（2）技术标准　技术标准包括有关的技术条件，规定了产品的质量要求和质量评定方法，是从事检验工作的指导性文件。

（3）检验文件　检验文件包括工艺规程、检验规程、检验工艺等，还包括检查过程中收集的检验单据，如检验报告、不良品处理单、更改通知单等。它们具体规定了检验方法和检验程序，指导现场检验人员进行工作。

（4）订货合同　用户对产品质量的要求在订货合同中有明确规定的，也可作为图样和技术文件的补充规定。

2. 金属材料的检验项目

金属材料的检验包括外观检验和内在质量检验两个方面，总的说来，就是对产品的生产制造质量进行现场复查，检验项目包括以下几个方面：

1）检查资料的齐全性。

2）核对质量证明文件。

3）检查实物与质量证明的一致性。

4）按有关规程和技术文件规定进行检验。

5）对产品重要部位、易产生质量问题的部位、运输中易破损和变形的部位，应给予特别注意，重点检查。

需要注意的是，复查检验所采用的检验方法、检验项目、验收标准应该符合有关标准的规定，应与产品制造过程中所采用的检验方法、检验项目、验收标准一致，否则会产生质量差别，给质量评定或产品验收带来困难，甚至会引起制造单位与验收使用单位的意见分歧。

2.2.2　材料的外观检验

金属材料的外观检验包括包装检验、标志检验、规格尺寸检验、数量检验和表面质量检验五个方面。

1. 包装检验

金属材料的包装根据金属材料的种类、形状、尺寸、精度、防腐情况而定，一般有以下几种类型：

（1）散装　即无包装，指锭、块（不怕腐蚀、不贵重）、大型钢材（大型钢、厚钢板、钢轨）、生铁等。

（2）成捆　指尺寸较小、腐蚀对使用影响不大，如中小型钢、管钢、线材、薄板等。

（3）成箱（桶）　指防腐蚀、小、薄的产品，如可锻铸铁、硅钢片、镁锭等。

（4）成轴　指线、钢丝绳、钢绞线等。

对于成捆、成箱、成轴包装的产品，应首先检查包装是否完整。

2. 标志检验

标志是指为区别材料的材质、规格所做的标志，主要说明供方名称、牌号、检验批号、规格、尺寸、级别、净重等。标志一般有以下几种形式：

（1）涂色　在金属材料的端面、端部涂上各种颜色的油漆，主要用于钢材、生铁、非铁金属材料等。

(2) 打印 在金属材料规定的部位(端面、端部)打钢印或喷漆的方法,说明材料的牌号、规格、标准号等,主要用于中厚板、型材、非铁金属材料等。

(3) 挂牌 在外面挂牌说明其牌号、尺寸、重量、标准号、供方等,主要用于成捆、成箱、成轴包装的金属材料。

金属材料在进行标志检验时要认真辨认,在运输、保管等过程中要妥善保护。

3. 规格尺寸检验

规格尺寸指金属材料主要部位(长、宽、厚、直径等)的公称尺寸。与之有关的名词概念如下:

(1) 公称尺寸(名义尺寸) 它是指人们在生产中想得到的理想尺寸,但它与实际尺寸有一定差距。

(2) 尺寸偏差 实际尺寸与公称尺寸之差值叫尺寸偏差。大于公称尺寸叫正偏差,小于公称尺寸叫负偏差。在标准规定范围之内叫允许偏差,超过标准规定范围叫尺寸超差,超差属于不合格品。

(3) 公差等级 金属材料的尺寸允许偏差规定了几种范围,并按尺寸允许偏差大小不同划为若干等级叫公差等级,公差等级分普通、较高、高级等。

(4) 交货长度(宽度) 是指金属材料交货主要尺寸,指金属材料交货时应具有的长(宽)度规格。

(5) 通常长度(不定尺长度) 对长度不作一定的规定,但必须在一个规定的长度范围内(按品种不同,长度不一样,根据部标、厂标定)。

(6) 短尺(窄尺) 长度小于规定的通常长度尺寸的下限,但不小于规定的最小允许长度。对一些金属材料,按规定可交一部分"短尺"。

(7) 定尺长度 所交金属材料长度必须具有需方在订货合同中指定的长度(一般为正偏差)。

(8) 倍尺长度 所交金属材料长度必须为需方在订货合同中指定长度的整数倍(加锯口、正偏差)。

规格尺寸的检验要注意测量材料部位和选用适当的测量工具。

4. 数量检验

金属材料的数量,一般是指重量(除个别的如垫板、鱼尾板以件数计),数量检验方法有:

(1) 按实际重量计量 按实际重量计量的金属材料一般应全部过磅检验。如有牢固包装(如箱、盒、桶等),应在包装上均注明毛重、净重和皮重。如薄钢板、硅钢片、铁合金可进行抽检数量不少于一批的5%,如抽检重量与标记重量出入很大,则须全部开箱称重。

(2) 按理论换算计量 以材料的公称尺寸(实际尺寸)和体积质量计算得到的重量,对那些定尺的型板等材料都可按理论换算,但在换算时要注意换算公式和材料的实际体积质量。

5. 表面质量检验

表面质量检验主要是对材料、外观、形状、表面缺陷的检验,主要有:

(1) 圆度 圆形截面的金属材料,在同一截面上各方向直径不等的现象。圆度用同一截面上最大与最小的直径差表示，对不同用途材料标准不同。

(2) 弯曲、弯曲度　弯曲就是轧制材料在长度或宽度方向不平直、呈曲线形状的总称。如果把它们的不平程度用数值表示出来，就叫弯曲度。

(3) 扭转　条形轧制材料沿纵轴扭成螺旋状。

(4) 镰刀弯（侧面弯）　指金属板、带及接近矩形截面的型材沿长度（窄面一侧）的弯曲，一面呈凹入曲线，另一面呈凸出曲线，称为“镰刀弯”，以凹入高度表示。

(5) 瓢曲度　指在板或带的长度及宽度方向同时出现高低起伏的波浪现象，形成瓢曲形，叫瓢曲度。表示瓢曲程度的数值称为瓢曲度。

(6) 表面裂纹　指金属物体表层的裂纹。

(7) 耳子　由于轧辊配合不当等原因，出现的沿轧制方向延伸的凸起，叫做耳子。

(8) 刮伤　指材料表面呈直线或弧形沟痕，通常可以看到沟底。

(9) 结疤　指不均匀分布，在金属材料表面呈舌状、指甲状或鱼鳞状的薄片。

(10) 粘结　金属板、箔、带在轧制后退火时产生的层与层间点、线、面的相互粘连。经掀开后表面留有粘结痕迹，叫粘结。

(11) 氧化皮　氧化皮是指材料在加热、轧制和冷却过程中，在表面生成的金属氧化物。

(12) 折叠　是金属在热轧（或锻造）过程中形成的一种表面缺陷，表面互相折合的双金属层，呈直线或曲线状重合。

(13) 麻点　指金属材料表面凹凸不平的粗糙面。

(14) 皮下气泡　金属材料的表面呈现无规律分布大小不等、形状不同、周围圆滑的小凸起、破裂的凸泡，呈鸡爪形裂口或舌状结疤，叫做气泡。

表面缺陷产生的原因主要是生产、运输、装卸、保管等操作不当造成的。根据对使用的影响不同，有的缺陷是不允许存在的；有些缺陷虽然允许存在，但不允许超过限度；各种表面缺陷是否允许存在，或者允许存在程度，在相关标准中均有明确规定。

2.2.3　材料的内在质量检验

1. 内在质量检验的保证条件

金属材料的内在质量，根据其应用的条件不同，要求的保证条件亦不相同。材料在出厂和验收时必须按保证条件进行检验，并符合要求。按照金属材料技术条件的规定，生产厂应该进行检验并保证检验结果符合规定所要求的性能、化学成分、金相组织等质量指标，称为保证条件。

保证条件分为：

(1) 基本保证条件　又称为必保条件，是指标准中规定的，无论需方是否在订货合同中提出要求，生产厂必须进行检验并保证检验结果符合规定的项目。这是对材料质量的最低要求。

(2) 附加保证条件　标准中规定的，只要需方在合同中注明要求，生产厂就必须进行检验并保证检验结果符合规定的项目。

(3) 协议保证条件　标准中没有规定，而经供需双方协商一致并在订货合同中注明加以保证的项目。

(4) 参考条件　标准中没有规定，或有规定而不要求保证，由需方提出并经供需双方协商一致进行检验的项目，其结果仅供参考，不作考核。

2. 内在质量检验的方法

金属材料内在质量检验主要有化学成分、力学性能、金相组织检验、内部缺陷检验等，下面将分别予以介绍。材料内部缺陷检验一般应用无损检测方法，又称为无损探伤，其中最常用的是射线探伤、超声波探伤、磁粉探伤、渗透探伤、涡流探伤等五种常规检测方法。

工程技术界普遍认为：没有缺陷的材料是不存在的，而所有的零件都是选用不同的材料来制造的；不产生任何缺陷的加工方法也是没有的，而零件一般都是经过多种加工工艺制造完成的。各种加工工艺和金属材料中常见的缺陷见表 2-23。

表 2-23　各种加工工艺和金属材料中常见的缺陷

材料加工与工艺		常见的缺陷
加工工艺	铸造	气泡、疏松、缩孔、裂纹、冷隔
	锻造	偏析、疏松、夹杂、缩孔、白点、裂纹
	焊接	气孔、夹渣、未焊透、未熔合、裂纹
	热处理	开裂、变形、脱碳、过烧、过热
	冷加工	表面粗糙度、缺陷层深度、组织转变、晶格扭曲
金属型材	板材	夹层、夹灰、裂纹
	管材	内裂、外裂、夹杂、翘皮、折叠
	棒材	夹杂、缩孔、裂纹
	钢轨	白核、黑核、裂纹

就缺陷的检出而言，由于各种无损检测方法的适用范围不同，任何一种检测方法都不可能给出所需要的全部信息。从发展的角度看，有必要使用两种或多种无损检测方法，并使之形成一个检测系统，才能比较满意地达到检测的目的。为此，在明确检测对象以后，必须预先分析被检测对象的材质（金属、非金属）、特性（磁性、非磁性）、形状（板、管、棒及复杂形状）、加工工艺（铸、锻、焊等），并预先分析缺陷可能产生的类型（气孔、夹渣、裂纹等）、可能存在的部位（表面、近表面、内部）、可能的分布形态（连续、分散），以便有针对性地选择适当的检测方法进行检测。

就缺陷的类型来说，通常可分为体积型和面积型两大类。体积型缺陷和面积型缺陷及其可采用的无损检测方法见表 2-24。

每一种无损检测方法都有其适用的范围。一般情况下，射线探伤对于材料内部的体积型

表 2-24　不同的缺陷类型及其可采用的无损检测方法

缺陷及其类型		检 测 方 法
体积型缺陷	夹杂、夹渣、疏松、缩孔、气孔等	渗透探伤（表面）、磁粉探伤（表面及近表面）、涡流探伤（表面及近表面）、超声波探伤、射线探伤、红外无损探伤、微波无损探伤
面积型缺陷	夹层、折叠、冷隔、裂纹、未熔合等	磁粉探伤（表面及近表面）、涡流探伤（表面及近表面）、超声波探伤、声发射探伤、红外无损探伤、微波无损探伤

缺陷比较敏感；超声波探伤对于材料内部的面积型缺陷比较敏感；磁粉探伤只能用于铁磁性材料表面及近表面缺陷的检测；渗透探伤只能用于材料表面开口缺陷的检测；涡流检测则对开口或近表面缺陷、磁性和非磁性的导电材料都具有很好的适用性。另外，合理地掌握无损检测的实施时间也十分重要，无损检测应该在对材料质量有影响的各工序之后进行。仅以焊缝的检测为例，在热处理之前应视为对原材料和焊接质量进行的检测，在热处理之后则是对热处理工艺进行的检测。由于高合金钢中可能会出现延迟裂纹，应在加工完成后的24～78h再进行无损检测。

2.3 金属材料的化学成分分析

2.3.1 材料化学成分分析概述

化学成分是指金属材料的化学组成，包括主要成分和杂质元素，其含量以质量分数表示。化学成分是决定金属材料性能和质量的主要因素。因此，相关标准中对绝大多数金属材料都规定了必须保证的化学成分，有的甚至作为主要的质量、品种指标。化学成分分析是用来查明金属材料化学成分的试验方法。金属材料的化学成分分析广泛应用于材料、铸造、冶金、矿产、机械、汽车及建筑工程等行业。

化学成分可以通过化学的、物理的等多种方法来分析鉴定，目前应用最广的是化学分析法和仪器分析法。若基本上采用化学方法达到分析的目的，则称为化学分析。若主要采用化学和物理方法（特别是最后的测定阶段常应用物理方法），一般采用仪器来获得分析结果，称为仪器分析。

2.3.2 钢铁材料的化学成分分析

1. 化学分析法

根据各种元素及其化合物的独特化学性质，利用物质的化学反应来确定金属材料的组成成分，这种分析方法统称为化学分析法。化学分析法历史悠久，是分析化学的基础，又称为经典分析法。化学分析法通常用于待测组分含量在1%以上的样品，分析准确度较高，所用设备简单，易于推广，至今仍为很多标准分析方法所采用，在生产实践及科学研究工作中起着一定的作用，在钢铁材料中有着非常重要和十分广泛的应用。化学分析法分为定性分析和定量分析两种。鉴定金属由哪些元素所组成的试验方法称为定性分析；测定各组分间量的关系（通常以百分比表示）的试验方法称为定量分析。通过定性分析，可以鉴定出材料含有哪些元素，但不能确定它们的含量；而定量分析可用来准确测定各种元素的含量。实际生产中主要采用定量分析。

根据其反应类型、操作方法的不同，定量分析的方法可分为重量分析法和滴定分析法。根据物质的化学性质，选择合适的化学反应，将被测组分转化为一种组成固定的沉淀或气体形式，通过钝化、干燥、灼烧或吸收剂的吸收等一系列的处理后，使金属中被测元素与其他成分进行分离，然后用称重法精确称量，求出被测组分的含量，这种方法称为重量分析法。根据滴定所消耗的已知浓度的标准溶液的体积，以及被测物质与标准溶液所进行的化学反应计量关系，求出被测组分的含量，这种方法称为滴定分析法。

吸光光度法也是广为应用的一种痕量组分分析方法，这是一种基于比较溶液颜色的深浅来进行定量测定的方法，所以又称为比色分析法。常用的比色法有目视比色法和光电比色法两种。光电比色法是在光电比色计上测量一系列标准溶液的吸光度，将吸光度对浓度作图，绘制工作曲线，然后根据待测组分溶液的吸光度在工作曲线上查得其浓度或含量。与目视比色法相比，光电比色法消除了主观误差，提高了测量准确度，而且可以通过选择滤光片来消除干扰，从而提高了选择性。比色分析的关键分析仪器为分光光度计。分光光度计目前已广泛采用了计算机控制。与重量法和滴定法相比，吸光光度法具有灵敏度高、操作速度快、适用范围广、仪器简单便于掌握的特点。

试样的采取和制备是化学分析中一项十分重要的工作。试样的采取和制备是指先从大批物料中采取最初试样（原始试样），然后再制备成供分析用的最终试样（分析试样）。碳素钢化学分析用的试样可采用刨取、钻取或采用某些工具机取得。

钢铁材料中碳（C）、硅（Si）、锰（Mn）、硫（S）、磷（P）五大元素的具体分析方法如下：

1）碳元素含量测定。测定仪器为碳硫分析仪或电脑碳硫分析仪，测定方法为碳硫分析非水法和碳硫分析气体滴定法。

碳硫分析非水法：试样在电弧炉内通氧燃烧生成 CO_2、SO_2，SO_2先被吸收除去后，剩余的 CO_2导入乙醇 - 乙醇胺 - 氢氧化钾吸收液中吸收，并滴定；乙醇胺的加入使 CO_2增加吸收量，以防滴定不及而逸去；乙醇是两性溶剂，易产生质子转移，促进弱酸的电离，从而提高酸性，使反应加速。

碳硫分析气体滴定法：试样燃烧生成的 CO_2被 KOH 吸收后，由于体积的减小而求得其含量，因 SO_2对测量碳含量有干扰，故 SO_2可用活性 MnO_2或钒酸银进行过滤去除。

2）硫元素含量测定。测定仪器为碳硫分析仪或电脑碳硫分析仪，测定方法为碳硫分析酸碱中和法和碳硫分析碘量法。

碳硫分析酸碱中和法：试样燃烧生成 SO_2，遇 H_2O 生成亚硫酸，经 H_2O_2 氧化成硫酸，用 NaOH 标准液滴定，根据其消耗量求得硫元素的含量。

碳硫分析碘量法：试样燃烧生成的 SO_2被弱酸性的淀粉溶液吸收后，生成亚硫酸，以碘标准溶液（或碘酸钾标准溶液）滴定，使亚硫酸形成硫酸，以淀粉作指示剂，根据标准液消耗体积而求得硫（S）含量。

3）硅元素的分析（亚铁还原硅钼蓝光度法）。所需试剂：稀硝酸（1 + 4）、5% 高锰酸钾溶液（称 5g 高锰酸钾溶于水，用水稀释至 100mL）、碱性钼酸铵溶液（称取 5g 钼酸铵，加 12.5g 碳酸钾，溶解后稀释至 100mL）、2.5% 草酸、1% 硫酸亚铁铵溶液（100mL 水中加 1g 硫酸亚铁铵，1mL 硫酸）。

操作步骤：称取试样 30mg 于 250mL 高型烧杯中，加稀硝酸 10mL，回热至样品溶清，摇动使黄色气体逸去，加 3 滴高锰酸钾溶液，加热至沸腾，取下，立即加入碱性钼酸铵溶液 10mL，摇动 10s，加入 40mL 草酸溶液和 40mL 硫酸亚铁铵溶液，摇匀，水为参比，测其吸光度。

4）锰元素的分析（高锰酸银盐光度法）。所需试剂：硝酸 - 硝酸银溶液（在 1 份硝酸 + 4 份水配制的稀硝酸 500mL 中，加硝酸银 2g）、15% 过硫酸铵溶液（称取过硫酸铵 15g 加水 100mL 溶解）。

操作步骤：称试样 40mg 置于 150mL 三角烧杯中，加硝酸－硝酸银溶液 10mL，加热溶解，加入 15% 过硫酸铵溶液 5mL，继续加热煮沸 30s 后，加水 40mL 后比色。

5）磷元素的分析（氟化钠－氯化亚锡磷钼蓝光度法）。所需试剂：稀硝酸（1＋2.5）、5% 高锰酸钾溶液、钼酸铵－酒石酸钾钠溶液（取等体积的 10% 钼酸铵与 10% 酒石酸钾钠当天混合均匀）、氟化钠－氯化亚锡溶液（先大量配制 2.4% 氟化钠溶液，贮于塑料桶中，称取氯化亚锡 2g，加 50% 盐酸 5mL，加热至全部溶清，以 2.4% 氟化钠溶液稀释至 1000mL）。

操作步骤：称样 50mg，置于 250mL 高型烧杯中，加入预热稀硝酸（1＋2.5）10mL，加热至试样溶解，逸去氮化物气体，滴加高锰酸钾 6 滴，继续加热至沸 10s 不褪色，加入钼酸铵－酒石酸钾钠 10mL，摇匀，再加氟化钠－氯化亚锡溶液 40mL，以水作参比测量其含量。

2. 钢材的火花鉴定法

设备简单、鉴定速度快的火花鉴定法，也是对钢铁化学成分进行分析的一种实用的简易方法。这种方法快速、简便，广泛用于冶金和机械制造工厂的车间现场，用以鉴别钢种混号或进行废钢分类，也可用以分析热处理后工件表面的含碳量。在没有其他分析手段的情况下，可用以大致估计钢材的化学成分。

（1）鉴别设备　火花鉴别是利用试样在砂轮上磨削时发射出的火花来鉴别钢种的方法，所用设备主要是砂轮机，常以 2800～4000r/min 为宜，砂轮片常选用粒度为 36～60 号的氧化铝型。火花鉴别是用肉眼观察，因此容易受操作经验的影响。为了减少错觉和误差，应制备已知成分的标准样块，在鉴别时进行比较。操作时磨削压力要适中，使火花束大致向水平方向发射，要选用黑色背景和较暗环境以增强鉴别能力。

（2）鉴别原理　试样与高速旋转的砂轮接触时，由于摩擦，温度急剧升高，被砂轮切削下来的颗粒以高速度抛射出去，同空气摩擦，温度继续升高，发生激烈氧化甚至熔化，因而在运行中呈现出一条条光亮流线。被氧化颗粒的表面会生成一层氧化铁薄膜；而颗粒内所含的碳元素，在高温下极易与氧结合成一氧化碳，又把氧化铁还原成铁，铁再与空气氧化，又被碳还原；如此多次重复，以致颗粒内聚积愈来愈多的一氧化碳气体，在压力足够时便冲破表面氧化膜，发生爆裂，形成爆花。流线和爆花的色泽、数量、形状、大小同试样的化学成分和物理特性有关，这就是火花鉴别的依据。

（3）火花束分析　通常把火花束分为根部火花、中部火花和尾部火花三部分。火花束由流线、节点、爆花、芒线、花粉和尾花所组成，如图 2-1 所示。

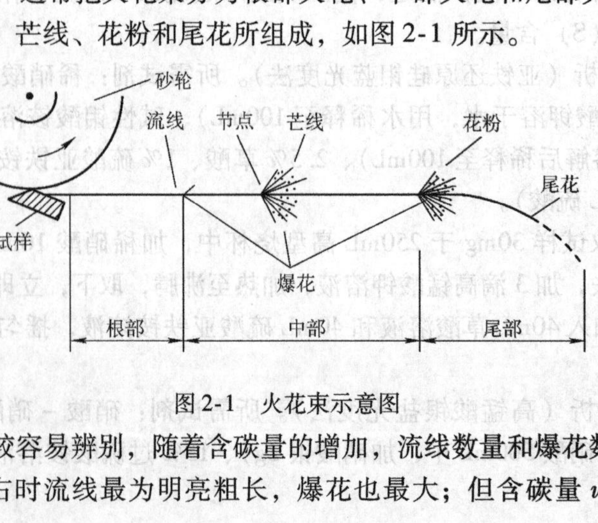

图 2-1　火花束示意图

碳素钢的火花比较容易辨别，随着含碳量的增加，流线数量和爆花数量都急剧增多。含碳量为 $w_C = 0.5\%$ 左右时流线最为明亮粗长，爆花也最大；但含碳量 w_C 超过 0.8% 以后，增多的趋势逐渐缓和。不同含碳量的碳素钢的火花特征如图 2-2 所示。

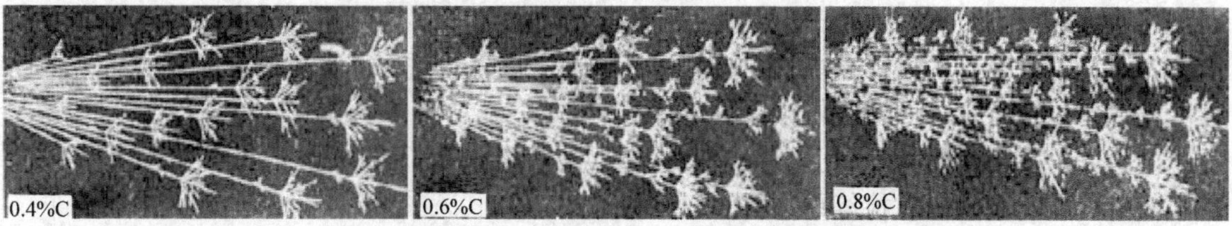

图 2-2　不同含碳量的碳素钢的火花特征

在碳素钢的基础上加入合金元素以后，使火花发生各种变化。有的元素，如 Mn、V、低 Cr，对爆裂起抑制作用，随着元素含量的增加，直到不出爆花。有的元素，如 W、Mo、Si、Ni、高 Cr，则会助长爆裂。不同元素的不同含量会使流线的色泽、粗细、多少，以及尾花的形状等表现出不同特征。含有多种合金元素的合金钢，由于所含成分和含量不同，它们之间互相作用，火花特征的变化就更加复杂。火花的鉴别需要不断在实践中积累经验。

但是，火花鉴别法只能粗略估计钢材的化学成分，要想进一步进行定量测定的话，可以考虑采用直读光谱仪。

3. 光谱分析法

各种结构的物质都具有自己的特征光谱，光谱分析法就是利用特征光谱来研究物质结构或测定化学成分的方法。光谱分为发射光谱分析、吸收光谱分析、荧光光谱分析和散射（拉曼）光谱分析。根据电磁辐射的本质，光谱分析又可分为分子光谱和原子光谱。光谱分析的特点是：①分析速度较快，原子发射光谱用于炼钢炉前的分析，可在 1 ~ 2min 内，同时给出二十多种元素的分析结果；②操作简便，有些样品不经任何化学处理，即可直接进行光谱分析，采用计算机技术，有时只需按一下键盘即可自动进行分析、数据处理和打印出分析结果；③不需纯样品，只需利用已知谱图，即可进行光谱定性分析，这是光谱分析一个十分突出的优点；④可同时测定多种元素或化合物，省去复杂的分离操作；⑤选择性好，可测定化学性质相近的元素和化合物，如测定铌、钽、锆、铪和混合稀土氧化物，它们的谱线可分开而不受干扰，成为分析这些化合物的得力工具；⑥灵敏度高，可利用光谱法进行痕量分析。目前，相对灵敏度可达到千万分之一至十亿分之一，绝对灵敏度可达 10^{-8} ~ 10^{-9}g，样品损坏少，可用于古物以及刑事侦查等领域。随着新技术的采用（如应用等离子体光源），定量分析的线性范围变宽，使高低含量不同的元素可同时测定。还可以进行微区分析。光谱分析的局限性是：光谱定量分析建立在相对比较的基础上，必须有一套标准样品作为基准，而且要求标准样品的组成和结构状态应与被分析的样品基本一致，这常常比较困难。

在金属材料化学成分的分析中，比较常用的是直读光谱仪。直读光谱仪按结构可分为台式机和立式机，按品种可分为火花直读光谱仪、光电直读光谱仪、原子发射光谱仪、原子吸收光谱仪、手持式光谱仪、便携式光谱仪、能量色散光谱仪、真空直读光谱仪等。

直读光谱仪称为直读是相对于摄谱仪和早期的发射光谱仪而言的，由于在 20 世纪 70 年代以前还未采用计算机技术，所有的光电转换出来的电流信号都用数码管读数，然后在对数转换纸上绘出曲线并求出含量值。计算机技术在光谱仪中应用后，所有的数据处理全部由计算机完成，能直接换算出元素的含量，直接可以读出结果，简称直读。

直读光谱仪和 ICP 都属于发射光谱分析仪器，区别在于它们的激发方式不同。ICP 中文名字是电感耦合等离子体，是通过线圈磁场达到高温，使样品的状态呈等离子态，然后进行测量，而普通的直读光谱仪一般采用电火花、电弧或者辉光放电的方式，把样品打成蒸气进行激发。在效果上，ICP 要比普通直读光谱仪器的检出限小，精度高，但是在进样系统上要求非常严格，没有好的进样系统就只能做溶液样品。国外先进 ICP 也可以做固体样品，而直读光谱仪可以在很多方面对固体样品进行分析。

直读光谱仪广泛应用于铸造、钢铁、金属回收和冶炼以及军工、航天航空、电力、化工、高等院校和商检、质检等单位。

直读光谱仪也适合于户外各种应用，不管是用于压力容器内部分析、管道材质原位分析还是工场现场分析都可以进行。因为它是密封在一个温度稳定的恒温机箱里，设备的搬运和操作只要一个人就能完成。先进的光谱仪设计可达到很高的分析精度，新的双光谱室能应用最理想的谱线。多个测量信道使它能分析 Fe、Ni、Cu、Al、Ti 等多种基体。如果光谱仪装备了超高灵敏度的光电倍增管，在全量程范围内使检测器的动态范围能鉴别出成分最微小的差别，曲面的第二个窄缝能清楚地分离出相邻的谱线，这一点对包括高含量的合金成分分析在内的高精度分析特别重要。

2.3.3 材料化学成分的近代仪器分析法

仪器分析法又称为近代分析法或物理分析法，是根据被测金属中的元素或其化合物的某些物理性质或物理与化学性质之间的相互关系，应用仪器对金属材料进行定性或定量分析。这类方法通常是测量光、电、磁、声、热等物理量而得到分析结果，而测量这些物理量，一般要使用比较复杂或特殊的仪器设备，故称为仪器分析法。

仪器分析是体现学科交叉、科学与技术高度结合的一个综合性极强的分支。仪器分析除了可用于定性和定量分析外，还可用于结构、价态、状态分析，微区和薄层分析，微量及超痕量分析等，是分析化学发展的方向。

常用的仪器分析法有光学分析法和电化学分析法两种。

电化学分析法是根据被测金属中元素或其化合物的浓度与电位、电流、电导、电容或电量的关系来进行分析的方法。主要包括电位法、电解法、电流法、极谱法、库仑（电量）法、电导法以及离子选择电极法等。

光学分析法是根据物质与电磁波（包括从 γ 射线至无线电波的整个波谱范围）的相互关系，或者利用物质的光学性质来进行分析的方法。最常用的有吸光光度法（红外、可见和紫外吸收光谱）、原子吸收光谱法、原子荧光光谱法、发射光谱法、浊度法、火焰光度法、X 射线衍射法、X 射线荧光分析法以及放射化学分析法等。

目前，光学分析法中光谱分析法在金属材料的化学分析中应用较多。各种元素在高温、高能量的激发下都能产生自己特有的光谱，根据元素被激发后所产生的特征光谱来确定金属材料的化学成分及其大致含量的方法，称为光谱分析法。通常借助于电弧，电火花，激光等外界能源激发试样，使被测元素发出特征光谱，经分光后与化学元素光谱表对照，做出分析。

仪器分析的特点是分析速度快、灵敏度高，样品用量由化学分析的 ml、mg 级降低到仪器分析的μl、μg 级，甚至更低，适合于微量、痕量和超痕量成分的测定，易于实现计算机控制和自动化操作，可节省人力，减轻劳动强度和减少环境污染。但试验装置通常较庞大复杂，价格昂贵，有些大型、复杂、精密的仪器只适用于大批量和成分较复杂试样的分析工作。

2.4 材料的力学性能检测技术

2.4.1 硬度检测技术

所谓硬度，一般理解为固体材料表面局部体积内抵抗因外物压入而引起塑性变形的抗力。硬度试验是测量固体材料表面硬度的一种材料力学性能试验。

硬度试验是材料试验中最简便的一种，与其他材料试验如拉伸试验、冲击试验和扭转试验相比，具有一些独特的优点：试验可在零件上直接进行，而不受零件大小、厚薄和形状的限制；试验时留在表面上的痕迹很小，零件不被破坏；试验方法简单、迅速。

硬度试验在机械工业中广泛用于检验原材料和零件在热处理后的质量。由于硬度与其他力学性能有一定的关系，也可根据硬度估计出零件和材料的其他力学性能。硬度试验方法很多，一般分为划痕法、压入法和动力法三类。

1. 划痕法

划痕法测得的硬度值表示材料抵抗表面局部断裂的能力。试验时用一套硬度等级不同的参比材料与被测材料相互进行划痕比较，从而判定被测材料的硬度等级。这一方法是1812年由德国人F. 莫斯首先提出的。他将参比材料按硬度由低到高递增而分为10个等级，依次为：滑石、石膏、方解石、氟石、磷灰石、正长石、石英、黄玉、刚玉、金刚石。用这种方法测出的硬度称为莫氏硬度，主要用于矿物的硬度评定。

2. 压入法

压入法测得的硬度值表示材料抵抗表面塑性变形的能力。试验时用一定形状的压头在静载荷作用下压入材料表面，通过测量压痕的面积或深度来计算硬度。应用较多的有布氏硬度、洛氏硬度和维氏硬度试验三种方法。

布氏硬度试验1900年由瑞典人J. A. 布里涅耳首先提出。试验时用一定大小的载荷F（单位：N）把直径为D（单位：mm）的硬质合金球压入被测材料表面，保持一定时间后卸除载荷，表面留下直径为d（单位：mm）的压痕，计算出压痕的表面积A（单位：mm^2），根据F/A得出布氏硬度值，用HBW表示。试验在布氏硬度计上进行。布氏硬度试验适用于钢材、铸铁和非铁金属的硬度测定。

洛氏硬度试验由美国冶金学家S. P. 洛克韦尔所提出，是应用最广的硬度试验方法。试验时以锥角为120°的金刚石圆锥或直径为1.588mm的钢球为压头，先以初载荷F_0压入被测件表面，压入深度为h_0。再加主载荷F_1，总载荷$F = F_0 + F_1$，此时压入总深度为h_1。卸除主载荷F_1，由于试样的弹性变形恢复了h_2，因此残留压痕深度$h = h_1 - h_2 - h_0$。根据h值式即可算出硬度值，用HR表示。实际上，在洛氏硬度计上可以不经计算直接在表盘上读出HR值。为了用一种硬度计测定从软到硬的材料硬度，须采用不同的压头和总载荷，组成不同的标尺，常用的有HRA、HRB、HRC三种方法。洛氏硬度试验适用于各种钢材、非铁金属、淬火后的高硬工件和硬质合金等。

维氏硬度试验是英国维克斯公司提出的一种试验方法，用两相对夹角为136°的正棱形角锥以一定载荷F（单位：N）压入被测件表面，由压痕平均对角线长度d（单位：mm）计算压痕表面积A（单位：mm^2），则维氏硬度值可由F/A计算得出，用HV表示。维氏硬度值也可根据压痕对角线长度和载荷查表得出。维氏硬度试验适于用来测定金属镀层或化学热处理后的表面层硬度。当维氏硬度试验的作用载荷在1kgf（980.5N）以下时，称为显微硬度试验。它可测定材料微小区域内（如金属中的非金属夹杂物或单个晶粒）的硬度，可用来鉴别金相组织中的不同组成相，或测定极薄层内的硬度。

3. 动力法

动力法采用动态加载，测得的硬度值表示材料抵抗弹性变形的能力。主要有肖氏硬度试验和动态布氏硬度试验两种。

肖氏硬度试验由美国人A. F. 肖尔提出，又称回跳硬度试验。将一个具有一定重量的带有金刚石圆头或钢球的重锤，从一定高度落到被测件的表面，以重锤回跳的高度作为硬度的度量依据。硬度与回跳高度成正比，即回跳的高度越高，材料硬度值越高。肖氏硬度以HS表示。肖氏硬度试验只适合对弹性模量相同的材料进行测定比较，否则就会得到橡皮的HS值高于钢的错误结果。肖氏硬度试验用于测定各种原材料和材料热处理后的硬度。由于肖氏硬度计体积小，携带方便，便于现场应用。

动态布氏硬度试验是将钢球在冲击力作用下压入试样表面，测出被测件上的压痕直径，据此求出硬度值。有两种测法：一种是将钢球在已知的弹簧力的作用下，压入被测件表面，根据压痕大小，得出硬度值；另一种是将钢球置于已知硬度的标准件和被测件之间，用锤敲击，测出标准件和被测件的压痕大小，进行比较后，求出被测件的硬度。

2.4.2 静拉伸试验技术

拉伸试验是指在承受轴向拉伸载荷下测定材料特性的试验方法。拉伸试验又可称为拉力试验和抗拉试验，是测定材料在拉伸载荷作用下的一系列特性的试验。它是材料力学性能试验的基本方法之一，主要用于检验材料是否符合规定的标准和研究材料的性能。利用拉伸试验得到的数据可以确定材料的弹性极限、伸长率、弹性模量、比例极限、断面收缩率、抗拉强度、屈服点、屈服强度和其他拉伸性能指标。从高温下进行的拉伸试验可以得到蠕变数据。金属拉伸试验的步骤可参见有关标准。所谓静拉伸试验，就是缓慢地在试样两端施加载荷进行轴向拉伸的试验，通常也简称为拉伸试验。

1. 拉伸试验主要性能指标

拉伸试验可测定材料的一系列强度指标和塑性指标。

强度通常是指材料在外力作用下抵抗产生弹性变形、塑性变形和断裂的能力。材料在承受拉伸载荷时，当载荷不增加而仍继续发生明显塑性变形的现象叫做屈服。产生屈服时的应力，称屈服点或称物理屈服强度，用σ_s表示。工程上有许多材料没有明显的屈服点，通常把材料产生的残余塑性变形为0.2%时的应力值作为屈服强度，称条件屈服极限或条件屈服强度，用$\sigma_{0.2}$表示。材料在断裂前所达到的最大应力值，称抗拉强度或强度极限，用σ_b表示。

塑性是指金属材料在载荷作用下产生塑性变形而不致破坏的能力。常用的塑性指标是伸长率和断面收缩率。伸长率是指材料试样受拉伸载荷拉断后，标距范围内的总伸长量同原始标距长度比值的百分数，用δ表示。δ_{10}和δ_5分别代表用长试样和短试样试验得到的伸长率。断面收缩率是指材料试样在受拉伸载荷拉断后，缩颈处横截面积的最大缩减量同原始横截面面积比值的百分数，用ψ表示。伸长率和断面收缩率越大，材料的塑性越好。

条件屈服强度 $\sigma_{0.2}$、抗拉强度 σ_b、伸长率 δ 和断面收缩率 ψ 是拉伸试验经常要测定的四项性能指标。此外还可测定材料的弹性模量 E、比例极限 σ_p、弹性极限 σ_e 等。

2. 拉伸试验方法

拉伸试验是在材料拉伸试验机上进行的。试验机有机械式、液压式、电液式或电子伺服式等形式。试样形式可以是材料全截面的，也可以加工成圆形或矩形的标准试样，即圆柱试样或片状试样。钢筋、线材等一些实物样品一般不需要加工而保持其全截面进行试验。试样制备时应避免材料组织受冷、热加工的影响，并保证具有较低的表面粗糙度。

试验时，试验机以规定的速率均匀地拉伸试样，试验机可自动绘制出拉伸曲线图。对于低碳钢等塑性好的材料，在试样拉伸到屈服点时，测力指针有明显的抖动，可分出上、下屈服点。在计算材料的伸长率 δ 和断面收缩率 ψ 时，可将试验断裂后的试样拼合，测量其伸长和断面缩小而计算出来。

3. 拉伸试验曲线分析

由拉伸试验机绘出的拉伸曲线，实际上是载荷－伸长量曲线，如将载荷坐标值和伸长量坐标值分别除以试样原截面积和试样标距，就可得到应力－应变曲线。低碳钢在拉伸试验时的应力－应变曲线如图 2-3 所示。

从图 2-3 中可以看出，低碳钢在外力作用下的变形过程可分为弹性、屈服、强化、缩颈四个阶段。

（1）弹性阶段　图中 σ_p 点之前的部分呈直线，此时应力与应变成正比，其比值为弹性模量 E，σ_p 点载荷是呈正比时的最大载荷，此点应力为比例极限（σ_p）。继续加载时，曲线偏离直线，直到 σ_e 点，这时如卸去载荷，试样仍可恢复到原始状态，若过此点试样便不能恢复原始状态，此点应力为弹性极限（σ_e）。工程上由于很难测得真正的 σ_e，常取试样残余伸长达到原始标距的 0.01% 时的应力为弹性极限，以 $\sigma_{0.01}$ 表示。这一阶段称为弹性阶段。

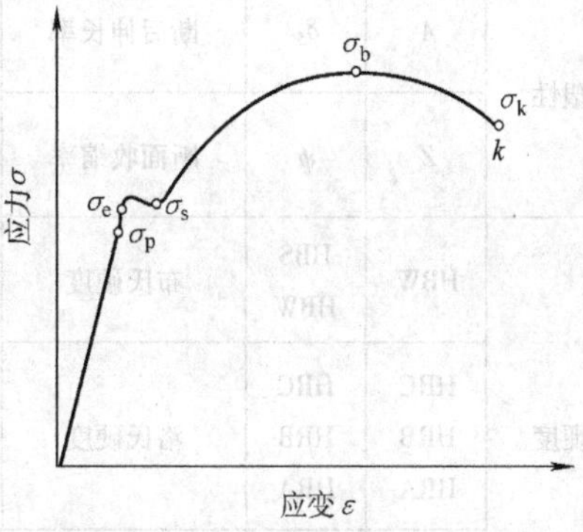

图 2-3　低碳钢在拉伸试验时的应力－应变曲线

（2）屈服阶段　继续加载荷，试样沿曲线变形达到 σ_s 点，此点应力为屈服点（σ_s）或残余伸长为 0.2% 的条件屈服强度（$\sigma_{0.2}$）。从 σ_e 到 σ_s 点的部分，载荷不增加而塑性变形仍在继续增加，这一现象称为屈服。这一阶段称为屈服阶段。

（3）强化阶段　过 σ_s 点继续增加载荷到拉断前的最大载荷点，这时的载荷除以原始截面积即为抗拉强度（σ_b）。抗拉强度表示材料产生均匀塑性变形的抗力，是材料极限承载能力的标志。这个阶段试样将发生明显而均匀的塑性变形，欲使试样的应变增大，必须提高外加应力，这种随外加应力增大塑性变形抗力不断增大的现象称为加工硬化或形变强化。这一阶段称为强化阶段。

（4）缩颈阶段　在 σ_b 点以后，试样继续伸长，试样发生不均匀的塑性变形，变形集中在试样局部，导致该处的横截面积减小而产生缩颈，缩颈处的变形迅速增大，试样的承载能力开始下降，直到 k 点断裂。断裂瞬间的载荷与试样原始截面积的比值称为断裂强度 σ_k。这一阶段称为缩颈阶段。

材料的力学性能检测除硬度、拉伸试验外，还有冲击试验、疲劳试验等。由于力学性能检验的相关国家标准已发生了一些变化，但考虑到一些符号仍在不同学科和工程中采用，表2-25列出了常用的力学性能指标的新旧标准对照及其含义。

表2-25 常用的力学性能指标的新旧标准对照及其含义

力学性能	性能指标				说明
	符号		名称	单位	
	新标准	旧标准			
强度	R_m	σ_b	抗拉强度	MPa	相应最大力的应力
	R_{eH}	σ_{sU}	上屈服强度	MPa	屈服强度是指当金属材料呈现屈服现象时，在试验期间达到塑性变形而力不增加的应力点。试样发生屈服而力首次下降前的最高应力称为上屈服强度；屈服期间不计初始瞬时效应时的最低应力称为下屈服强度
	R_{eL}	σ_{sL}	下屈服强度	MPa	
	R_p 例如 $R_{p0.2}$	σ_p $\sigma_{p0.2}$	规定非比例延伸强度	MPa	非比例延伸率等于引伸计标距规定百分率时的应力。使用的符号应附以下脚注说明所规定的百分率，例如 $R_{p0.2}$ 表示规定非比例延伸率为0.2%时的应力
塑性	A	δ_5	断后伸长率	%	断后标距的残余伸长（L_u-L_0）与原始标距（L_0）之比的百分率
	Z	ψ	断面收缩率	%	断后试样横截面积的最大缩减量（S_u-S_0）与原始横截面积（S_0）之比的百分率
硬度	HBW	HBS HBW	布氏硬度	—	用一定直径的硬质合金球施加试验力压入试样的表面形成压痕，布氏硬度与试验力除以压痕面积的商成正比
	HRC HRB HRA	HRC HRB HRA	洛氏硬度	—	根据压痕深浅来测量硬度值，硬度数可直接从洛氏硬度计表盘上读出。HRC、HRB、HRA分别表示用不同的压头和载荷测得的硬度值，也适用于不同场合
	HV	HV	维氏硬度计	MPa	用正四棱形锥形压痕单位面积上所受到的平均压力数值表示。可测硬而薄的表面层硬度
冲击韧度	KV_2 KU_2 KV_8 KU_8	a_K	冲击吸收能量	J	用规定高度的摆锤对处于简支梁状态的缺口（分V、U形两种）试样进行一次打击，试样折断时的冲击吸收功。其中KV_2是V形缺口、KU_2是U形缺口试样在2mm摆锤刀刃下的冲击吸收能量；KV_8是V形缺口、KU_8是U形缺口试样在8mm摆锤刀刃下的冲击吸收能量
抗疲劳性	σ_{-1}	σ_{-1}	疲劳极限	MPa	材料的抗疲劳性能是通过试验决定的，通常是在材料的标准试样上加上循环特性为 $r=\sigma_{min}/\sigma_{max}=-1$ 的对称循环变应力或者 $r=0$ 的脉动循环（也叫零循环）的等幅变应力，并以循环的最大应力 σ_{max} 表征材料的疲劳极限

2.5 金属材料的金相组织检验

金相组织检验是用肉眼、放大镜或光学金相显微镜、电子显微镜等观察金属材料的组织

（或缺陷）及其变化规律的一种材料物理试验。金相组织检验是材料检验的主要方法之一，有宏观和微观检验测两大类。此外，断口检测也是金相组织检验的一种方式，金属材料的自然断面可作宏观观察，也可进行电子显微技术的微观分析。金相组织检验可以控制材料加工工艺，保证产品质量；找出机器零部件的失效原因，以提高产品的性能和寿命；研究材料的组织和成分与性能之间的关系，为发展新工艺、新材料、新设备提供依据。金相组织检验一般都应参照相应的检验标准，如晶粒度标准、夹杂物标准、宏观检验标准和马氏体级别标准等来进行。

2.5.1　宏观组织检验

宏观检验是用肉眼或30倍以下的放大镜检测宏观组织和缺陷。这种检验所需设备简单，故应用广泛。各种宏观检验方法各有一定的适用范围，需根据检验目的不同而进行选择。常用方法有浸蚀法、断口法和印痕法。

浸蚀法包括热酸蚀、冷酸蚀、电解酸蚀等。应用化学药品进行侵蚀以显示金属铸锭、铸件或型材等的宏观组织和缺陷，如偏析、疏松、夹杂、缩孔、气泡、裂纹、折叠、表面脱碳、发纹和粗晶等。金属材料常用浸蚀法显示铸态宏观组织，从中可以看出因激冷形成的表层细等轴晶区、向着心部成长的柱状晶区、内部粗等轴晶区以及心部串联成海绵状的疏松缺陷。

断口法是将金属材料折断，以观察断口的组织和缺陷。这种方法对显示晶粒粗细、渗层厚度、分层、白点、裂纹等特别适用。钢材纵向断口上的白点（发裂）缺陷常用断口法来显示。白点还可通过酸蚀法在横向试片上显示，但不如在纵向断口上显示得清楚和直观。

印痕法主要是指钢铁检验中应用的硫印法和磷印法。硫印法是将经质量分数为2%～5%的硫酸溶液浸润过的相纸覆于钢铁试片表面上，使试片中的硫化物与相纸上的溴化银作用而生成硫化银沉淀的斑点，从而显示出硫的多少和分布状况。磷印法的原理与硫印法相似，但其图像所显示的是磷的分布情况。

2.5.2　光学金相检验

光学金相检验利用光学金相显微镜来观察、分析金属材料的显微组织和微观缺陷。检验内容包括测定各组成相和夹杂物的种类、分布和形态特征，有无孔隙、裂纹等存在并确定其数量和分布情况。检验目的是通过这些观察和分析，进一步了解金属材料的各种显微组织和微观缺陷的形成规律，以及它们与各种性能之间的关系。

金相显微镜是用可见光作为照明源的一种显微镜，根据金属样品表面上不同组织组成物的光反射特征，用显微镜在可见光范围内可对这些组织组成物进行光学研究并定性和定量描述。普通金相显微镜一般由光学系统、照明系统、机械系统、附件装置组成，主要用于鉴定和分析金属内部结构组织，是金属学中研究金相的重要仪器，是工业部门鉴定产品质量的关键设备。金相显微镜现在大多与计算机技术结合在一起，配用摄像或其他如显微硬度等装置，可摄取金相图谱和测定显微硬度，再配用金相图像测量软件（如COMPANY 2）和金相分析软件（如SEVENOCEAN），可对图谱进行测量分析，对图像进行编辑、存储、输出和管理。

金相显微镜是将光学显微镜技术、光电转换技术、计算机图像处理技术完美地结合在一起而开发研制成的高科技产品，可以在计算机上很方便地观察金相图像，从而对金相图谱进行分析，评级等以及对图片进行输出、打印。众所周知，合金的成分、热处理工艺、冷热加工工艺直接影响金属材料的内部组织、结构的变化，从而使机件的力学性能发生变化。因此，利用金相显微镜来观察检验分析金属内部的组织结构是工业生产中的一种重要手段。

金相显微镜的放大倍数一般不超过2000倍，其分辨极限约为0.2μm。金相检验试样取样的部位和方向视检查的目的和要求而异，有要求时应在有关标准、技术条件或双方协议中予以规定。为检查铸件的致密度和结晶情况，一般应在所关心的部位或有代表性的部位截取剖面试样。分析铸件缺陷时，则应尽量保留完整的缺陷。试样的截取可采用机锯、气割或砂轮切割等方法进行，切割时必须注意冷却，热切割的试料应去除热影响层。当试验目的在于显示宏观组织的细节时，试样应有较细的表面粗糙度。检查表面缺陷的试样母材需机械加工，通常的腐蚀就足以去除氧化皮并暴露出皮下的缺陷。

在检验孔隙和夹杂物时，通常先在材料或机件上具有代表性的部位取样，然后经磨平、抛光即可观察。如欲检验显微组织，则还须将金相试样再用化学或其他物理方法进行组织显示，具体方法视检验目的而定。常规的方法有热酸浸蚀法和冷酸腐蚀法。热酸浸蚀法使用最广；大截面试样、铸件或为了显示特殊组织或缺陷时可采用冷腐蚀法。热酸腐蚀试验温度和时间视检验钢种的耐蚀程度、试样的表面粗糙度和试验要求而定。冷酸腐蚀在室温下进行，一般较慢，腐蚀时间以准确显露宏观组织及缺陷为准，腐蚀方式通常有浸蚀和擦蚀两种。试样需要保存备查时，可涂上防锈油或清漆，以防止氧化生锈。常用腐蚀剂有盐酸、硫酸、硝酸等溶液，钢铁材料最常用的腐蚀剂为4%（体积百分比）硝酸酒精溶液。

2.5.3 金相检验中的定量分析技术

金相分析是金属材料检验分析的重要手段之一，利用金相试验除了可以对材料进行定性分析外，还可以对材料进行定量分析，得到材料的晶粒度、组织的面积百分比、特征物的数量及大小等信息。

采用定量金相学原理，可由二维金相试样磨面或薄膜的金相显微组织的测量和计算，来确定合金组织的三维空间形貌，从而建立合金成分、组织和性能间的定量关系。

计算机定量金相分析正逐渐成为人们分析研究各种材料，建立材料的显微组织与各种性能间定量关系，研究材料组织转变动力学等的有力工具。将计算机应用于图像处理，具有精度高、速度快等优点，可以大大提高工作效率。采用计算机图像分析系统可以很方便地测出特征物的面积百分数、平均尺寸、平均间距、长宽比等各种参数，然后根据这些参数来确定特征物的三维空间形态、数量、大小及分布，并与材料的力学性能建立内在联系，为更科学地评价材料、合理地使用材料提供可靠的数据。

2.5.4 裂纹分析技术

裂纹分析是金属材料金相检验的一项重要内容，主要分析裂纹的起源位置和扩展方向。在有放射状花样的情况下，放射方向是裂纹扩展方向，沿反方向可追溯到裂纹源；分叉裂纹的分叉方向是裂纹扩展方向。弧线形的贝纹状花样是裂纹扩展速度发生变化在断口上留下的痕迹，一般情况下弧线凸向为裂纹扩展方向。应分析裂纹产生原因，进而采取相应的预防措施。现以模具钢淬火裂纹分析为例，简要介绍裂纹分析技术。

模具钢的热处理中，淬火是常见工序。然而，因种种原因，有时难免会产生淬火裂纹。常见淬火裂纹有多种类型，仅以纵向裂纹为例进行说明。纵向裂纹的特征是平行于轴向，形状细而长。当模具完全淬透时，心部转变为比体积最大的淬火马氏体，产生切向拉应力，模具钢的含碳量越高，产生的切向拉应力越大，当拉应力大于该钢抗拉强度时，导致纵向裂纹形成。下列两个因素又可加剧纵向裂纹的产生：①钢中含有较多S、P、Sb、Bi、Pb、Sn、As等低熔点有害杂质，钢锭轧制时沿轧制方向呈纵向严重偏析分布，易产生应力集中而形成纵向淬火裂纹，或原材料轧制后快冷形成的纵向裂纹未加工掉，保留在产品中，导致最终淬火裂纹扩大，形成纵向裂纹；②模具尺寸在钢的淬裂敏感尺寸范围内（碳素工具钢淬裂危险尺寸为8~15mm，中低合金钢危险尺寸25~40mm），或选择的淬火冷却介质大大超过该钢的临界淬火冷却速度时，均易形成纵向裂纹。

预防纵向裂纹的措施有：①严格原材料入库检查，对有害杂质含量超标的钢材不予投产；②尽量选用经真空冶炼、炉外精炼或电渣重熔的模具钢材；③改进热处理工艺，如采用真空加热、保护气氛加热和充分脱氧盐浴炉加热及淬火、等温淬火等；④使钢淬火时不完全淬透，心部获得强韧性高的下贝氏体组织，可大幅度降低拉应力，能有效避免模具纵向开裂和淬火畸变。

2.5.5 典型铁碳合金的显微组织检验

工业用金属材料中以钢铁应用最为广泛，也最为典型。钢铁材料在加热和冷却过程中形成各种具有不同性能的显微组织。常见的钢铁显微组织有铁素体、奥氏体、渗碳体、珠光体、贝氏体和马氏体等，铸铁的显微组织中还包括不同形态的石墨。

铁素体（F）是碳溶解在具有体心立方晶体结构的铁（$\alpha-Fe$或$\delta-Fe$）中所形成的固溶体。铁素体一般硬度较低，塑性较好。经硝酸酒精溶液侵蚀后，铁素体晶粒在光学显微镜下呈均匀白亮的多边形（图2-4a）。由于各晶粒取向不同，相互间常有明暗之分。因含碳量的变化和冷却条件的不同，铁素体还可能以网状、针状、片状等形态出现。

奥氏体（A）是碳溶解在具有面心立方晶体结构的铁（$\gamma-Fe$）中所形成的固溶体。奥氏体通常在高温时存在，但由于合金元素的加入，有时也可能在室温时稳定存在，如高锰钢、Cr18-Ni8型奥氏体不锈钢等。奥氏体晶粒在光学显微镜下一般也呈多边形，但晶界较铁素体晶界平直。奥氏体塑性较好，但强度较低。

渗碳体（Fe_3C）是碳与铁的间隙型化合物，属复杂斜方晶体结构，含$w_C=6.67\%$的碳，硬度高，塑性和韧性很低，不受硝酸酒精溶液侵蚀，故在光学显微镜下呈白亮色。其形态有条块状、细片状、针状和球状等。它是碳钢中的主要强化相，其形态、大小、数量、分布等对钢的性能有很大影响。

珠光体（P）是奥氏体从高温冷却下来所形成的铁素体和渗碳体的两相共析组织，其疏密程度受形成时过冷度的影响，过冷度越大则越细密，强度和硬度也越高。钢中的片状珠光体呈指纹状的层状排列（图2-4b），其中细条状为渗碳体，白色基底为铁素体。

贝氏体（B）是过冷奥氏体在中温区域转变而成的铁素体和渗碳体两相混合组织（有时可能有奥氏体），主要有上贝氏体和下贝氏体两种形态。上贝氏体形成温度较高（550~350℃），在光学显微镜下呈羽毛状（图2-4c），其中的铁素体条较宽，渗碳体较粗大，所以强度低，塑韧性差，在热处理生产中应尽量避免出现。下贝氏体形成温度较低（350~230℃），

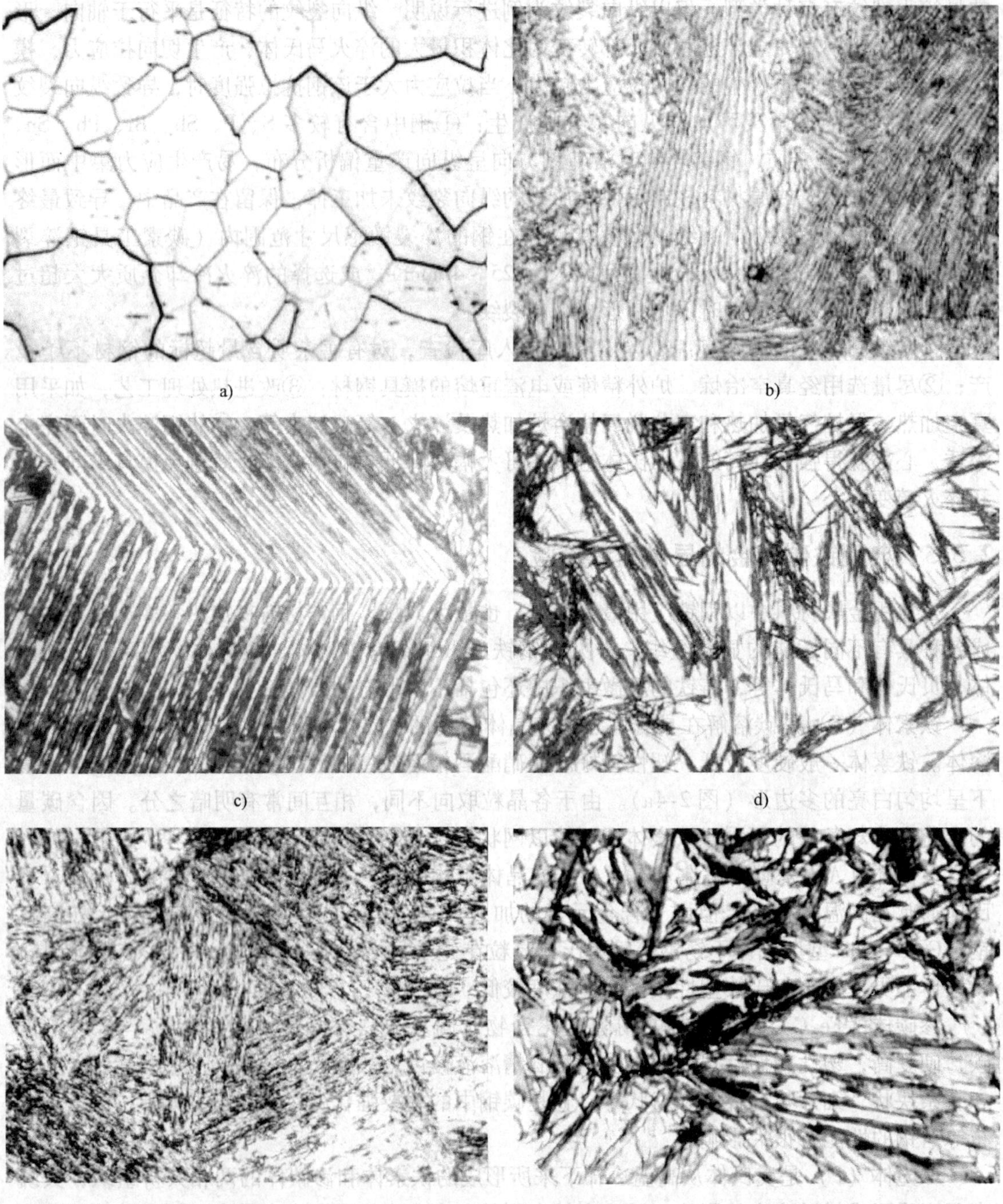

图 2-4　钢铁中典型的金相组织

a）铁素体，200 倍　b）珠光体，500 倍　c）上贝氏体，400 倍

d）下贝氏体，400 倍　e）低碳马氏体，250 倍　f）高碳马氏体，500 倍

在光学显微镜下呈黑色针状（图 2-4d），由于细小的渗碳体弥散分布于铁素体针内，具有较高的强度、硬度和良好的塑性、韧性，即具有较优良的综合力学性能，是生产上常希望得到的一种组织。

马氏体（M）是碳在 α-Fe 中的过饱和固溶体，是奥氏体在很大的过冷度条件下形成的低温转变产物。按含碳量的不同，主要有低碳马氏体和高碳马氏体两种形态。低碳马氏体在光学显微镜下呈细条状并同向成束排列（图 2-4e），在一个奥氏体晶粒中可出现多个不同位向的马氏体束，故又称板条状马氏体。它有较好的强度和韧性，是低碳钢和低合金钢中具有良好性能的组织。高碳马氏体相互交叉呈针状或竹叶状（图 2-4f），在针叶之间常有残留奥氏体存在，故又称针状马氏体。针状马氏体脆性大、硬度高，一般须经回火后使用。

铸铁中石墨存在的主要形态如图 2-5 所示。片状石墨（图 2-5a）是灰铸铁中碳的主要存在形式，因片状石墨对基体产生割裂作用并在尖端造成应力集中，故灰铸铁的力学性能较差。团絮状石墨（图 2-5b）是可锻铸铁中碳的主要存在形式，因团絮状石墨对基体的割裂作用及应力集中得到改善，而使可锻铸铁的力学性能较灰铸铁好。球状石墨（图 2-5c）是球墨铸铁中碳的主要存在形式，因球状石墨对基体的割裂和应力集中现象基本得到消除，故球墨铸铁的力学性能较之可锻铸铁又有较大的提高。蠕虫状石墨（图 2-5d）是蠕墨铸铁中碳的主要存在形式，因石墨端头圆滑变钝，因而蠕墨铸铁具有比灰铸铁高的强度和比球墨铸铁高的耐热性能。

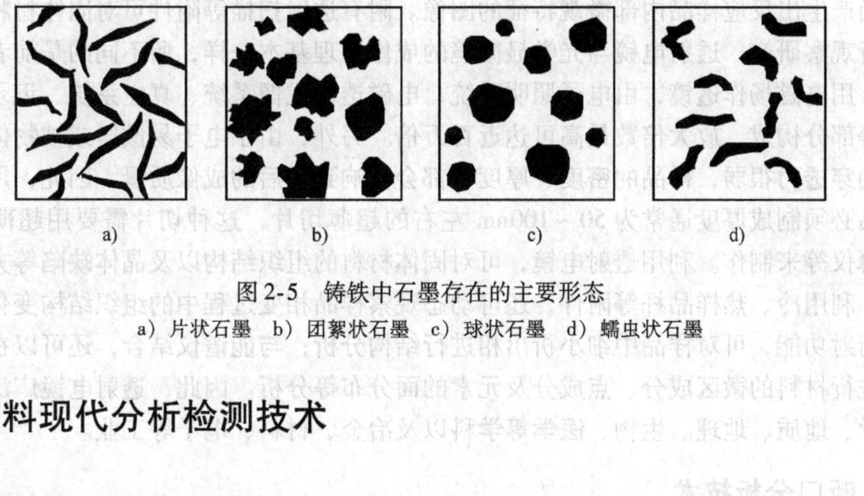

图 2-5 铸铁中石墨存在的主要形态

a）片状石墨 b）团絮状石墨 c）球状石墨 d）蠕虫状石墨

2.6 材料现代分析检测技术

2.6.1 电子显微分析技术

光学显微镜在材料的金相组织检验中得到了广泛的应用，但它的放大倍数有限（一般不超过 2000 倍），在光学显微镜下无法看清小于 0.2μm 的细微结构，这些结构称为亚显微结构或超微结构。要想看清这些结构，就必须选择波长更短的光源，以提高显微镜的分辨率，这时就应采用电子显微镜。

电子显微镜是使用电子束来展示物件的内部或表面的显微镜。电子束的波长要比可见光和紫外光短得多，并且电子束的波长与发射电子束的电压平方根成反比，也就是说电压越高波长越短。而光学显微镜的分辨率受其使用的波长的限制，因此，电子显微镜的分辨率（约 0.1nm）远高于光学显微镜的分辨率（约 200nm）。

材料检验中用得较多的电子显微镜主要有两种，分别为扫描电子显微镜和透射电子显微镜。扫描电子显微镜（Scanning Eelectron Microscope），通常简称为扫描电镜（SEM），是一种多功能的仪器，具有很多优越的性能。其工作原理是用一束极细的电子束扫描样品，在样品表面激发出次级电子，经过一系列处理，最后显示出与电子束同步的扫描图像。图像为立体形象，反映了样品的表面结构。为了使样品表面发射出次级电子，样品在固定、脱水后，要喷涂上一层重金属微粒，重金属在电子束的轰击下发出次级电子信号。扫描电镜有两个重要特点，一个是分辨率高，另一个是景深大。因而，利用扫描电镜可以进行三维形貌的观察和分析，还可以在观察形貌的同时进行微区的化学成分分析；可以进行材料断口的分析，直接观察大试样的原始表面，观察厚试样和试样的各个区域的细节；可以进行从高倍到低倍的连续观察，也可以进行动态观察。利用电子和物质的相互作用，可以获取被测样品本身的各种物理、化学性质的信息，如形貌、组成、晶体结构、电子结构和内部电场或磁场等。由于扫描电子显微镜具有上述特点和功能，所以越来越受到科研人员的重视，用途日益广泛。现在扫描电子显微镜已广泛用于材料科学（金属材料、非金属材料、纳米材料）、冶金、生物学、医学、半导体材料与器件、工业生产中的产品质量鉴定及生产工艺控制等。

透射电子显微镜（Transmission Electron Microscope），通常简称为透射电镜（TEM），1932年由Ruska发明，目前TEM的分辨率可达0.2nm，高于扫描电镜，远高于光学显微镜。透射电子显微镜是利用细聚焦的电子束穿透所观察的固体样品，经过电子光学透镜成像放大，从而产生出反应样品内部微观特征的图像。附有透射扫描等附件可对固体材料、生物样品等进行观察研究。透射电镜与光学显微镜的成像原理基本一样，所不同的是前者用电子束作光源，用电磁场作透镜，由电子照明系统、电磁透镜成像系统、真空系统、记录系统、电源系统等部分构成，放大倍数最高可达近百万倍。另外，由于电子易散射或被物体吸收，故电子束的穿透力很弱，样品的密度、厚度等都会影响到最后的成像质量，因此，用于透射电镜的样品必须制成厚度通常为50～100nm左右的超薄切片，这种切片需要用超薄切片机或离子减薄仪等来制作。利用透射电镜，可对固体材料的组织结构以及晶体缺陷等方面进行测试研究；利用冷、热样品杆等附件，还可动态观察样品相变过程中的组织结构变化规律；利用微区衍射功能，可对样品中细小析出相进行结构分析；与能谱仪结合，还可以在观察组织的同时进行材料的微区成分、点成分及元素的面分布等分析。因此，透射电镜广泛应用于物理、化学、地质、地理、生物、医学等学科以及冶金、材料、电子等工业。

2.6.2 断口分析技术

断口是断裂过程的最真实、完整的纪录，是第一手最可靠的证据，从宏观到微观的断口分析可以揭示断裂过程中从裂纹的形核、长大，到断裂的各个进程中主断裂面的受力情况、介质环境情况、材料制造情况以及损伤过程等。

断口分析是通过肉眼观察和借助显微分析仪器对断裂过程在断裂件上留下的痕迹进行的综合分析和检测，目的是通过分析揭示断裂的过程、断裂的性质和研究断裂机理。断口分析需要结合断裂件的材料组织结构特征和使用环境状况等方面的知识，才能得出正确的判断。

断口分析分为宏观断口分析和微观断口分析两部分，二者必须相互结合。宏观断口分析主要是用肉眼或借助普通放大镜进行观察，从而分析裂纹的扩展方向、断裂的起源位置、断裂过程的载荷情况等断裂的宏观特征；微观断口分析需要借助光学和电子显微分析仪器进行观察和分析，通过对断口的微观形态、结晶学特征、残留元素成分等理化特征的分析，确定断裂的类型和断裂的机理。

断口分析是断裂失效分析的基础，断口分析的判断正确与否成为断裂失效分析结论正确与否的关键。断裂失效分析是断口分析最重要的运用方面，是判明断裂失效原因的唯一途径，其作用是：判定事故责任；寻求改善和提高；改进设计，完善检验措施，改善使用条件，从而使装备的整体性能得到改进；为改善管理、预防事故的再次发生提供依据。

复习思考题

2-1　常用的钢材如何分类？各类有何性能特点和应用？

2-2　常用的非铁金属及其合金有哪几类？各类有何性能特点和应用？

2-3　金属材料的外观检验有哪些内容？内在缺陷的无损检测有哪些方法？

2-4　材料的化学成分检验有哪两类方法？它们之间有何区别和联系？

2-5　硬度试验有哪些方法？静拉伸试验有哪些性能指标？

2-6　宏观组织检验有哪些方法？光学金相检验的内容有哪些？

2-7　材料检验中常用的电子显微镜有哪些？各有何应用？

2-8　定量金相分析的内容有哪些？

2-9　裂纹分析和断口分析的主要内容是什么？二者有何联系？

2-10　钢铁中的典型显微组织有哪些？各有何特征及性能？

第3章 材料成形的质量控制

3.1 铸造成形质量控制及铸件检验

3.1.1 铸造及铸造成形质量控制概述

1. 铸造成形的主要生产过程及特点

铸造是通过熔炼金属、制造铸型，并将熔融金属液浇入铸型中，凝固后获得具有一定形状、尺寸和性能的金属毛坯的成形方法。铸造是制造机械零件毛坯的主要方法之一，可以分为砂型铸造和特种铸造两大类。砂型铸造（Sand Casting）又可分为手工造型、机器造型、射压造型、抛砂造型等。特种铸造（Special Casting）又可分为熔模铸造、金属型铸造、压力铸造、离心铸造等。

砂型铸造生产工艺流程如图3-1所示。

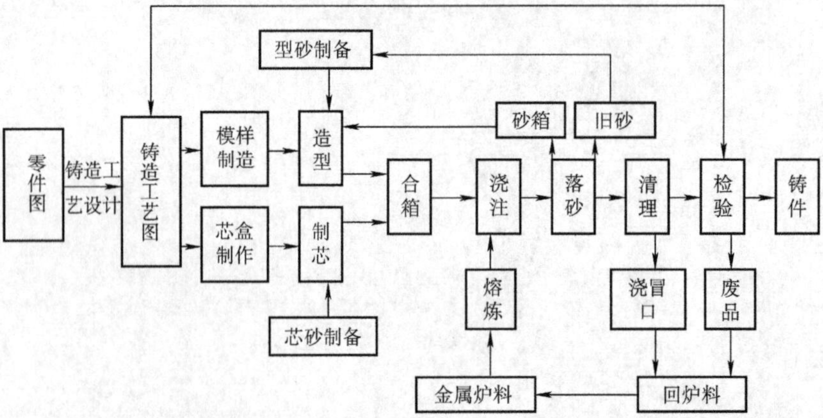

图3-1 砂型铸造生产工艺流程

砂型铸造生产的工艺流程较长，从技术准备、原材料准备、铸造工艺装备的设计制造、型砂与芯砂制备、造型、制芯、合箱、熔炼、浇注、落砂、清理及后处理等，到铸件出厂，先后经历十几道工序。

特种铸造是指除砂型铸造以外的其他铸造方法。常用的有：熔模铸造、金属型铸造、压力铸造、低压铸造、离心铸造和连续铸造等。熔模铸造是用易熔化的材料制成精确的模样，在模样表面涂挂若干层耐火材料，经硬化之后再将模样熔出，制成无分型面的壳状铸型，浇注合金后获得铸件的一种铸造方法。由于易熔模样大多用蜡质材料制作，故熔模铸造又称“失蜡铸造”。熔模铸造生产工序较多，生产周期长，生产费用高，主要用于成批生产形状复杂、精度要求高、熔点高和难于切削加工的小型零件，如汽轮机叶片、切削刀具、车刀柄、风动工具、变速器的拨叉、枪支零件以及工艺品等，广泛应用于航空航天、汽车、纺织机械、机床、仪表、电信等工业部门。

金属型铸造是指将液体金属注入金属制成的铸型以获得金属铸件的过程。金属型可以重复使用几百次至几万次，所以也叫永久型铸造或铁模铸造。金属型铸造的特点及应用范围如下：①金属型铸件比砂型铸件具有较高的尺寸精度和较低的表面粗糙度值，故机械加工余量小；②由于冷速快、晶粒细密，铸件的力学性能得到提高，如铝合金金属型铸件的抗拉强度可提高25%，屈服强度平均提高约20%；③由于金属型可承受多次浇注，实现了一型多铸，从而节约了大量工时和型砂，提高了劳动生产率，改善了劳动条件（金属型必须采用机械化和自动化装置，否则劳动条件更加恶劣）。但金属型制造成本高，不宜生产大型件、形状复杂（抽芯困难）件和薄壁铸件。主要适用于大批量生产的非铁合金铸件，如铝合金的活塞、气缸体、气缸盖、油泵壳体及铜合金轴瓦、轴套等，对于钢铁材料只限于形状简单的中、小件。

压力铸造是将熔融的金属，在压铸机中以高速压入金属铸型内，并在压力下结晶的铸造方法，简称压铸。高压高速是压力铸造区别于普通金属型铸造的重要特征。常用压射比压为几个至几十个兆帕（几十至几百个标准大气压），充填速度为0.5～50m/s，充填时间为0.01～0.2s。压铸过程主要由压铸机来实现，压铸机按压射部分的特征可分为热压室式和冷压室式两大类。热压室式的特点是将储存金属液体的坩锅炉作为压射机构的一部分，即压室浸在液体金属中工作，这种压铸机仅能压铸熔点较低的金属，因为气动、压射压力较低，所以很少使用。目前广泛应用的是冷压室式压铸机，其压室不包括坩锅炉，仅在压铸的短暂时间内接触金属液。冷压室式压铸机是以高压油来驱动的，其合型力比热压室式的压铸机大，通常为0.25～2.5MN，可用来压铸铝、镁、锌、铜等铸件。压力铸造的特点及应用范围如下：

1）铸件精度高。压铸是将液态金属在高压下浇入铸型的，由于极大地提高了合金的流动性，故可铸出较复杂的、薄壁的精密铸件，并可直接铸出细小的螺纹、孔、齿、槽、凸纹及文字等。压铸铸件精度可达IT11～IT13，表面粗糙度 Ra 值可达0.8～3.2μm。故大部分铸件都不需机械加工或少量机加工后即可使用。

2）铸件强度高。由于压型冷却快，又在压力下结晶，因而压铸件的内部组织细密，强度比砂型铸造高20%～40%。

3）生产率高。压铸生产率比其他任何铸造方法均高得多，有时甚至比冷冲压还高，每小时可压铸50～150次。这一方面是由于压铸机的生产率高；另一方面是省去了全部或绝大部分机械加工的原因。

4）便于采用镶嵌法。压铸的一个很大优点是可以采用镶嵌法，使零件制造过程简化，所谓镶嵌法是将预先制好的嵌件放入压型中，通过压铸使嵌件与压铸合金结合成整体，镶嵌法可制造出普通加工方法难以制出的复杂零件。

压铸虽是少、无切削加工的重要工艺，但也存在以下缺点：①压铸设备投资较大，压型制造费用较高、周期长，只有在大量生产条件下在经济上才合算；②压铸合金的品种受限制，如压铸高熔点合金（钢、铸铁等）时压型寿命很低，而难以适用，所以主要适用于铝、镁、锌等非铁合金；③由于压铸速度高，型腔内气体很难排除，所以内部常有小气孔，影响内部质量；④上述气孔是在高压下形成的，在加热时因气体膨胀，会使铸件表面不平或变形，所以压铸件不能进行热处理，也不宜在高温下工作。压铸的这些缺点，使其适用范围受到较大限制。目前，压力铸造主要适用于非铁金属的小型、薄壁、复杂铸件的大量生产，在汽车、仪表、电器、无线电、航空以及日用品制造中获得广泛的应用。

2. 铸造质量及其控制

铸造质量包含着铸造产品的质量和铸造过程的质量两个方面。铸造产品的质量（简称铸件质量）包括铸件表面质量、内在质量以及使用质量。铸件表面质量主要包括：尺寸精度、形位公差、表面粗糙度、表层硬度、重量公差、内腔清洁度及表面铸造缺陷程度等。铸件内在质量主要包括：化学成分、金相组织、冶金缺陷、物理及力学性能、铸件内部的可靠程度（用无损探伤检查），近年来还增加了晶粒度（共晶团数）、共晶饱和度、致密度、纯度、连续度等质量指标。铸件的使用质量主要包括：切削性能、焊接性能、耐磨性能、耐蚀性能、耐高温性能、工作寿命及其他工作条件的要求等，而且其指标也在不断提高。

铸件质量与铸造过程质量紧密相关。铸造过程质量是指从原材料进厂到合格铸件出厂的铸造全过程的质量，也可以理解为铸造过程是满足规定需要和潜在需要的特性的总和。如果铸造过程质量失控，就会影响到铸件的最终质量。应该指出，用铸造方法生产毛坯或零件是一种不太稳定的制造工艺过程。这是因为铸造生产所涉及的技术领域比较广泛，而且又是一种劳动密集型的作业，并且在很大程度上取决于操作者的技能与素质。因此，铸件在形成的整个过程中，始终存在着质量波动情况。为了保证稳定地生产出符合质量标准的铸件，就必须对铸造过程中的各阶段质量进行有效的控制。铸造质量的控制应贯穿于质量形成的全过程，其主要内容包括：确定控制对象，制订控制计划和标准，实施控制计划，并在实施过程中进行监督、评价和验证，纠正不符合工艺设计和操作程序的现象，排除质量形成过程中的不良因素，使其恢复正常状态。铸造过程的质量控制方法主要采用统计质量控制方法，常用的有直方图法、排列图法、因果图法、散布图法、分层法、调查表法、控制图法。

3.1.2 铸造生产前期的质量控制

1. 铸造原材料的检验

没有合格的原材料，就很难做出合格的产品，要控制铸件质量，就必须控制铸造用原材料的质量，不同铸件对原材料的质量有着不同的要求。另一方面，由于铸造用原材料品种繁多和中国铸造工业的落后，很多铸造用原材料至今尚未有定点的生产基地并按质量要求进行生产和供应，故各地铸造企业（特别是中小企业）中的多数尚不能完全按标准要求购进全部原材料。因此，各铸造厂应当根据国家标准或专业标准并结合铸件质量要求及原材料的供货具体情况，制定本厂所用各种原材料的技术条件及验收标准。原材料尽可能做到定点供应，并由供需双方直接签订合同。技术条件由双方技术人员确定，材料来源和材料规格的变动应由企业的技术主管部门决定，更换的材料必须符合企业所用标准的规定。

原材料进厂，必须附有符合企业用标准规定的合格证书和检验单，进厂原材料需按标准验收后方可入库，入库时需登记下列内容：材料进库日期、材料名称及规格、产地和厂家、入库数量。

只有对那些具有很高信誉的长期定点供货单位的质量合格证才能充分信任，否则，铸造企业应对材料的质量进行抽检复验，如不符合标准要求，应当退货，不能勉强使用而降低铸件质量。检查项目及方法应严格按标准或合同的规定进行。

（1）金属炉料 铸造用金属炉料主要包括：生铁、回炉料、铁合金、废钢等。

1）生铁。一般铸造用生铁按 GB/T 718—2005 选用，球墨铸铁用生铁按 GB/T 1412—2005 选用。标准按化学成分将生铁分为若干组、类、级，但不考虑含碳量。用户根据含硅量选择生铁牌号，根据含锰量选择组，根据含磷量选择级，根据含硫量选择类，具体选择哪一种，要根据不同铸件的要求来定。例如，球墨铸铁要严格限制生铁中硫和磷的含量（一般 $w_P < 0.1\%$，$w_S < 0.03\%$），而一般灰铸铁用生铁的硫磷含量却可放宽（如 $w_P < 0.2\%$，$w_S < 0.6\%$），耐磨铸铁使用的生铁含磷量可以更高（如 $w_P < 0.4\%$）。硅和锰不是有害元素，可根据需要选择。由于硅锰含量可通过加入锰铁和硅铁进行调整，特别是需要孕育处理的铁液中还要加硅，故生铁中硅和锰的含量一般不应高于铁液中的要求含量。生铁表面应当清洁，但允许附有少量石灰和石墨。生铁入库后应按规格分别堆放，不得混杂。需采样复验时，分析试样的化学成分应按相应的标准进行。

2）回炉料。回炉料主要是指本厂的浇冒口和废铸件。回炉料不得有严重的锈蚀、油污及泥砂杂质，冲天炉用回炉料块度也有一定的规定。不同牌号的回炉料应分类堆放，不得混杂。否则，不但合金液的成分不易控制，而且一种合金的成分对另一种合金来说可能是有害杂质，如果相互混杂可能降低合金的力学性能或出现缺陷。例如，铸铁中如果混入铝镁等合金可能使铸件产生针孔，混入碲、铋等激烈反石墨化的元素，将使灰铸铁和球墨铸铁形成白口组织。

不同牌号的铝合金，有些元素对这几种铝合金是合金元素，而对另几种铝合金却是杂质，铁对于铝合金来说就是有害杂质。因此，各种回炉料不仅要分类堆放，而且要仔细检查其中是否混杂有其他金属（特别是要注意金属镶块、衬套等）。间断生产用熔炉的回炉料块度没有像冲天炉那么严格的要求，以能置入炉膛为限度，但块度太大将降低熔炼速度。

金属炉料中的废钢、铁合金等，都应根据相应的标准检验后方可使用。

（2）铸造用其他原材料 铸造用的其他原材料还包括焦炭、造型材料等。

1）焦炭。焦炭为熔炼铸铁等的主要燃料，其主要质量指标为固定碳含量（或灰分含量）、含硫量和力学强度以及反应能力和气孔率。合适的焦炭块度也是保证炉子正常冶炼的基本条件。

2）型砂构成材料的选用。型砂主要由原砂、粘结剂和附加物组成。在生产中，选择铸造用砂时应考虑铸造合金的种类、铸件的重量、产品的数量、铸造设备、铸型的种类、造型和制芯方法及用途等工程技术条件及要求；而且还应考虑到与生产成本（如铸造原砂的质量与价格、产地与运输、货源保障等）直接或间接相关的经济因素。为保证铸件质量，对型砂的组成物应分别进行测试，如进行铸造原砂性能的综合试验、铸造用粘土性能的综合试验等，检验合格后才能使用。

国外的铸造原材料供应是由具有统一严格标准保证的专门原材料公司及时供货、送货的，因此铸造厂可以得到质量保证。而国内的铸造厂由于原材料来源多、标准低、品种杂、质量波动大、供应渠道不规范等实际状况以及工厂投料急、少复验、缺手段的现状，多年来在质量与效益上造成了不少损失。因此，铸造企业应补充一些高速、全面、多功能的原材料检测手段。比如近几年来国外推出质优价廉的最新原材料检测手段——“X荧光能谱仪”，该仪器能在5min之内完成球化剂、孕育剂、各种铁合金、脱硫剂、炉渣、耐火材料、矿物等原材料的全分析；而若采用化学分析法则至少要用一天的时间；又如采用便携式的“合金分析仪”即可在料库或车间现场5min内完成各种钢铁材料、非铁合金原材料混料分件的检测难题。

2. 铸件设计的质量保证

技术人员有时自己设计铸件，有时也要对别人设计的铸件进行审查。为保证铸件设计的质量，应考虑以下因素：

（1）铸件用金属的选择　零件在工作时所处的环境（温度、周围介质的性质）和所受载荷的大小及特性（静态、动态、交变、冲击与周围接触零件有无相对滑动等）是选择铸造金属材料的主要依据。在满足工作条件的前提下，材料的价格也是选择材料的重要依据。铸件常用金属材料为铸铁（灰铸铁、球墨铸铁、蠕墨铸铁、可锻铸铁等）、铸钢和铸造非铁合金。

（2）铸件的结构设计　应根据铸件材质、受力特点、制造工艺，来合理地设计铸件。结构不合理的铸件，易产生铸造缺陷，降低铸件性能。另外，应考虑使铸件结构设计满足简化铸造工艺和工装的要求。进行铸件设计时，不仅要保证其工作性能和力学性能要求，还必须认真考虑铸造工艺和合金铸造性能对铸件结构的要求，并使铸件的具体结构与这些要求相适应。结构与工艺之间的关系，通常称为“结构工艺性”。铸件的结构是否合理，即其结构工艺性是否良好，对铸件的质量、生产率及其成本有很大影响。当零件是单件、小批生产时，则应使所设计的铸件尽可能在现有条件下生产出来；当零件是大批量生产时，铸件结构应便于采用机器造型。若某些铸件需采用特种铸造方法（如金属型铸造、熔模铸造、压力铸造等）生产时，还必须考虑这种方法对铸件结构的要求。与合金铸造性能有关的铸造缺陷，如缩孔、缩松、裂纹、变形、浇不足、冷隔等，有时是由于铸件的结构不够合理所致，往往在采用更合理的铸件结构后，便可以消除这些缺陷。铸件应有合理的壁厚设计，减小壁厚虽可以减轻铸件质量，但过小的壁厚难于浇注成形。铸件壁厚应力求均匀，减小厚大部分，防止热节产生，避免形成缩孔、缩松和裂纹。铸件壁的连接处应有结构圆角（设计圆角）。圆角大小应与壁厚相适应，过小或过大都会造成热节。铸件结构应尽可能使制模、制型、制芯、合型等过程简化，避免不必要的人力、物力的耗费，防止产生废品，并为实现机械化生产创造条件。

3. 铸造设备及工艺装备的检验

在机械化生产中，铸造设备直接影响着铸件质量。如混砂机的辗轮与底板、刮板与底板之间的间隙会影响混砂质量，因此，当辗轮、底板和刮板在工作过程中磨损到一定程度时就必须更换。造型机的震实和压实力对铸型紧实度有影响，活塞环和气缸磨损到一定的程度，铸型就震不紧实，因此必须更换活塞环和修理气缸。铸造车间主要工艺设备的某些参数对铸件质量都有影响。控制仪器更是如此，如果控制仪器出了故障，所测试的数据就不准确，因而会造成系统误差，降低铸件质量和增加缺陷。

因此，必须保持铸造设备和仪器的完好，为此要做好以下工作：为每一台主要设备和仪器建立技术档案资料；制订并完善主要设备和仪器的操作规程和责任制度；对设备和仪器进行精心的维护和保养。仪器设备的维护规程的内容一般包括：设备和仪器的构造简图和主要技术规格；设备和仪器的巡回检查路线与检查制度；设备的润滑部位、油质标准和润滑制度；仪器的工作环境（包括温度、湿度、四周介质的酸碱度和清洁程度等），主要运行部位的调整和运行参数，常见的故障及排除方法；对设备和仪器进行定期检查，对仪器要定期校准。经检查需要修理的设备，必须立即进行修理，使设备始终处于完好状态。

砂型铸造用工艺装备主要包括模样、模板、芯盒和砂箱等。工艺装备对铸件质量（特别是铸件精度）有重大影响。新制工艺装备（包括外购的）应由制造部门负责全面检查，并填写《工艺装备检查记录表》，写明检查记录和检查结论，如检查不合格必须返修或报废。经检查合格的工艺装备，连同记录表送往使用部门。使用部门对工艺装备的主要部位和尺寸应当进行复检，复检合格的工艺装备，应做出合格的标志，并在记录表上注明合格，最后还要由检验员签字。检查的项目包括：外观缺陷，几何形状及尺寸精度，装配关系，表面粗糙度。检查的依据主要是：模样的产品图样、制模工艺规程、模样技术要求等标准及铸造工艺要求。检验常用的量具为：木模检验用铸物尺（8‰、10‰、15‰、20‰、25‰等）、钢板尺、三角板、游标卡尺、方箱、划针盘、划规等。合格的工艺装备如果不需验证时，可直接办理验收手续。需要验证的工艺装备，应按相关规定进行验证。允许在试制过程中调整和修改的工艺装备，经验证合格的工艺装备，应办理验收手续。不允许未经检查和未做出合格结论的工艺装备直接投入生产。由工艺部门规定需要验证的工艺装备也不允许未经验证并证明合格就直接投产。

工艺装备在使用过程中会磨损变形，从而降低铸件精度直到出现废品。因此，对工艺装备要定期进行检查。检查用的量具和样板要符合精度要求，并经定期标定。工艺装备的外观检查包括：是否完整无损，表面是否光滑，有无影响强度的损伤存在。几何形状及尺寸检查包括：几何形状、变形量、磨损量等是否在允许的范围内。装配关系检查包括：紧固情况、间隙大小是否在允许范围内。检验员在检查后应填写检查记录表，并要有明确的结论：合格、修理、报废。需修理的工艺装备应在记录表上注明修理部位及要求。修理好的工艺装备，经检验合格后方可投产。

3.1.3　铸造生产中的质量控制

1. 型（芯）砂制备的质量控制

为了控制型砂质量，保持其性能稳定，在生产中除应经常检测型砂水分、湿压强度、透气性和紧实度外，还应有必要定期或按需要不定期地检查，检查包括型砂含泥量、有效粘土及煤粉含量、颗粒组成、破碎指数及热湿拉强度等。每个工厂都应根据自己的具体情况和生产性质制订出型（芯）砂的检测制度，这是砂型铸造生产质量控制的重要措施之一。型（芯）砂的各种原材料在进厂入库前要按技术条件进行验收。型砂性能的检测项目及频率视生产性质不同而定。粘土砂性能综合试验包括：粘土砂的取样，粘土砂的性能试验。粘土湿型砂性能要求包括：含水量、湿透气性、紧实率、湿压强度。水玻璃砂的试验方法，覆膜砂的试验方法和树脂自硬砂的试验方法等参见有关手册。型（芯）砂制备主要的质量控制项目为：①旧砂冷却、粉尘含量；②型砂质量：强度、透气性、紧实率、水分等。

随着时代的发展，配砂、造型与制芯过程的质量检测与控制已采用微机检测：①型砂配砂过程中配料微机自动控制及对旧砂温度、型砂水分、粘结剂与紧实率等的自动检测与自动控制；②芯砂配砂过程中配料微机自动控制及对树脂、硬化剂等成分的自动调节；③配砂过程中，对型芯砂定时地取样进行性能的快速检测分析；④造型中砂型硬度及尺寸的检测；⑤造型中加砂量与紧实参数的自动检测与自动控制；⑥造型自动线采用微电子技术的程控器和微机的自动控制；⑦制芯过程中微机程序控制及射芯、硬化、净化和环保的检测。

微型计算机控制的砂处理工部：混砂机先加砂与辅料，干混后再加水湿混，计算机就不断对混合料的水分、温度以及紧密率实行控制。有的还可根据造型工部的要求，及时自动改变配比和其他性能参数。

2. 铸造涂料的质量控制

涂料一般直接与金属液接触，铸件表面上的缺陷与涂料关系极大，如化学粘砂、机械粘砂、夹杂、气孔等。涂料的检验项目有：悬浮性试验、干燥性试验、高温抗裂性试验、发气量和发气率、高温稳定性试验。

3. 造型（制芯）及合箱过程的质量控制

造型（制芯）过程的质量控制主要包括铸型的紧实度、铸型的排气（透气）性、冷铁处理、型芯的定位与紧固、型芯的发气与排气、型芯的烘干质量等。造型质量主要的控制项目为：砂型硬度、砂型尺寸和形状，砂芯质量主要的控制项目为：砂芯排气、砂芯尺寸和形状。

合箱是砂型铸造过程至关重要的一道工序，又称合型。是将已制好的砂型、砂芯、浇冒口杯等组合成一个完整铸型的操作过程。合箱是等待浇注的一道工序，往往合箱质量不好，会导致铸件产生错箱、抬箱、尺寸差、重量差、砂眼、气孔等缺陷，严重时使铸件报废。合箱主要的质量控制项目为：下芯操作、砂箱定位和紧固、出气孔和排气道等。

4. 熔炼过程的质量控制

液体熔炼的质量主要包括：熔体的化学成分、出炉温度、液体的纯净度、含气量等。质量控制包括：熔炼炉的选择、炉料的选用、熔炼过程各参数的控制等。

（1）金属熔炼过程概述　金属的熔炼过程一般由下列几个阶段组成，即熔炉的准备、炉料的准备及装炉、熔化操作、炉前检验及控制、熔体处理及出炉等。根据熔炼的金属不同，熔化用炉主要包括：冲天炉、火焰炉、电阻熔炼炉、红外熔炼炉、感应加热炉、电弧炉等。

（2）金属熔炼过程中的检测项目　熔炼过程各参数控制检测、熔体处理效果检测，主要检测项目为：炉前化学成分快速检测、炉前温度检测、精炼效果检测、球化率检测、断口检验等。

（3）金属熔炼过程检测试验应用实例

1）炉前铁液质量的检测：①炉前铁液的出炉温度与浇注温度的检测；②炉前原铁液与各种处理后铁液的有关元素含量的高速自动检测（直读光谱法等）；③球化处理后铁液的快速金相法球化率检测；④用热分析法对炉前铁液碳当量、碳与硅含量、孕育效果、球化率及所达铸铁牌号力学性能等的快速检测与预报；⑤炉前铁液中含氧量、含氮量与含氢量的快速检测。

2）炉前铁液温度检测：我国的炉前快速热电偶测温技术已接近国外水平。国产的“壁挂式微机数显测温仪表”具有精确、耐用、可靠性高、故障率低等优点，对于出炉温度控制很严格的汽车铸造工厂可推广使用；其便携式的小型仪表则很适合于浇注温度的检测。为解决工厂长期以来很难监控的测温工艺记录及温度废品考核的问题，采用国内生产的一种带发射功能的二次测温仪表及其“无线远程测温数据自动采集系统”则是最佳的检测模式。对于非接触式的红外线测温，经多年实践证明，由于其容易受到车间炉前烟雾、尘埃、水汽及铁液表面氧化皮等的干扰，有时偏差较大，稳定性较差，尚需进一步改进、提高并选择更适合应用的场合。

3）炉前热分析法检测：国内汽车铸造行业应继续进行“热分析法”的研究与开发。它很可能是未来铸铁炉前质量检测手段的最佳选择。因为它不仅能快速预报球化率，而且能同时检测 C、Si 含量及铸铁的孕育效果、基体组织及力学性能等。然而，由于目前国内热电偶材料精度等多种因素的影响，热分析法在测试精确度方面还不能达到令人满意的程度。

4）冲天炉熔化过程的质量检测：①冲天炉风量、风温、风压的检测与自动控制；②冲天炉过桥处铁液的连续测温与自动记录；③冲天炉加料口处炉气中 CO 与 CO_2 含量的检测；④冲天炉料位的监测与自动控制；⑤冲天炉最优配料的计算、检测与自动控制；⑥冲天炉底焦高度的检测；⑦冲天炉铁液熔化率的检测；⑧冲天炉前炉铁液量的检测；⑨冲天炉炉渣的碱度与氧化亚铁含量的检测。

5）炉气分析检测：炉气分析是一项十分重要的工作。对冲天炉炉气中的 CO 与 CO_2 含量分析可以掌握燃烧工况和冶金反应情况，据此能正确判断炉况，控制熔化操作，改进熔化工艺；并据此来计算焦炭的发热效率与炉子的热效率，从而指导提高铁焦比、降低成本。这也是使我国汽车铸造行业今后走向高产、优质、低耗、增加经济效益的一项重要工作，应重视开展。这种检测手段，国内早已经具备，如气相色谱仪、红外线气体分析仪等。特别是气相色谱仪，不仅能作炉气分析仪器，还能分析铸铁中的 N、O、H 含量等。

6）炉渣分析检测：铁液中的气体主要是氧、氮、氢，按总重量计，仅小于0.05%，但对铸铁组织和力学性能有相当大的影响。由于铁液中测试氧、氮、氢还有一定困难，作为炉前控制还难以定出指标。因此，国外为获得优质铁液，增加了炉渣中 FeO 的含量为控制项目。检测冲天炉炉渣中 FeO 的含量即可判断炉料中 Si、Mn 烧损的程度。这种检测不难，仅采用化学分析即可。

炉前控制主要是进行自动化记录与控制调整。既可实现熔炼过程中对铁液温度、熔化速度、风量和焦耗等主要变量的检测，又能根据铁液成分、温度等工艺参数的变化综合调整熔化速度、送风强度、铁液温度、焦耗等，按自动调节原理使输出量对输入量实行反馈调节，并使冲天炉稳定在最优工作状态（实现风量、焦耗等最优化工作点的自动寻找和定值控制）。

5. 铸造其他工艺过程的质量控制

（1）浇注的质量控制　浇注工必须事先通过工艺卡片了解铸件材质、毛重、浇注温度等情况，并按工艺要求和金属牌号的熔化顺序安排好浇注，注意控制好浇注速度。

（2）落砂和清理阶段的质量控制　从浇注到落砂的时间（即铸件在型内冷却的时间）是一个重要的工艺参数；清理铸件的工艺及操作不当，容易使铸件损坏。应注意薄壁件的清理及不同材质铸件的清理所采用的方法。

（3）铸件热处理的控制　对需进行热处理的铸件，应严格按规程进行。注意对所使用的热处理炉提前进行检验，在热处理过程中要严格控制炉温。

6. 特种铸造生产的质量控制

（1）熔模铸造　应严格按照企业制定的熔模铸造技术要求控制与检验易熔模与型壳质量，以及对压型、模料、涂料、型壳烘烤等工艺参数进行质量控制。

（2）金属型铸造　应严格按企业制定的金属型铸造技术要求控制与检验金属型，还要注意控制与检查金属型各组件是否齐全；型腔内的油污、旧涂料是否清理干净；各通气塞、通气槽是否畅通；涂料的成分和配置百分比是否符合要求；金属型的预热温度和时间；涂料喷涂的厚度和分布情况是否符合要求；浇注机（台）各传动部分是否灵敏；金属型的工作温度是否符合要求等。

（3）压力铸造　应严格按企业制定的压力铸造技术要求控制与检验压铸机、压型，还要注意控制与检查压型工作温度、填充时间、持压时间和留型时间。

3.1.4 铸造后的（铸件）质量检验

铸件质量是指铸件的形状、尺寸、成分、组织、性能等对使用要求的符合程度。它包括铸件的外观质量、内在质量和使用质量三个方面。铸件质量检验是铸造生产的重要工序，其主要职能是：为铸件生产和管理部门提供质量信息，为质量管理活动提出课题，保证产品质量。

铸件的检验主要包括铸件表面质量检验、铸件内在质量检验以及铸件质量的综合鉴定。其中，铸件的表面质量包括铸件的表面缺陷、尺寸精度、重量偏差、几何公差、表面粗糙度等。铸件外观质量的优劣影响后续加工工艺和后续加工的消耗，也影响铸件的使用性能。所有铸件都要按照规定的标准进行外观质量检验，但这些检验又常常需要分多次完成。例如，铸件铸出后的初检只能发现明显的表面缺陷，细小的表面缺陷则要用专门的设备才能发现。外部尺寸能直接测量，内腔的某些形状与尺寸，有时则要切剖铸件才能测出。为此，对不同的铸件应安排不同的检验制度，并列于有关工艺文件中。下面分别介绍铸件外观、形状和尺寸以及内在质量检验。

1. 铸件外观的质量检验

检验的依据是铸件的有关标准、技术条件和图样。铸件的表面质量主要包括铸件的表面缺陷、尺寸精度、重量偏差、形位公差、表面粗糙度和铸件表面清理质量等多方面内容。

（1）铸件表面缺陷的检验　铸件的表面缺陷主要有：由砂型膨胀引起的夹砂类缺陷（包括鼠尾、沟槽、夹砂结疤等）；由金属液对砂型表面的热作用、化学作用和机械渗透作用引起的粘砂类缺陷（包括化学粘砂、机械粘砂、热粘砂、表面粗糙等），以及桔皮和缩陷等。铸件上的表面缺陷按具体技术要求可以分为 3 类。

1）按照技术条件允许存在的缺陷。带有这类缺陷的铸件应视为合格。

2）允许修复的缺陷。包括可以铲除的多肉，可以焊补的疵孔，可以校正的变形和可以浸渗处理的渗漏等。有这类缺陷的铸件，应按要求做好修复工作，然后再次检验。

3）允许存在但不允许修复的缺陷。有这类缺陷的铸件应予以报废。

（2）检验要求　为保证铸件的表面质量，应规定每批（炉）铸件 100% 地检验其表面缺陷。检验要求一般规定如下：

1）铸件非加工表面上的浇冒口应清理得与铸件表面同样平整，加工面上的浇冒口残留量应符合图样规定，非铁金属铸件一般允许高出铸件表面 2 ~ 5mm，钢铁材料铸件一般允许高出铸件表面 5 ~ 15mm。

2）在铸件上不允许有裂纹、通孔、穿透性的冷隔和穿透性的缩松、夹渣缺陷。

3）铸件非加工表面的毛刺、披缝应清理至与铸件面同样平整。

4）铸件待加工表面，允许有不超过加工余量范围内的任何缺陷存在，但裂纹缺陷应予以清除。

5）作为加工基准面和测量基准的铸件表面，必须平整。

6）变形的铸件允许整形（校正），然后逐个检验是否有裂纹。

7）在铸件非加工表面和加工后的表面上是否允许有缺陷，在有关标准中有规定。

（3）表面缺陷的检验标准　由于使用性能和各类铸造方法的不同，铸件表面缺陷检验标准也各不相同。技术标准是质量检验的依据，通常分为：内控标准、通用标准和用户要求三类。

内控标准一般用作工艺过程质量检验的依据，它主要是指：工艺规程、操作守则和其他技术文件中的有关指标和规定，它是各工厂生产中掌握的标准。

通用标准是指国家标准、行业标准等，它是铸件质量检验的重要依据，如：GB 1176—1987《铸造铜合金技术条件》，GB/T 9438—1999《铝合金铸件技术条件》。至于用户要求与上述标准不一致时，通常在图样及有关技术文件中另行做出规定。

目前，国家对铸件表面缺陷的检验还没有统一的标准。各厂在生产中一般执行行业标准、企业标准。下面引列的是北京某厂各类铸件表面缺陷的检验标准，它们一般是根据机械行业标准确定的。

1）灰铸铁件。在铸件非加工表面和加工后的表面上，单个孔穴的最大直径不应超过6mm，其最大深度不应超过该处壁厚的1/4（但当壁厚大于30mm时，不超过9mm），且在其反面的对应部位上无类似的缺陷存在。

2）球墨铸铁件。在铸件不加工表面上，允许有夹渣、掉砂等缺陷，其深度或高度不超过壁厚的1/3（但不得大于3mm），长度不超过8mm，面积不大于8cm^2，此类缺陷在一个铸件上允许有两处。在铸件小加工的表面上允许有气孔，砂眼等缺陷，其直径不大于5mm，深度允许至2mm（但不得超过壁厚的1/3），在100cm^2 面积上不多于3个。在铸件加工后的表面上允许有气孔、砂眼等缺陷，其直径不大于3mm，深度不大于2. 5mm（但不得超过壁厚的1/3），在100cm^2 面积上不多于2个。直径和深度不超过1. 5mm的缺陷不予计算。

铝合金、镁合金等铸件的检验方法见有关标准。

（4）检验方法　铸件表面缺陷的检验一般靠目视观察，包括使用小于10倍的放大镜的方法进行检验。此外，为提高检验的分辨率，还可采用荧光探伤、着色探伤、磁粉探伤等检验方法来发现表面上或靠近表面的缺陷。

2. 铸件形状和尺寸检验

铸件形状与尺寸检验，就是检查毛坯铸件的实际尺寸是否落在规定的毛坯铸件的尺寸公差带内。按一般规定，铸件的几何公差也应在有关的尺寸公差范围内。形状尺寸类缺陷主要包括：尺寸和重量差错、变形、错型（错箱）、偏芯（漂芯）等。

（1）铸件尺寸检验　检验铸件的尺寸时，应以毛坯图的尺寸为依据。在一些专业铸造厂或小型铸造车间的铸造生产过程中没有铸件毛坯图，往往是用零件图绘制成工艺图，以此来指导生产。在这种情况下，铸件的尺寸由零件尺寸、加工余量、起模斜度和其他工艺余量构成。其他工艺余量包括分型负数、反变形量、工艺贴补量等。当毛坯图或技术条件规定了尺寸公差数值或公差等级时，应按技术文件执行。当技术条件未规定尺寸公差时，则应以GB/T 6414—1999为依据，并参见表3-1的具体数值要求。

表3-1　铸件尺寸公差值（摘自GB/T 6414—1999）　　（单位：mm）

铸件公称尺寸		公差等级 CT							
大于	至	9	10	11	12	13	14	15	16
—	10	1. 5	2. 0	2. 8	4. 2	—	—	—	—
10	16	1. 6	2. 2	3. 0	4. 4	—	—	—	—
16	25	1. 7	2. 4	3. 2	4. 6	6	8	10	12
25	40	1. 8	2. 6	3. 6	5. 0	7	9	11	14
40	63	2. 0	2. 8	4. 0	5. 6	8	10	12	

（续）

铸件公称尺寸		公差等级 CT							
大于	至	9	10	11	12	13	14	15	16
63	100	2.2	3.2	4.4	6	9	11	14	
100	160	2.5	3.6	5.0	7	10	12	16	
160	250	2.8	4.0	5.6	8	11	14	18	
250	400	3.2	4.4	6.2	9	12	16	20	
400	630	3.6	5	7	10	14	18	22	
630	1000	4.0	6	8	11	16	20	25	

注：表中 CT13～CT16，并小于或等于 16mm 的铸件公称尺寸，其公差值需单独标注，可提高 2～3 级。

铸件尺寸公差是指对铸件尺寸规定的允许变动量，其代号用字母 CT 表示。铸件的尺寸公差等级由高到低分为 1、2、3、…、16，共 16 个等级。由铸件的公称尺寸可在表 3-1 中查出铸件尺寸公差数值。

为保证铸件加工面尺寸和零件精度，在铸造工艺设计时预先留出在以后机械加工时切去的金属层厚度，称为加工余量。它通常是依据实际生产条件和有关资料来确定。加工余量的代号字母为 MA。确定加工余量大小程度的级别，称为加工余量等级。加工余量等级由精到粗分为 A、B、C、D、E、F、G、H 和 J 共 9 个等级。在表 3-2 中可查出铸件的切削加工余量值。铸件的公称尺寸，是指在有加工要求的表面上最大尺寸和该表面距它的加工基准间尺寸二者中较大的尺寸。

表 3-2　铸件的切削加工余量（摘自 GB/T 6414—1999）

CT		11		12			13			14		15	
MA		G	H	G	H	J	G	H	J	H	J	H	J
公称尺寸		加工余量数值											
大于	至												
—	100	4.0 3.0	4.5 3.5	4.5 3.0	5.0 3.5	6.0 4.5	6.0 4.0	6.5 4.5	7.5 5.5	7.5 5.0	8.5 6.0	9.0 5.5	10 6.5
100	160	4.5 3.5	5.5 4.0	5.5 4.0	6.5 5.0	7.5 6.0	7.0 4.5	8.0 5.5	9.0 6.5	9.0 6.0	10 7.0	11 7.0	12 8.0
160	250	6.0 4.5	7.0 5.0	7.0 5.0	8.0 6.0	9.5 7.5	8.5 6.0	9.5 7.0	11 8.5	11 7.5	13 9.0	13 8.5	15 10
250	400	7.0 5.5	8.5 7.0	8.0 6.0	9.5 7.5	11 9.0	9.5 6.5	11 8.0	13 10	13 9.0	15 11	15 10	17 12
400	630	7.5 6.0	9.5 8.0	9.0 6.5	11 8.5	14 11	11 7.5	13 9.5	16 12	15 11	18 13	17 12	20 14

注：表中每栏有两个加工余量数值，上面数值是一侧为基准，另一侧进行单侧加工的加工余量值；下面数值是进行双侧加工的加工余量值。

单件小批生产时，铸件的尺寸公差等级与造型材料及铸件材料有关。采用干、湿型砂铸型铸出的灰铸铁件的尺寸公差等级为 CT13～CT15。大批量生产时，铸件的尺寸公差等级与铸造工艺方法及铸件材料有关。采用砂型铸造造型方法铸出的灰铸铁件的尺寸公差等级为 CT11～CT13。

为避免成批铸件因尺寸不合格报废，保证铸件满足机械加工和使用性能的要求，在检验铸件尺寸时应遵循以下规定：铸件的尺寸和几何形状应符合零件图与铸件图的要求，若无特殊规定时，铸件的尺寸公差应符合指定公差等级的公差要求；每个工作班必须按铸件图规定的抽检尺寸，对首件进行检验，并认真填写首件检验证。铸件出厂、入库或转外车间机械加工时应对每炉（批）抽5%～10%的铸件，按铸件图要求，抽检其主要尺寸，若铸件尺寸检验不合格时，应逐件进行检验，不合格的铸件（若影响使用）予以报废。由于影响铸件尺寸的因素较多，故除按规定抽检其主要尺寸外，对未规定的抽检尺寸，也应当予以检验，以保证尺寸完全合格。铸件尺寸超差（如配合尺寸），但需要利用时，应查明原因，找出责任者，订出整改措施，填写超差利用单，办理批准手续后，才能利用，否则予以报废。

铸件尺寸的检验方法主要有以下五种：实测法、画线法、专用检具法、样板检查法和用仪器测量法。由于铸件的生产批量、重要程度不同，以及铸件的大小和复杂程度的差别，铸件的尺寸检查方法有所区别。生产批量小、要求不太严格的简单件，可采用首件检查和定期抽查的方法来控制铸件的尺寸精度；对于大型或要求严格的铸件，应逐个检查，发现问题及时解决，以免造成不必要的经济损失。

一般铸件的尺寸检验是以铸件毛坯图或铸造工艺图样的尺寸及技术要求为依据，用各种通用的量具如游标卡尺、直角尺、角度尺和卡钳等对铸件尺寸、角度进行逐个测量，并把测量的数据记录下来。对形状复杂的铸件比较通用的尺寸检验方法是划线检验法。铸件的划线检验是利用划线工具，按照铸件图（或零件图）的尺寸要求，准确地将尺寸位置线画在铸件表面上，作为测量和检验尺寸合格与否的依据。在铸件划线检验时应注意研究毛坯图（或铸造工艺图）以确定划线基准，并做好划线前的准备、固定毛坯位置、划线和实测相结合、进行检验等。

为今后适应现代高级铸件的质量升级要求，一方面要重视不断更新、补充现代新型的各种量具比如采用数显的电子量具等；另一方面应考虑采用高精度的三坐标测量仪。

在大流水性汽车铸造生产线的检查中，对某些大型、复杂、特殊的重要铸件还应研制专用的在线自动测量夹具进行主要尺寸检查。

(2) 铸件几何公差检验　按 GB/T 1182—2008 规定，铸件的几何公差应在有关公差范围内。铸件几何公差主要有直线度、平面度、圆度、圆柱度、线轮廓度、面轮廓度、平行度、垂直度、倾斜度、位置度、同心度（对中心）、同轴度（对轴线）、对称度等。通常，精度要求不高的铸件，一般不检查几何公差，因为铸件的几何公差总是客观存在的。对要求较高的铸件，按有关规定进行几何公差的检验。

(3) 铸件表面粗糙度的检验　铸件表面粗糙度的检验可以按照《铸造表面粗糙度　评定方法》标准（GB/T 15056—1994）和《表面粗糙度比较样块　铸造表面》（GB/T 6060.1—1997）进行，一般采用样块对比法、电动轮廓仪测量法、面积测量法、样品比较法测量。

(4) 铸件重量检验　当以铸件重量偏差作为验收依据时，铸件重量偏差是按技术条件的规定逐个称重来检验或按比例抽查称重检验。

3. 铸件内在质量检验

铸件内在质量通常是指其室温状态时的力学性能、金相组织及化学成分、内部缺陷等。对于特殊用途的铸件，还应包括一些特殊性能，如高（低）温力学性能、耐磨性、耐蚀性、减振性、承压密封性、电学、磁学性能等。

铸件生产过程是将金属或合金熔化后直接充填在铸型中，液体金属或合金在铸型中冷却，凝固成形后得到毛坯（或零件）的加工方法。铸件与锻压件、轧制件相比具有如下的特点：组织不均匀、组织不致密、表面粗糙，易产生铸造缺陷，常见的铸造缺陷有：气孔、缩孔与缩松、裂纹、偏析、夹砂、冷隔与浇不足等。

（1）铸件化学成分的检验　在铸造生产中，规定铸件的化学成分应在一定范围内，这一点是很重要的。因为铸造合金的化学成分与铸件的性能密切相关，有时影响较大，所以在生产中进行化学成分的检验是必要的，也是最基本的检验项目之一。但是，铸件的化学成分是否作为质量验收的依据，应按质量验收标准和订货合同的要求而定。通常，铸造非铁合金铸件以及要求特殊性能的铸钢件和铸铁件，都要把合金的化学成分作为铸件的验收条件之一。冶金用钢锭模则以化学成分作为主要验收依据，而对于一般铸铁件，化学成分检验只作参考。对一般的低合金铸钢件则要求检验其硫和磷的含量，许多合金铸件则以化学成分和力学性能同时作为验收依据。

化学成分的检验主要有两种形式，即炉前控制性检验和浇注试棒检验。炉前控制性检验属于以预防为主的控制性检验，以便于及时调整熔体的成分；浇注试棒检验是事后把关检验，对铸件的化学成分作最后的鉴定，看其是否符合标准规定的要求。铸件化学成分检验主要采用化学分析法和光谱分析法。化学分析法精度较高，可作为仲裁的方法，但是分析速度慢；而光谱分析法的分析精度虽然略低于化学分析法，但是由于分析速度快，所以在铸造生产上也得到广泛应用。

检验化学成分时应注意以下事项：

1）当铸钢、铸造铝合金、铸造镁合金、铸造锌合金、铸造铜合金的化学成分检验第一次不合格时，应允许重新取样检验（也可从铸件本体上取样），如仍不合格则可判定该炉金属不合格。

2）检验化学成分的试样应具有代表性。因为化学成分的分析工作只是对来样负责，所以取样的时间、数量、铸型、铸造条件等都应符合有关规定，否则试样缺乏代表性，即使分析工作准确，也不能反映所代表的合金质量。轻者需重复检验，重者会错误地报废合格品。一般用于分析化学成分的试样不应带有气孔、夹渣或其他不均匀、不致密的缺陷，以免影响分析结果。

3）送交化验的试样进行化学分析时，试样应呈切屑状态，一般采用从试样上钻取的方法。这一工作如果需要在车间进行，则在钻取的过程中应特别注意勿使杂物混入，为此，钻头、工作地点、承受切屑的容器必须保证干净。此外，铸件表面应清理干净，而且从表面切取的少量切屑最好放置不用，以免影响分析结果，并应按照分析工作的要求送足需要的数量。

4）送交化验的试样进行光谱分析时，制样工作应按有关规定认真执行，否则会影响分析结果。除非制造厂与买方商定采用铸件上的附铸试块，一般均用单铸试块制备光谱分析试样。

化学分析方法的试样采取、分析方法、分析仪器、分析试剂以及成品化学分析允许偏差，应符合 GB/T 1467—2008《冶金产品化学分析方法标准的总则及一般规定》，以及标准 GB/T 7729—1987《冶金产品化学分析分光光度法通则》等有关规定。光谱分析法也应符合 GB/T 7728—1987、GB/T 5678—1985 等相关规定。

（2）铸件力学性能的检验　力学性能是铸件质量验收的重要依据之一。但是，对铸件施加与工作条件完全相同的载荷来测定其力学性能时有很大困难，通常是不可能的。实际上，在大多数条件下，检验铸件力学性能是对铸件假定相似的试样加以试验，然后依据试样的试验结果来推断铸件的力学性能。为了能正确地评价铸件的力学性能，合理地制备试样，精确地进行性能测试是非常重要的。目前，用于测定铸件力学性能的试样取样方法主要有三种：从铸件本体切取试样；与铸件一起铸出的试样（附铸试样）；单独铸造试样。铸件（合金）力学性能检验的主要方法是拉伸试验、冲击试验和硬度试验。

进行力学性能检验时，首先应根据有关标准的要求选定力学性能检测用的试样，再选定所用的检测方法与设备。一般灰铸铁的力学性能只检验抗拉强度和硬度（应符合 GB/T 9439—2009《灰铸铁件》的规定），球墨铸铁的力学性能只验收抗拉强度（或冲击韧度）、塑性指标（伸长率）和硬度（应符合 GB/T 1348—2009《球墨铸铁件》的规定），可锻铸铁件的力学性能验收应符合 GB/T 9440—2010《可锻铸铁件》的规定（拉伸试验方法应按标准 GB/T 228—2002 进行。进行冲击试验时，常温下一般应按标准 GB/T 229—1994 金属夏比（U 型缺口）冲击试验方法和 GB/T 229—1994 金属夏比（V 型缺口）冲击试验方法执行）。铸件的硬度试验可检验铸件（合金）的软硬程度，并可反映出铸件（合金）的化学成分和组织结构方面的差异。铸件（合金）常检验的硬度有布氏硬度（HBW）、洛氏硬度（HRC 或 HRB、HRA）、维氏硬度（HV）、肖氏硬度（HS）、里氏硬度（HL）等。进行硬度检验时，应按标准 GB/T 231. 1—2009《金属材料　布氏硬度试验　第 1 部分：试验方法》、GB/T 230. 1—2004《金属洛氏硬度试验　第 1 部分：试验方法》、GB/T 4340. 1—2009《金属材料　维氏硬度试验　第 1 部分：试验方法》、GB/T 4341—2001《金属肖氏硬度试验方法》和 GB/T 17394—1998《金属里氏硬度试验》执行。

（3）铸件的金相组织检验　对铸件内部组织（包括晶粒、组织）及内部缺陷进行检验的常规方法为：

1）抛丸清理检验。铸件经抛丸清理后可发现其表层下的气孔、夹渣、裂纹、缩松等铸造缺陷。

2）宏观检验。利用肉眼或 10 倍以下的低倍放大镜观察金属材料内部组织及缺陷的检验。常用的方法有断口检验、低倍检验、塔形车削发纹检验及硫印试验检验等。主要检验有无气泡、夹渣、分层、裂纹晶粒粗大、白点、偏析、缩松等缺陷。

3）光学金相检验。普通光学金相法是借助于 50 ~ 2000 倍的放大镜和普通光学金相显微镜对铸件的显微组织进行检验。它可以显示铸件所具有的组织、组织形态、大小和分布等情况，从而可以判定铸件的性能，并能显现铸件内部的各种缺陷，如夹渣物、微小裂纹及气孔等。采用光学金相法检验铸件的显微组织时，应按标准 GB/T 6394—2002 金属显微组织检验方法执行。不同合金类别的铸件金相检验应按照相应的金相检验标准进行。通常，光学金相试样可在已试验过的力学性能试样上制取，也可从铸件本体、单铸试块或附铸试块上切取，试样的切取部位应由供需双方商定。光学金相试样制备要经过以下几个步骤：取样、镶嵌、磨光、抛光、浸蚀等。由于铸件材质不同，其金相组织检验的内容、方法与规程也不同，可参见有关标准及手册。对金相组织有要求的铸件，应进行金相组织检验。金相组织的检验项目主要包括组织的组成和相对含量。如铸铁件金相组织检验一般包括石墨的种类及其含量、石墨的大小及尺寸、石墨的等级、金属基体的组成及其含量。

4）电子金相检验。电子金相法是借助于不同类型的电子显微镜对金属组织和结构进行研究和分析的，它有极高的有效放大倍数（可达 6000 倍），分辨率为 4nm 以上，可用来研究铸件的“超显微组织”。常用的电子金相方法有扫描电子显微分析、透射电子显微分析和图像定量分析等。

（4）无损探伤　指在不损坏试件的前提下，采用物理或化学方法，借助先进的技术和设备器材，对试件的内部及表面的结构、性质、状态进行检查和测试的方法。常用的无损探伤方法有射线照相检验（RT）、超声检测（UT）、磁粉检测（MT）和液体渗透检测（PT）四种。各种无损探伤方法的原理、特点和应用范围见表3-3。

表3-3　各种无损探伤方法的原理、特点和应用范围

无损探伤方法		磁粉探伤	超声波探伤	射线探伤
无损探伤原理		磁性吸引作用	超声波脉冲反射	射线穿透感光
探伤部位		表面及近表面	表面及内部	表面及内部
采用限制		奥氏体铸铁除外	组织粗大时困难	限定探伤厚度
缺陷显示形式		磁粉在缺陷处堆积显示	示波管屏幕波形显示	底片黑度反差或荧光屏幕显示
灵敏度		可发现几毫米长的裂纹	可发现1mm的缺陷（极限尺寸）	X射线可达厚度的1%，γ射线可达厚度的3%~5%
易发现缺陷的形状		与磁力线垂直的裂纹形缺陷	与超声波束方向垂直的扩展缺陷	在射线投射方向厚度较大的缺陷
发现缺陷的能力	裂纹	良	良	可
	缩孔	劣	良	优
	缩松	良	良	良
	气孔	可	可	优
	渣眼	可	可	优
	砂眼	可	可	优
确定缺陷的能力	定性	良	可	优
	定位	良	优	可
	定量	可	可	良
探伤速度		快	快	慢
探伤成本		低	最低	高
安全性		安全	安全	辐射探伤

（5）铸件使用质量检验　铸件使用质量的好坏直接影响到铸件乃至机电设备的使用寿命，因此，常常需要进行相关的使用性能检验，如致密性、耐磨性能、抗磨性能、耐热性能、耐高低温力学性能、耐蚀性能等的测试。

1）铸件致密性检验。一般采用加压试验来检验铸件的致密性。加压试验是把一定压力的介质压入密封的铸件内腔，当铸件内部有缺陷时，受压的介质就可能在缺陷处渗漏出来，便可粗略地确定缺陷的性质及位置。加压试验可检查铸件的强度、致密性、针孔、缩松、气孔和贯穿的裂纹。铸件加压试验之前，应先经目视检验合格。根据加压介质的不同，试验方法分为液压试验和气压试验。

2）铸件耐磨性能测试。铸件耐磨性能（又称减摩性能）是指铸件在润滑条件下减少摩擦，保持连续油膜（即保持润滑性），抵抗擦伤或咬合的能力。耐磨性能通常用铸件单位时间、单位行程或距离、单位质量或单位面积的磨损量（质量、体积、尺寸）或磨损到不能使用的时间（或距离）来衡量。采用MM型、环块、往复式磨损试验机等进行测试。

3）铸件抗磨性能测试。铸件抗磨性能一般是指铸件在有磨料的条件下工作时，抵抗磨损的能力。抗磨性能的测试方法主要有：装机运转试验，测定铸件的使用寿命；采用抗磨性能试验机（如销盘式磨损试验机、干砂橡胶轮磨料试验机、湿砂橡胶轮磨料试验机等），模拟机件的工作条件，测定铸件在单位时间（行程）内的磨损量（质量、尺寸、体积等）。

4）铸件的耐热性能试验。铸件的耐热性能是指铸件在高温工作时抵抗氧化、生长、热变形、开裂的能力。

5）铸件的耐蚀性能试验。铸件（合金）耐蚀性能是指铸件（合金）在其环境中抵抗由于化学（或电化学）作用而遭受破坏的能力。在均匀腐蚀的情况下，铸件（合金）耐蚀性可用腐蚀速率表示。

3.1.5 铸件缺陷分析及缺陷修补

1. 铸件缺陷分析

铸件缺陷是在铸造生产中，由于种种原因，在铸件表面和内部产生的各种缺陷的总称。铸件缺陷是导致铸件性能低下，使用寿命短、报废和失效的重要原因。进行铸件缺陷分析，就是要找出产生缺陷的原因，并提出防止缺陷出现的对策，以减少和消除铸件的缺陷。

（1）铸件缺陷分类　在铸造生产中，常见的铸件缺陷有100多种。国家标准GB/T 5611—1998《铸造术语》根据铸件缺陷的形貌特征将其分为8大类：

1）多肉类缺陷。多肉类缺陷主要有：飞边、毛刺、外渗物（外渗豆）、粘模多肉、冲砂、掉砂、胀砂、抬型（台箱）等。

2）孔洞类缺陷。孔洞类缺陷是铸件表面和内部产生的不同大小、形状的孔洞缺陷的总称，主要有气孔、气缩孔、针孔、表面针孔、皮下气孔、呛火、收缩缺陷、缩孔、缩松、疏松（显微缩松）、渗漏等。

3）裂纹类缺陷。裂纹类缺陷主要有冷裂、热裂、缩裂（收缩裂纹）、热处理裂纹、网状裂纹（龟裂）、白点（发裂）、冷隔、浇注断流、重皮等。

4）表面类缺陷。表面类缺陷主要有表面粗糙、粘砂、化学粘砂、机械粘砂、夹砂、涂料结疤、沟槽、粘型、龟裂、留痕（水纹）、缩陷、鼠尾、印痕、桔皮、拉伤等。

5）残缺类缺陷。残缺类缺陷主要有浇不到（足）、未浇满、型漏（铸件内的空壳现象）、损伤、炮火、漏空（低压铸造中由于结晶时间过短，金属液从升液管漏出，形成类似型漏的缺陷）等。

6）形状及重量差错类缺陷。形状及重量差错类缺陷主要有：铸件变形、形状不合格、尺寸不合格、拉长、挠曲、错型、错芯、偏芯、型壁移动、铸件重量不合格等。

7）夹杂类缺陷。夹杂类缺陷是指氧化物、硫化物、硅酸盐等杂质颗粒机械地保留在固体金属内，或凝固时在金属内形成，主要有夹杂物、夹渣、黑渣、冷豆、砂眼等。

8）性能、成分及组织不合格类缺陷。该类缺陷主要有物理、力学性能不合格、化学成分不合格、金相组织不合格、偏析、球化不良、球化衰退、组织粗大、铸态麻口、石墨漂浮、表面脱碳等。

(2) 铸件缺陷分析方法　在铸造生产中，要定期进行铸造缺陷分析，按照PDCA循环开展QC小组活动。铸件缺陷分析方法有：直方图法、排列图法、因果分析图法、散布图法、控制图法、分层法、调查表法等。

(3) 灰铸铁件缺陷分析　在灰铸铁生产中，常见的缺陷有：气孔、成分与性能不合格、热裂与冷裂、缩孔与缩松、渣眼与铁豆、冷隔与浇不足、砂眼与夹砂、多肉与错箱、变形等。通常，产生这些缺陷的原因不单是造型制芯问题，有时还有熔炼浇注、配砂质量、落砂清理等许多生产工序的问题，因此必须具体分析，以便采取相应的措施加以解决。

生产灰铸铁铸件时，各生产工序产生铸件缺陷的概况及其缺陷分析见表3-4。

表3-4　生产灰铸铁件时各工序产生铸件缺陷的概况及其缺陷分析

缺陷名称 / 符号表示 / 来由	气孔	成分、组织及性能不合格	缩松	缩孔	热裂	冷裂	渣眼	铁豆	冷隔	浇不足	砂眼	夹砂	粘砂	变形	错型	多肉	抬相	损伤	温裂	过硬	各工序产生的缺陷数
熔炼	△	△	○	○	○	○	○		○	○										○	10
浇注	○		○	○	○		○	○	○	○											8
造型	△			○	○		○	○	○	○	△	△	○	○	○	○	○				14
制芯	△			△																	2
配砂	△							○			○	△	△								5
落砂清理		○				○								○				△		○	5
热处理		○												○					△		3
产生各缺陷的来由数	5	3	2	4	3	2	3	3	3	3	2	2	2	3	1	1	1	1	1	2	

注：△—产生缺陷的主要来由；○—产生缺陷的次要来由。

(4) 球墨铸铁件缺陷分析　在球墨铸铁生产中，铸件缺陷除有灰铸铁的一般缺陷外，还有球化不良、球化衰退、夹渣、缩松、石墨漂浮、皮下气孔等。产生这些缺陷的原因通常不单是球化问题，有时还有造型制芯、熔炼浇注、配砂质量、落砂清理等许多生产工序的问题，因此，必须具体分析，以便采取相应的措施加以解决。

(5) 蠕墨铸铁件缺陷分析　在蠕墨铸铁生产中，铸件缺陷除有灰铸铁的一般缺陷外，还有蠕化不成、球化率低、蠕化衰退、白口过大、孕育衰退、石墨漂浮、夹渣等。产生这些缺陷的原因不单是蠕化问题，有时还有造型制芯、熔炼浇注、配砂质量、落砂清理等许多生产工序的问题，因此必须具体分析，以便采取相应的措施加以解决。

(6) 可锻铸铁件缺陷分析　在可锻铸铁生产中，常见的缺陷有：气孔、裂纹、缩孔、缩松、粘砂、铸件表面粗糙、缩陷、偏芯、错型、浇不足、灰口、麻口、反白口、白边过厚、变形、氧化层过厚、花心断口、过烧、树枝状晶疏松、回火脆性、退火不足等。产生这些缺陷的原因不仅是退火工艺问题，有时还有造型制芯、熔炼浇注、配砂质量、落砂清理等许多生产工序的问题，因此必须具体分析，以便采取相应的措施加以解决。

(7) 铸钢件缺陷分析　在铸钢件生产中，常见的缺陷有：气孔、热裂与冷裂、缩孔、缩松、渣孔、冷隔、浇不足、砂眼、夹砂、结疤、粘砂、应力与应变、偏析、晶粒粗大、夹杂等。产生这些缺陷的原因不仅有炼钢工艺问题，有时还有铸件设计、型砂（包括涂料）、造型、精整、焊补及热处理等许多生产工序的问题，因此必须具体分析，以便采取相应的措施加以解决。

（8）铸铝件缺陷分析　在铸造铝合金生产中，常见的缺陷有：气孔、针孔、疏松、夹杂、夹渣、裂纹、偏析、成分超差、冷隔等。通常，产生这些缺陷的原因不仅与精炼变质有关，有时还与熔炼浇注、配砂质量、落砂清理等许多生产工序有关，因此必须具体分析，以便采取相应的措施加以解决。

（9）熔模铸造件缺陷分析　在熔模铸造铸件生产中，常见的铸件缺陷有浇不足（欠铸）、冷隔、夹皮、凹陷、蛤蟆皮、鼓包、铁刺、麻点、铁珠、嵌豆、缩松、集中气孔、针孔、夹渣、粘砂、热裂、冷裂、跑火、拉长、变形、表面粗糙度超差等。通常，产生这些缺陷的原因不单是制壳工艺问题，有时还有工艺设计、压型设计与制造、易熔模制造、熔炼浇注、落砂清理等许多方面的问题，因此必须具体分析，以便采取相应的措施加以解决。

（10）金属型铸造件缺陷分析　在金属型铸造铸件生产中，常见的铸件缺陷有气孔（气泡）、呛孔和气窝、缩孔及缩松、渣孔、针孔、裂纹（热裂纹、冷裂纹）、白口等。通常，产生这些缺陷的原因不单是金属型本身的问题，有时还有金属型铸件工艺设计、金属型铸造机选用、金属型铸造工艺操作、合金熔炼与浇注、造型材料、落砂清理等许多方面的问题，因此必须具体分析，以便采取相应的措施加以解决。

（11）压力铸造件缺陷分析　在压力铸造铸件生产中，常见的铸件缺陷有流痕及花纹、网状花纹、冷隔、缩陷（凹陷）、印痕、斑点（黑点）、机械拉伤、粘模拉伤、粘附物痕迹、分层（夹皮及剥落）、气孔（集中气孔和分散气孔）、缩孔、夹渣、裂纹、浇不足及轮廓不清晰、变形、化学成分不符合要求、力学性能不符合要求、脆性、渗漏等。通常，产生这些缺陷的原因不单是压铸型本身的问题，有时还有压铸件的设计、压铸机的选用、压铸工艺参数的选用、压铸合金的选用等许多方面的问题，因此必须具体分析，以便采取相应的措施加以解决。

（12）离心铸造件缺陷分析　在离心铸造件生产中，常见的铸件缺陷有淋落、喇叭口、冷隔、重皮、对火、夹杂、裂纹、气孔、穿透性喇叭孔、偏析、缩孔、白口、渗漏等。通常，产生这些缺陷的原因不单是离心浇注的问题（如浇注系统、浇注定量、浇注温度等），有时还有铸型结构与材料、铸型转速、金属型涂料工艺、离心铸造机及其操作等许多方面的问题，因此必须具体分析，以便采取相应的措施加以解决。

2. 铸件缺陷修补

铸件有缺陷时，根据产品的质量要求，部分可采用电弧焊补法、氧乙炔焊法、环氧树脂粘补法、钎焊等方法修补。铸件由于受多种因素影响，常常会出现气孔、针孔、夹渣、裂纹、凹坑等缺陷。常用的修补设备为氩弧焊机、电阻焊机、冷焊机等。对于质量与外观要求不高的铸件缺陷可以用氩弧焊机等发热量大、速度快的焊机来修补。但在精密铸件缺陷修补领域，由于氩弧焊热影响区大，修补时会造成铸件变形、硬度降低、局部退火、开裂、针孔、磨损、划伤、咬边或者是结合力不够及内应力损伤等二次缺陷。冷焊机正好克服了以上缺点，其优点主要表现在热影响区域小，铸件无需预热，可在常温下冷焊修补，因而无变形、咬边和残余应力等缺陷的发生，不会产生局部退火，不改变铸件的金属组织状态。因而，冷焊机适用于精密铸件的表面缺陷修补，铸件修补后经检验合格后方能使用。

3.2 锻造的质量控制

锻造是利用锻压机械对金属坯料施加压力，使其产生塑性变形以获得具有一定力学性能、一定形状和尺寸锻件的加工方法，是锻压（锻造与冲压）的两大组成部分之一。通过锻造能消除金属在冶炼过程中产生的铸态疏松等缺陷，优化微观组织结构，同时由于保存了完整的金属流线，锻件的力学性能一般优于同样材料的铸件。相关机械中负载高、工作条件严峻的重要零件，除形状较简单的可用轧制的板材、型材或焊接件外，多采用锻件。锻造用料主要是各种成分的碳素钢和合金钢，其次是铝、镁、铜、钛等及其合金。材料的原始状态有棒料、铸锭、金属粉末和液态金属。金属在变形前的横断面积与变形后的横断面积之比称为锻造比。正确地选择锻造比、合理的加热温度及保温时间、合理的始锻温度和终锻温度、合理的变形量及变形速度对提高产品质量、降低成本有很大关系。一般的中小型锻件都用圆形或方形棒料作为坯料。棒料的晶粒组织和力学性能均匀、良好，形状和尺寸准确，表面质量好，便于组织批量生产。只要合理控制加热温度和变形条件，不需要大的锻造变形就能锻出性能优良的锻件。铸锭仅用于大型锻件，铸锭是铸态组织，有较大的柱状晶和疏松的中心。因此，必须通过大的塑性变形，将柱状晶破碎为细晶粒，将疏松压实，才能获得优良的金属组织和力学性能。金属经过锻造加工后能改善其组织结构和力学性能。铸造组织经过锻造方法热加工变形后由于金属的变形和再结晶，使原来的粗大枝晶和柱状晶粒变为晶粒较细、大小均匀的等轴再结晶组织，使钢锭内原有的偏析、疏松、气孔、夹渣等压实和焊合，其组织变得更加紧密，提高了金属的塑性和力学性能。铸件的力学性能低于同材质的锻件力学性能。此外，锻造加工能保证金属纤维组织的连续性，使锻件的纤维组织与锻件外形保持一致，金属流线完整，可保证零件具有良好的力学性能与长的使用寿命。采用精密模锻、冷挤压、温挤压等工艺生产的锻件，都是铸件所无法比拟的。

3.2.1 锻造及分类

根据坯料的移动方式，锻造可分为自由锻、模锻、胎模锻等。自由锻是指利用冲击力或压力使金属在上下两个抵铁（砧块）间产生变形以获得所需锻件的工艺方法，主要有手工锻造和机械锻造两种。由于金属坯料在抵铁间受力变形时，沿变形方向可以自由流动，不受限制，故而得名。模锻是指金属坯料在具有一定形状的锻模膛内受压变形而获得锻件的工艺方法，又可分为冷镦、辊锻、径向锻造和挤压等。模锻也可分为开式模锻和闭式模锻。

按变形温度，锻造又可分为热锻（锻造温度高于坯料金属的再结晶温度）、温锻（锻造温度低于金属的再结晶温度）和冷锻（常温）。钢的再结晶温度约为460℃，但普遍采用800℃作为划分线，高于800℃的是热锻；在300~800℃之间称为温锻或半热锻。

1. 自由锻及其生产过程

自由锻生产所用工具简单，具有较大的通用性，因而它的应用范围较为广泛。可锻造的锻件质量由不及1kg到300t。在重型机械中，自由锻是生产大型和特大型锻件的唯一成形方法。

机械自由锻的通用设备是空气锤、蒸汽－空气自由锻锤和水压机。

空气锤的动力来源是电动机。电动机通过减速机构和曲柄连杆机构推动压缩缸中的压缩活塞产生压缩空气，再通过上、下旋阀的配气作用，使压缩空气进入工作缸的上部或下部，或直接与大气连通，从而使工作活塞连同锤杆和锤头一起实现上悬、下压、单击、连击等动作，以完成对坯料的锻造。锤头的上悬、下压等动作是通过手柄和踏杆控制的。

空气锤的吨位根据其工作活塞、锤杆和上抵铁等落下部分的质量表示。常用的空气锤吨位在 65 ~ 750kg 之间，它们的锤击力较小，只能锻造质量在 100kg 以下的小型锻件。

自由锻的变形工序分为基本工序、辅助工序和精整工序三类。其中基本工序是实现锻件变形的基本成形工序；辅助工序是为便于基本工序的实现而对坯料进行少量变形的预先工序，如压肩、倒棱、压钳口等；精整工序是在基本工序后对锻件进行加工使其少量变形的整形工序，使锻件尺寸合乎要求，提高表面质量，如滚圆、摔圆、校正等。自由锻的基本工序有镦粗、拔长、冲孔、弯曲、错移、扭转和切割等。

2. 模锻、胎模锻及其生产过程

锤上模锻所用设备为模锻锤，由它产生的冲击力使金属变形。一般工厂中常用蒸汽－空气模锻锤。该种设备上运动副之间的间隙小，运动精度高，可保证锻模的合模准确性。模锻锤的吨位（落下部分的重量）为 1 ~16t，可锻制 150kg 以下的锻件。

锤上模锻生产所用的锻模如图 3-2 所示。上模 2 和下模 4 分别用紧固楔铁 10、7 固定在锤头 1 和模垫 5 上，模垫用紧固楔铁 6 固定在砧座上。上模随锤头作上下往复运动。9 为模膛，8 为分型面，3 为飞边槽。

所生产的模锻件如图 3-3 所示。模膛根据其功用的不同，分为模锻模膛和制坯模膛两种。

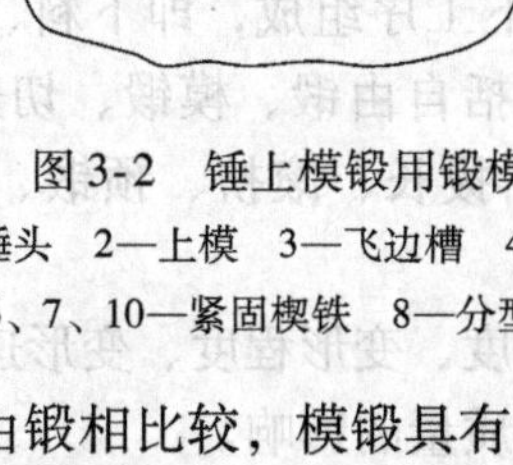

图 3-2　锤上模锻用锻模

1—锤头　2—上模　3—飞边槽　4—下模

5—模垫　6、7、10—紧固楔铁　8—分型面　9—模膛

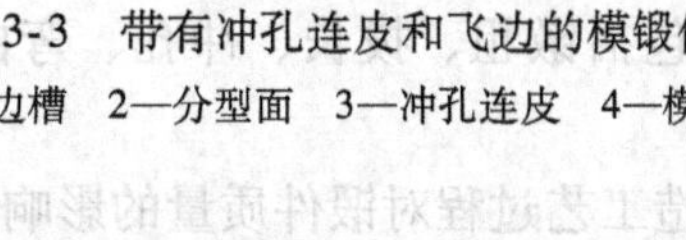

图 3-3　带有冲孔连皮和飞边的模锻件

1—飞边槽　2—分型面　3—冲孔连皮　4—模锻件

与自由锻相比较，模锻具有以下优点：①由于有模膛引导金属的流动，锻件的形状可以比较复杂；②锻件内部的锻造流线比较完整，锻件若能合理利用流线组织，可提高零件的力学性能和使用寿命；③可得到表面比较光洁、尺寸精度较高的锻件，从而可以减少加工余量，节约金属材料和切削加工工时；④操作简单，易于实现机械化，生产率高。

但是，模锻设备的投资大，锻模的设计、制造周期长，费用高。由于受到模锻设备吨位的限制，模锻件的质量一般在 150kg 以下。因此，模锻主要适用于生产大批量的中、小型锻件。

胎模锻是在自由锻设备上使用胎模生产模锻件的工艺方法。胎模锻一般采用自由锻方法制坯，然后在胎模中成形。胎模的种类较多，主要有扣模、筒模及合模等。

3.2.2 锻造的检验项目及方法

不同的锻造方法有不同的流程，其中以热模锻的工艺流程最长，一般顺序为：锻坯下料；锻坯加热；辊锻备坯；模锻成形；切边；冲孔；校正；中间检验，检验锻件的尺寸和表面缺陷；锻件热处理，以此消除锻造应力，改善金属切削性能；清理，主要是去除表面氧化皮；校正；检查，一般锻件要经过外观和硬度检查，重要锻件还要经过化学成分分析、力学性能、残余应力等检验和无损探伤。锻造的检验包括工序检验和锻件检验。

1. 工序检验

工序检验主要项目包括：

（1）钢锭或坯料检验　包括材料牌号、批号、规格、状态等的检验。原材料的质量是保证锻件质量的先决条件。原材料的化学元素超出规定的范围或杂质元素含量过高，对锻件的成形和质量都会带来较大的影响，如 S、B、Cu、Sn 等元素易形成低熔点相，使锻件易出现热脆。为了获得本质细晶粒钢，钢中残余铝含量需控制在一定范围内，一般为 0.02% ~ 0.04%（质量分数）。当铝含量过少时，起不到控制晶粒长大的作用，易使锻件的本质晶粒度不合格；含铝量过多时，压力加工时在形成纤维组织的条件下易形成木纹状断口、撕痕状断口等。又如，在 12Cr18Ni9 奥氏体不锈钢中，Ti、Si、Al、Mo 的含量越多，则铁素体相越多，锻造时越易形成带状裂纹，并使零件带有磁性。如原材料内存在缩管残余、皮下气泡、严重碳化物偏析、粗大的非金属夹杂物（夹渣）等缺陷，锻造时易使锻件产生裂纹。

原材料内的树枝状晶、严重疏松、非金属夹杂物、白点、氧化膜、偏析带及异金属混入等缺陷，易引起锻件性能下降。原材料的表面裂纹、折叠、结疤、粗晶环等易造成锻件的表面裂纹。

（2）加热检验　是检验装炉、加热炉温度、加热速度、均温、保温温度和加热时间是否符合规范的方法。

（3）锻造过程检验　主要检验使用的锻造设备及工具、锻造变形量、始终锻温度等是否符合规范。为获得良好组织性能的锻件，除了需要保证良好的原材料质量外，还需要有合理的锻造工艺过程和热处理工艺。锻造工艺过程一般由以下工序组成，即下料、加热、成形、锻后冷却、酸洗（腐蚀）和锻后热处理。成形工序包括自由锻、模锻、切边和校正。自由锻包括镦粗、拔长、冲孔、弯曲和扭转等；模锻包括拔长、滚挤、预锻、终锻和顶锻等。

锻造工艺过程对锻件质量的影响最终可以归纳为变形温度、变形程度、变形速度、冷却速度和应力状态等热力学因素。下面具体讨论各因素对锻件质量的影响。

1）变形温度的影响。锻造加热不仅能保证锻造变形时有良好的塑性和低的变形抗力，而且对锻后的组织和性能也有很大影响。钢锻造时的加热温度一般比零件的最终热处理温度高，形成的晶粒大小及随后的组织转变对锻件的质量会带来一定的影响，而不合适的加热温度总是给锻件造成各种缺陷。

若加热温度过高和加热时间过长，则会引起脱碳、过热、过烧。例如，合金结构钢产生过热断口，马氏体不锈钢出现 δ 铁素体，奥氏体不锈钢出现铁素体，9Cr18 轴承钢沿孪晶界析出碳化物，耐热合金出现晶粒粗大等。而渗碳钢的锻造过热，则使渗碳后出现粗大针状马氏体和网状碳化物。这些缺陷都使锻件的力学性能特别是韧性和疲劳性能下降。

若加热温度过低，不仅易引起变形，而且使耐热合金及铝合金淬火加热后易出现粗晶或晶粒粗细不均的现象，使亚共析钢形成带状组织，而且在锻造时还会引起各种形式的裂纹。

2）变形程度和变形方式的影响。钢锭的锻造比是影响锻坯力学性能的主要因素，由于形成了纤维组织，横向韧性有一定增加。有纤维组织的钢材继续变形时，由于纤维分布发生了改变，纵、横向的性能也将随之而改变。热挤压的铝合金棒材的韧性具有很明显的方向性，纵向韧性最大而横向韧性最小。如果模锻时产主横向或侧向流动，则横向韧性能得到改善。

采用合适的锻造工艺，可以使金属纤维组织沿零件的最大受力方向分布。流线均匀而连续地沿锻件的外形分布，能使锻件的力学性能特别是疲劳性能和耐应力腐蚀性能得到提高。

3）变形速度的影响。一般来说，提高变形速度将使金属的可锻性降低，也就是使其塑性下降，变形抗力增加。变形速度还影响锻透性，在大变形程度下，变形速度越小，则可锻性越好，越有利于晶粒细化和再结晶的进行，因而也有利于塑性的提高。

4）加热速度的影响。当加热速度太快和保温时间太短时，往往使温度分布不均匀，引起热应力，断面尺寸大及导热性差的坯料就容易发生开裂。例如，高合金钢、高合金工具钢、高温合金等锻坯常常因加热不当发生开裂。坯料温度不均，还会引起变形和组织不均，产生附加应力，造成内部开裂等。

5）冷却速度的影响。当冷却速度不当时，锻件内部往往产生热应力、组织应力及第二相的析出。若锻后冷却速度过快，马氏体不锈钢、莱氏体钢（高速钢和Cr12型钢）往往由于马氏体组织转变引起组织应力造成锻件表面开裂。但是，有些材料锻后缓冷，将有第二相沿晶界析出，引起性能下降。例如，轴承钢锻后缓冷将沿晶界析出网状碳化物等。

6）应力状态的影响。应力状态对金属的可锻性和流动性有一定影响。三向压应力状态可以提高金属的塑性，但使变形抗力增加。这是由于压应力能阻止晶间联系的破坏，有利于晶内滑移变形的发展，提高了材料塑性变形能力。

7）锻件冷却及锻后热处理的影响。锻件锻后冷却和锻后的热处理影响锻件的组织，会对锻件性能产生影响，因此锻件冷却及锻后热处理的工艺是否符合规范也影响着锻件质量。

2. 锻件成品的质量检验

（1）外观质量的检验　锻件成品的外观质量必须全部检查，不得采用抽查方法检验。可用目测法观察表面有无裂纹、折伤、压伤、斑点、表面过烧。对表面细微裂纹等缺陷用目测判定不准时，可用磁粉、着色等无损检测方法。

（2）锻件几何形状和尺寸检验　锻件的几何形状和尺寸，应按锻件图和工艺要求进行检验。检验方法和铸件的检验方法类似，用各种通用的量具如游标卡尺、直角尺、角度尺和卡钳等对锻件尺寸、角度进行逐个测量，并把测量的数据记录下来。对形状复杂的锻件比较通用的尺寸检验方法是划线检验法。铸锻件的划线检验是利用划线工具，按照锻件图（或零件图）的尺寸要求，准确地将尺寸位置线画在锻件表面上，作为测量和检验尺寸合格与否的依据。

（3）锻件内在质量的检验　通常锻件内部质量的检验方法可归结为：宏观组织检验法、微观组织检验法、力学性能检验、化学成分分析法及无损检测法。

1）宏观组织检验。宏观组织检验是采用目视或者低倍放大镜（一般倍数在30倍以下）来观察分析锻件的低倍组织特征的一种检验。对于锻件的宏观组织检验常用的方法有低倍腐蚀法（包括热蚀法、冷蚀法及电解腐蚀法）、断口试验法和硫印法。低倍腐蚀法用以检查结构钢、不锈钢、高温合金、铝及铝合金、镁及镁合金、铜合金、钛合金等材料锻件的裂纹、折叠、缩孔、气孔偏析、白点、疏松、非金属夹杂、偏析集聚、流线的分布形式、晶粒大小及分布等。只不过对于不同的材料显现低倍组织时采用的浸蚀剂和浸蚀的规范不同。断口试验法用以检查结构钢、不锈钢（奥氏体型除外）的白点、层状、内裂等缺陷，检查弹簧钢锻件的石墨碳及上述各钢种的过热、过烧等，对于铝、镁、铜等合金用来检查其晶粒是否细致均匀，是否有氧化膜、氧化物夹杂等缺陷。而硫印法主要应用于某些结构钢的大型锻件，用以检查其硫的分布是否均匀及硫含量的多少。除结构钢、不锈钢锻件用于低倍检查的试片不进行最终热处理外，其余材料的锻件一般都经过最终热处理后才进行低倍检验。断口试样一般都进行规定的热处理。

2）微观组织检验法。微观组织检验法是利用光学显微镜来检查各种材料牌号锻件的显微组织。检查的项目一般有本质晶粒度，或者是在规定温度下的晶粒度，即实际晶粒度，非金属夹杂物，显微组织如脱碳层、共晶碳化物不均匀度，过热、过烧组织及其他要求的显微组织等。

3）力学性能和工艺性能的检验。主要是对已经过规定的最终热处理的锻件和试片加工成规定试样后利用拉力试验机、冲击试验机、持久试验机、疲劳试验机、硬度计等仪器来进行力学性能及工艺性能数值的测定。

4）化学成分检验。一般是采用化学分析法或光谱分析法对锻件的成分进行分析测试，随着科学技术的发展，无论是化学分析还是光谱分析其分析的手段都有了进步。对于光谱分析法而言，现在已不单纯采用看谱法和摄谱法来进行成分分析，新出现的光电光谱仪不仅分析速度快，而且准确性也大大地提高了，而等离子光电光谱仪的出现更大大地提高了分析精度，其分析精度可达10～6级，这对于分析高温合金锻件中的微量有害杂质，如Pb、As、Sn、Sb、Bi等是非常行之有效的方法。

5）无损检测。以上所介绍的各种方法，无论是宏观组织检验法，还是微观组织检验法或性能及成分测定法，均属于破坏性的试验方法。对于某些重要的、大型的锻件，破坏性的方法已不能完全适应质量检验的要求。这一方面是因为太不经济，另一方面主要是为了避免破坏性检查的片面性。无损检测技术的发展为锻件质量检验提供了更先进更完善的手段。对于锻件的质量检验所采用的无损检测方法一般有：磁粉检验法、渗透检验法、涡流检验法、超声波检验法等。磁粉检验法广泛地用于检查铁磁性金属或合金锻件的表面或近表面的缺陷，如裂纹、发纹、白点、非金属夹杂、分层、折叠、碳化物或铁素体带等。该方法仅适用于铁磁性材料锻件的检验，对于奥氏体钢制成的锻件不适于采用该方法。

渗透检验法除能检查磁性材料锻件外，还能检查非铁磁性材料锻件的表面缺陷，如裂纹、疏松、折叠等，一般只用于检查非铁磁性材料锻件的表面缺陷，不能发现隐在表面以下的缺陷。涡流检验法用以检查导电材料的表面或近表面的缺陷。超声波检验法用以检查锻件内部缺陷如缩孔、白点、心部裂纹、夹渣等，该方法虽然操作方便、快且经济，但对缺陷的性质难以准确地进行判定。随着无损检测技术的发展，现在又出现了诸如声振法、声发射法、激光全息照相法、CT法等新的无损检测方法，这些新方法的出现及在锻件检验中的应用，必将使锻件质量检验的水平大大地提高。值得提出的是锻件质量检验结果的准确性，虽然有赖于正确的试验方法和测试技术，但也有赖于正确的分析和判断。只有正确的试验方法，而没有准确的分析判断，也不会得出恰当的结论。因此，锻件质量的分析实际上是各种测试方法的综合应用及各个测试结果的综合分析，对于大型复杂的锻件所出现问题不能单纯地依赖于某一种方法，从这一点上可以说各种试验方法在分析过程中是相辅相成的，各种试验方法的有机配合，并对各自试验结果进行综合分析，才能得出正确的结论。同时就锻件质量分析的目的而言，除了正确的检验外，还应进行必要的工艺试验从而找出产生质量问题的真正原因并提出正确的改进措施及防止对策。

在实际检验中，应根据锻件的类别和规定的检测项目来选择检验方法。

3. 锻件成品的质量检验实例

齿轮是常用的锻件之一，为了保证齿轮质量，必须进行质量检验，确定是否满足图样技术要求或技术标准。质量检验的内容包括：锻件的外观检查（几何形状与尺寸及表面质量）、内部质量的检验和化学成分的检验等。齿轮常见缺陷的主要特征及产生的主要原因见表3-5。表3-6中列出了各种齿轮齿坯锻件的检查项目及要求。

表3-5 齿轮常见缺陷的主要特征及产生原因

外观缺陷			外观缺陷		
缺陷名称	主要特征	产生原因	缺陷名称	主要特征	产生原因
偏心	对多台阶齿轴锻件表现为各直径段中心不一致，对齿轮类锻件表现为内外孔中心偏移	① 加热温度不匀 ② 锻造工艺或操作不当 ③ 冲孔前冲子没放正	表面横向裂纹	横向较浅裂纹	① 钢锭皮下气泡暴露于表面不能焊合 ② 拔长时相对送进量过大
弯曲	齿轴锻件的中心线弯曲变形	① 锻造校直不当 ② 热处理操作不当	表面纵向裂纹	第一和拔长时或镦粗时出现的沿钢锭纵向出现的裂纹	① 钢锭模内壁有缺陷，新钢锭模使用前热处理不当 ② 钢液浇注操作不当 ③ 钢锭脱模后冷却不当 ④ 倒棱时压下量过大
端面不平	圈类及饼类锻件端面变形	① 锻造工艺或操作不当 ② 热处理操作不当			
折叠	在外观上与裂纹相似，实际上，是金属流线产生弯曲	① 砧子圆角不合适 ② 送进量小于压下量			
表面横向裂纹	横向较深裂纹	① 钢锭模有缺陷或新锭模使用前未很好回火 ② 脱模后冷却不当	表面龟裂	锻件表面出现龟甲状较浅裂纹	① 钢中铜、锡、砷、碳含量过高 ② 始锻温度过高

（续）

外观缺陷			外观缺陷		
缺陷名称	主要特征	产生原因	缺陷名称	主要特征	产生原因
内部裂纹	裂纹出现于锻件中心区域	①加热未烧透，内部温度过低 ②在平砧上拔长圆形件 ③V形砧角度过大	疏松	沿钢锭中心的疏松组织未锻合，多与非金属夹杂等并存	①锭型选择不当 ②锻造比不合适，变形方案不当 ③相对进给量过小 ④工具形状不合适
缩孔残余	在低被试片上呈不规则褶皱状缝隙，为深褐色或灰白色	①锭模设计不合理，浇注过程控制不当 ②锻造时切头不足	白点	在锻件的纵向断面上呈圆形或椭圆形的银白色斑点	①钢中含氢量过高 ②锻后冷却或退火工艺不当
过热	由于加热温度过高造成晶粒粗大，有些合金钢还有 MnS 在晶界析出	①锻造工艺或操作不当 ②热处理操作不当	非金属夹杂物	在锻件内部呈被拉长状或已被破碎的金属夹杂物	炼钢过程中的生成物或耐火材料沙子等落入钢液

表 3-6　各种齿轮齿坯锻件的检验项目及要求

检查项目	一般检查	常规检查	严格要求
化学成分	可不检查	抽样检查	重要锻件同炉号取一件检查
外观检查	满足加工要求	满足加工要求	满足加工要求
纯度及低倍组织	不检查	按合同要求	按合同要求
晶粒度	不检查	抽样检查晶粒度 5 级以上	逐渐检查晶粒度 7 级以上

采用的质量检验的方法为：

（1）化学成分检验　一般齿坯锻件不进行化学成分检验，其化学成分是以冶炼时的炉前取样分析为准的。但对重要的或有疑问的锻件，可在锻件上切下一些切屑，采用化学分析或光谱分析来检查其化学成分。

（2）外观形状和尺寸检查　采用目测、样板或划线的方法检查锻件的表面缺陷、形状误差和尺寸大小，以确定锻件是否满足图样尺寸的要求。

（3）宏观组织检查　宏观组织检查又称低倍检查，是用肉眼或不大于 10 倍的放大镜，检查锻件表面或断面的宏观组织，其主要方法有硫印、热酸浸、冷酸浸和断口等。

（4）显微组织检查　显微组织检查即金相检查，是在光学显微镜下观察、辨认和分析锻件的微观组织状态和分布情况，从而有助于了解微观组织和锻件性能的关系。金相检查除了检查微观组织也能显示偏析及一些化合物的分布，并可进行晶粒度和非金属夹杂物的评级。

(5) 超声波探伤 超声波探伤是无损检验，是在不破坏锻件的情况下来检查锻件内部或表面的缺陷。除了超声波探伤外，还有磁力探伤、射线探伤等。由于超声波探伤具有穿透力大、灵敏度高、操作简单、速度快，且对人体无害等优点，目前已成为对大型锻件内部缺陷检查的主要方法。

4. 锻件验收规则

1）锻件应按需方的订货合同和图样上及工艺上写明的锻件采用的标准、锻件组别、材料牌号、相应的技术要求和检验项目及其他的附加说明进行检验验收。

2）锻件工序检验和成品检验应有必需的检验记录和相关的各种理化试验报告、无损探伤报告等。

3）锻件检验时应确认规定的打印标记（包括：合同号、熔炼号、锻件号等）。

4）锻件检验合格后应给需方出具合格证书，内容包括：锻件名称、材料牌号、重量、数量、合同号、图号、锻件号、熔炼号及合同和图样、工艺中规定的各种检验和试验结果。

5. 附件

某厂锻件质量控制制度见附录A。

3.3 焊接的质量控制

3.3.1 常用焊接方法及应用

1. 焊接的分类

焊接是通过加热、加压，或两者并用，使两个分离的物体产生原子（分子）间结合而连接成整体的过程。焊接应用广泛，既可用于金属，也可用于非金属。一般根据热源的性质、形成接头的状态及是否采用加压可划分为熔焊、压焊、钎焊等。

(1) 熔焊 熔焊是将焊件接头加热至熔化状态，不加压力完成焊接的方法。熔焊包括气焊、电弧焊、电渣焊、激光焊、电子束焊、等离子弧焊、堆焊和铝热焊等。

(2) 压焊 压焊是通过对焊件施加压力（加热或不加热）来完成焊接的方法。压焊包括爆炸焊、冷压焊、摩擦焊、扩散焊、超声波焊、高频焊和电阻焊等。

(3) 钎焊 钎焊是采用比母材熔点低的金属材料作钎料，在加热温度高于钎料熔点而低于母材熔点的情况下，利用液态钎料润湿母材，填充接头间隙，并与母材相互扩散实现连接焊件的方法。钎焊包括硬钎焊、软钎焊等。

2. 常用焊接方法、特点及应用

焊接的方法很多，对不同的材料进行加工有不同的焊接方法，对相同的材料进行加工，在处理工艺、手法、焊条等方面也有很多不同的方法。现对常用焊接方法、特点及应用作一简单介绍。

(1) 电弧焊 电弧焊是利用电弧作为热源的熔焊方法，可分为焊条电弧焊、埋弧焊和气体保护焊三种。焊条电弧焊的最大优点是设备简单，应用灵活、方便，适用面广，可焊接各种焊接位置和直缝、环缝及各种曲线焊缝，尤其适用于难于操作的场合和短小焊缝的焊接；埋弧焊具有生产率高、焊缝质量好、劳动条件好等特点；气体保护焊具有保护效果好、电弧稳定、热量集中等特点。

采用电弧焊时，低碳钢焊接接头由焊缝金属和热影响区组成。焊接加热时，焊缝处的温度在液相线以上，母材与填充金属形成共同熔池，冷凝后成为铸态组织。在冷却过程中，液态金属自熔合区向焊缝的中心方向结晶，形成柱状晶组织。由于焊芯及药皮在焊接过程中具有合金化作用，焊缝金属的化学成分往往优于母材，只要焊条和焊接参数选择合理，焊缝金属的强度一般不低于母材强度。

在焊接过程中，焊缝两侧金属因焊接热作用而产生组织和性能变化的区域称为热影响区。随着与焊缝中心距离的逐渐增大，低碳钢的热影响区分为熔合区、过热区、正火区、部分相变区和应变时效脆化区。

1）熔合区。熔合区位于焊缝与基体金属之间，部分金属已熔化而部分未熔，也称半熔化区；加热温度约为1490～1530℃，此区成分及组织极不均匀，强度低、塑性很差，是产生裂纹及局部脆性破坏的发源地。

2）过热区。过热区紧挨着熔合区，加热温度约为1100～1490℃；由于温度大大超过Ac_3，奥氏体晶粒急剧长大，形成过热组织，使塑性大大降低，冲击韧度值下降25%～75%左右。

3）正火区。正火区加热温度约为850～1100℃，属于正常的正火加热温度范围；冷却后得到细小、均匀的铁素体和珠光体组织，其力学性能优于母材。

4）部分相变区。部分相变区加热温度约为727～850℃；只有部分组织发生转变，冷却后组织不均匀，力学性能较差。

5）应变时效脆化区。焊接接头在焊接前若经受各种冷加工（下料剪切、筒体卷圆等），钢材会产生塑性变形，如果该区再经200～450℃的热作用就会引起应变时效。应变时效脆化会使钢材塑性降低，脆性转变温度提高，从而导致设备脆断。

（2）电阻焊　电阻焊是利用电流通过焊件及焊极接触面间所产生的电阻热，将焊件加热至塑性或局部熔化状态，再施加压力形成焊接接头的焊接方法。电阻焊分为点焊、缝焊和对焊三种形式。

1）点焊。点焊是将焊件压紧在两个柱状电极之间，通电加热，使焊件在接触处熔化形成小熔池，然后断电，并在压力下凝固结晶，形成组织致密的熔核。点焊适用于焊接4mm以下的薄板（搭接）和钢筋，广泛用于汽车、飞机、电子、仪表和日常生活用品的生产。

2）缝焊。缝焊与点焊相似，所不同的是用旋转的盘状电极代替柱状电极。叠合的工件在圆盘间受压通电，并随圆盘的转动而送进，形成连续焊缝。缝焊适宜于焊接厚度在3mm以下的薄板搭接，主要应用于生产密封性容器和管道等。

3）对焊。对焊按照焊接工艺过程的不同可分为电阻对焊和闪光对焊。

电阻对焊的焊接过程是先施加顶锻压力（10～15MPa），使焊件接头紧密接触，通电加热至塑性状态，然后施加顶锻压力（30～50MPa），同时断电，使焊件接触处在压力下产生塑性变形而焊合。电阻对焊操作简便，接头外形光滑，但对焊件端面加工和清理要求较高，否则会造成接触面加热不均匀，产生氧化物夹杂、焊不透等缺陷，影响焊接质量。因此，电阻对焊一般只用于焊接直径小于20mm、截面简单和受力不大的工件。

闪光对焊的焊接过程是先通电，再使两焊件轻微接触，由于焊件表面不平，使接触点通过的电流密度很大，金属迅速熔化、汽化、爆破，飞溅出火花，造成闪光现象。继续移动焊件，产生新的接触点，闪光现象不断发生，待两焊件端面全部熔化时，迅速加压，随即断电并继续加压，使焊件焊合。闪光对焊的接头质量好，对接头表面的焊前清理要求不高。常用于焊接受力较大的重要工件。闪光对焊不仅能焊接同种金属，也能焊接铝钢、铝铜等异种金属，可以焊接0.01mm的金属丝，也可以焊接直径500mm的管子及截面为20000mm^{2}的板材。

(3) 激光焊　激光焊利用聚焦的激光束作为能源轰击工件所产生的热量进行焊接。激光焊的特点有：激光束能量密度大，加热过程极短，焊点小，热影响区窄，焊接变形小，焊件尺寸精度高；可以焊接常规焊接方法难以焊接的材料，如焊接钨、钼、钽、锆等难熔金属；可以在空气中焊接非铁金属，而不需外加保护气体；激光焊设备较复杂，成本高。

激光焊可以焊接低合金高强度钢、不锈钢及铜、镍、钛合金等；异种金属以及非金属材料（如陶瓷、有机玻璃等）也可以采用激光焊。目前，主要用于电子仪表、航空、航天、原子核反应堆等领域。

(4) 电子束焊　电子束焊利用在真空中聚焦的高速电子束轰击焊接表面，使之瞬间熔化并形成焊接接头。电子束焊的特点有：能量密度大，电子穿透力强；焊接速度快，热影响区小，焊接变形小；真空保护好，焊缝质量高，特别适用于活泼金属的焊接。

电子束焊用于焊接低合金钢、非铁金属、难熔金属、复合材料、异种材料等，薄板、厚板均可。特别适用于焊接厚件及要求变形很小的焊件、真空中使用器件、精密微型器件等。

(5) 钎焊　钎焊是利用熔点比母材低的金属作为钎料，加热后，钎料熔化，母材不熔化，利用液态钎料润湿母材，填充接头间隙并与母材相互扩散，将焊件牢固的连接在一起。钎焊适用于各种金属材料、异种金属和金属与非金属的连接。

钎焊的优点是容易保证焊件的尺寸精度，同时对于焊件母材的组织及性能的影响也比较小，缺点是钎焊接头的耐热能力比较差，接头强度比较低，钎焊时表面清理困难及焊件装配质量的要求比较高。钎焊接头的承载能力与接头连接面大小有关。因此，钎焊一般采用搭接接头和套件镶接，以弥补钎焊强度的不足。

根据钎料熔点的不同，将钎焊分为软钎焊和硬钎焊。软钎焊的钎料熔点低于450℃，接头强度较低（小于70MPa）；硬钎焊的钎料熔点高于450℃，接头强度较高（大于200MPa）。

3.3.2 常见的焊接缺陷及质量控制

1. 常见的焊接缺陷

焊接过程中在焊接接头内产生的不符合标准要求的缺陷称为焊接缺陷。焊接结构中由于焊接缺陷的存在，直接影响着焊接接头的质量，进而影响产品质量和安全可靠性，造成焊接结构的失效，以至发生严重事故。焊接接头质量的评定依据，是焊接缺陷的种类、大小、数量、形态、分布及危害程度。若焊接接头中存在着焊接缺陷，一般可通过补焊来修复，或者铲除焊道后重新进行焊接，有时可直接作为判废的依据。

焊接结构中要获得无缺陷的焊接接头，在技术上有一定的困难。为了满足焊接结构的使用要求，应该把焊接缺陷限制在一定的范围内，使其对焊接结构的运行不致产生危害。不同的焊接结构使用的场合不同，质量要求也不同，因而焊接缺陷的容限范围也不同。

焊接缺陷的种类很多，分类方法也不同。按照焊接缺陷在焊接接头的部位，可分为外部缺陷和内部缺陷。根据焊接缺陷的性质，可分为形状尺寸缺陷、结构缺陷、性能缺陷三类。形状尺寸缺陷有：焊接变形、尺寸偏差（包括错边、角度偏差、焊缝尺寸过大或过小等）、外形不良（包括焊缝高低不平、波纹粗劣、宽窄不齐等）、飞溅和电弧擦伤。结构缺陷有：焊缝表面气孔和内部气孔、夹渣、未熔合、未焊透、焊瘤、凹坑、咬边和焊接裂纹。性能缺陷有：焊接接头力学性能（抗拉强度、屈服强度、冲击韧度及冷弯角度）、化学成分等不符合技术要求。按照焊接方法的不同可分为：熔焊产生的缺陷，压焊、钎焊产生的缺陷。按照GB/T 6417.1—2005《金属熔化焊接头缺陷分类及说明》规定，焊接缺陷分为六大类：裂纹、孔穴、固体夹杂、未熔合及未焊透、形状和尺寸不良、其他缺陷，其中前四类缺陷可视为焊缝的内部缺陷，后两类缺陷可视为焊缝的外部缺陷。

（1）裂纹　裂纹是在焊接应力及其他致脆因素的共同作用下，焊接过程中或焊接后，焊接接头中局部区域（焊缝或焊接热影响区）的金属原子结合力遭到破坏而出现的新界面所产生的缝隙，又称为焊接裂纹。它具有尖锐的缺口和长宽比大的特征。焊接裂纹是最危险的缺陷，除降低焊接接头的力学性能外，裂纹末端的缺口还易引起应力集中，促使裂纹延伸和扩展，成为结构断裂失效的起源。焊接技术条件中应不允许存在焊接裂纹。

裂纹是最尖锐的一种缺口，它的缺口根部曲率半径接近于零。尖锐的根部有明显的应力集中，当应力水平超过尖锐根部的强度极限时，裂纹就会扩展，以至贯穿整个截面而造成焊接结构（如压力容器）的失效。特别是当焊接接头处于脆性状态时，裂纹的扩展速度极快，易造成脆性破裂事故。裂纹还会加剧疲劳破坏和应力腐蚀破坏。

在焊接接头中可能遇到各种类型的裂纹。按裂纹发生的部位可分为：焊缝金属中裂纹、热影响区裂纹或熔合线裂纹、根部裂纹、焊趾裂纹、焊道下裂纹和弧坑裂纹。按裂纹的走向分为纵向裂纹、横向裂纹和弧坑星形裂纹。按裂纹的尺寸有宏观裂纹和显微裂纹。按裂纹的外观形貌有横向裂纹、纵向裂纹、弧坑裂纹、放射裂纹、枝状裂纹、间断裂纹和微观裂纹，其外观形貌特征和分布见表3-7。

表3-7　焊接裂纹的外观形貌特征及分布

裂纹种类	外观形貌特征	分　布
横向裂纹	裂纹长度方向与焊缝轴线相垂直	位于焊缝、热影响区或母材中
纵向裂纹	裂纹长度方向与焊缝轴线相平行	位于焊缝收弧弧坑处
弧坑裂纹	横向、纵向或星形状	位于焊缝、热影响区或母材中
放射裂纹	从某一点向四周放射	
枝状裂纹	呈树枝状	
间断裂纹	呈断续状态	
微观裂纹	在显微镜下才能观察到	

按裂纹产生的温度范围（或产生的机理），焊接裂纹可分为热裂纹、冷裂纹、再热裂纹、层状撕裂和应力腐蚀裂纹。

1）热裂纹。热裂纹又可称为高温裂纹，是焊接过程中焊缝和热影响区金属冷却到固相线附近的高温区域所产生的焊接裂纹。热裂纹主要发生在晶界处。由于裂纹形成的温度较高，在与空气接触的开口部位表面有强烈的氧化特征，呈蓝色或天蓝色，这是区别于冷裂纹的重要特征。热裂纹多发生在焊缝金属中，有时也出现在热影响区或熔合线。热裂纹有沿着焊缝的纵向裂纹，或位于结晶中心线的纵向裂纹，也有垂直于焊缝的横向裂纹，或在弧坑中产生的星形弧坑裂纹。热裂纹可以显露于焊缝表面，也可以存在于焊缝内部。其基本形貌特征是：在固相线附近高温下产生，沿奥氏体晶界开裂。

根据裂纹形成机理的不同，热裂纹可分为结晶裂纹、液化裂纹和高温失塑裂纹（多边化裂纹）三类。

结晶裂纹是在一次结晶过程中，在液相和固相并存的高温区，焊缝金属沿一次结晶晶界开裂的裂纹，称为结晶裂纹。通常热裂纹多指的是结晶裂纹。多数情况下，结晶裂纹的断口呈高温氧化色彩，主要出现在焊缝中，个别情况下也产生在焊接热影响区。结晶裂纹的产生条件是：低熔点共晶偏析物（FeS）以片状液态薄膜聚集于晶界产生焊接拉应力。防止措施为：应通过控制裂纹产生条件着手，首先严格控制焊缝金属中C、Si、S、P含量，提高焊缝金属的Mn含量，采用低氢型焊接材料；其次焊前要预热，减小焊后冷却速度，调整焊接规范，适当加大焊接坡口角度，以得到焊缝成形系数大的焊缝，必要时采用多层焊。

液化裂纹是焊接过程中，在焊接热循环作用下，存在于母材近缝区金属或多层焊缝的层间金属晶界的低熔点共晶物局部被重新熔化开裂的裂纹。防止措施为：控制和选用C、S、P含量较低而Mn含量较高的母材；焊接时采用低热输入量的焊接规范进行多道焊。

高温失塑裂纹是在焊接时，焊缝或近缝区的金属处于固相线温度以下的高温区域，由于晶格缺陷（如空位和位借）的移动和聚集，形成二次边界，即“多边化边界”，从而引起边界高温强度和塑性降低，沿着多边化的边界产生开裂，又称为多边化裂纹。这类裂纹多发生在单相奥氏体合金的焊缝或近缝区的金属中，常以任意方向贯穿树枝晶界，断口多呈现为高温低延性断裂特征。防止措施为：在焊缝中加入Mo、W、Ti等细化晶粒的合金元素，阻止形成“多边化边界”；在工艺上采取减小焊接应力的措施。

2）冷裂纹。冷裂纹是焊接接头在焊后冷却到较低温度下（200℃左右）所产生的焊接裂纹，是在焊接应力、淬硬组织、扩散氢三个因素共同作用下形成的。当焊接后冷却至较低温度下时，产生贯穿晶粒的开裂，断口呈金属光亮。冷裂纹多发生在低合金高强钢、中合金钢、高碳钢的焊接热影响区和熔合区中，个别情况下，也出现在焊缝金属中。根据裂纹出现的部位，可分为焊道下裂纹、焊趾裂纹、焊根裂纹、横向裂纹。

根据产生的机理不同，冷裂纹又可分为延迟裂纹、淬硬脆化裂纹和低塑性脆化裂纹三类。延迟裂纹（氢致裂纹）是一种最常见的冷裂纹形态。它是焊后冷却到室温并放置一段时间（延迟潜伏期，几小时、几天、几十天）之后才出现的焊接冷裂纹，具有延迟的性质。因为这种裂纹的产生与焊缝金属中的扩散氢活动密切相关，所以又称氢致裂纹。淬硬脆化裂纹是在某些钢种如马氏体不锈钢、工具钢中产生的，由于淬硬倾向较大，焊接时易形成淬硬组织，在焊接应力的作用下导致开裂，称之为淬硬脆化裂纹。与延迟裂纹不同的是淬硬脆化裂纹基本上是在焊后立即产生，无延迟期，除了焊接热影响区出现外，有时还会出现在焊缝中。低塑性脆化裂纹焊接脆性材料时（如铸铁），当焊后冷却到400℃以下时，由于焊接收缩应变超过材料的本身塑性而导致开裂，称之为低塑性脆化裂纹。它可在焊缝中出现，也可发生在焊接热影响区中。其断口具有脆性断裂的形貌特征。防止措施为：焊前预热，降低冷却速度；选择合适的焊接规范参数；采用低氢型焊接材料，并进行严格烘干；彻底清除焊丝及母材焊接区域的油污、铁锈和水分；后热，即焊接后立即对焊件的全部或局部进行加热或保温，使其缓冷的工艺措施，后热的目的是降低焊接接头特别是热影响区中扩散氢的含量，所以又称去氢处理，是焊接某些低合金结构钢预防产生延迟裂纹的重要工艺措施；进行焊后热处理；改进接头设计降低拘束应力。

3）再热裂纹。再热裂纹（SR 裂纹）是焊接接头在焊后一定温度范围内再次加热（消除应力热处理或经其他加热过程），在焊接热影响区的粗晶区产生的裂纹。再热裂纹与热裂纹一样也是一种沿晶界开裂的裂纹，但其断口呈低温氧化色彩。产生条件是钢中某些沉淀强化元素（如 Mo、V、Cr、Nb 等）经历再加热（焊后再次加热），敏感温度区域达到 500～700℃，焊接接头存在较高的残余应力和焊缝表面有应力集中的缺口部位（咬边、凹陷等）。从产生条件可看出，再热裂纹多发生在具有析出沉淀硬化相的低合金高强钢、珠光体耐热钢、奥氏体不锈钢以及镍基合金的焊接接头之中。普通碳素钢中一般不会产生这种裂纹。防止措施有：提高预热温度和采用焊后热处理，减小焊接应力和过热区硬化；选用高塑性低强度匹配的焊接材料；改进焊接接头设计，尽量不采用高拘束度的焊接节点，消除一切可能引起应力集中的表面缺陷，修磨焊缝呈圆滑过渡；正确选择焊后热处理温度。

4）层状撕裂。层状撕裂是一种焊接时沿钢板轧制方向平行于表面呈阶梯状“平台”开裂的冷裂纹。呈穿晶或沿晶开裂的形态特征，通常发生在轧制钢板的靠近熔合线的热影响区中，与熔合线平行形成阶梯式的裂纹。由于不露出表面，所以一般很难发现，只有通过探伤才能发现，且难以返修。层状撕裂多产生在 T 形接头和角接接头中，受垂直于钢板表面方向拉伸应力的作用而产生。层状裂纹产生条件：沿钢板轧制方向存在分层夹杂物（如硫化物等），焊接时产生垂直于厚度方向的焊接应力。防止措施为：严格控制钢材的含硫量，改进接头形式和坡口形状，与焊缝连接的坡口表面预先堆焊过渡层，选用强度等级较低的低氢型焊接材料，采用低焊接热输入和焊接预热。

5）应力腐蚀裂纹。应力腐蚀裂纹（SCC）是应力与腐蚀介质协同作用下引起的金属断裂现象。它有三个主要特征：①应力腐蚀断裂是时间的函数。拉伸应力越大，则断裂所需时间越短；断裂所需应力一般都低于材料的屈服强度。这种应力包括外加载荷产生的应力、残余应力、腐蚀产物的楔形应力等。②腐蚀介质是特定的，只有某些金属—介质的组合情况下，才会发生应力腐蚀断裂。若无应力，金属在其特定腐蚀介质中的腐蚀速度是微小的。③断裂速度在纯腐蚀及纯力学破坏之间，断口一般为脆断型。

（2）孔穴　孔穴是焊接过程中熔池金属高温时吸收和产生的气泡，在冷却凝固时未能逸出而残留在焊缝金属内所形成的空穴，具体表现形式为气孔。气孔是一种常见的缺陷，不仅出现在焊缝内部与根部，也出现在焊缝表面。焊缝中的气孔可分为球形气孔、条形气孔、虫形气孔以及缩孔等。气孔可以是单个或链状成串沿焊缝长度分布，也可以是密集或弥散状分布。

焊接区中的气体来源有：大气的侵入，溶解于母材、焊丝和焊芯中的气体，受潮药皮或焊剂熔化时产生的气体，焊丝或母材上的油污和铁锈等在受热后分解所释放出的气体，焊接过程中冶金化学反应产生的气体。板材、焊材、导气管表面不洁净或材料为碳质时，都是氢和碳的来源，最后形成气孔。焊接使用较大热输入时，由于焊缝中溶解氢向边缘扩散使得气孔主要分布在熔合线附近。且当所焊板材较薄、散热条件差、熔池高温保留时间长时会给惰性气体保护熔池带来困难，易造成大气的侵入。

熔焊过程中形成气孔的气体主要有：氢气、一氧化碳和氮气。氢气孔多数情况下出现在焊缝表面上，断面形状多呈螺钉状，从焊缝表面上看呈圆喇叭口形，气孔四周内壁光滑。个别情况下也以小圆球形状存在于焊缝内部。氮气孔多数以成堆的蜂窝状出现在焊缝表面上。

一氧化碳气孔多数情况下产生在焊缝内部，沿结晶方向分布，有些像条虫状，表面光滑。

气孔影响焊缝外观质量，削弱焊缝的有效工作截面，降低焊缝的强度和塑性，贯穿性气孔则使焊缝的致密性遭到破坏而造成渗漏。如果气孔穿透焊缝表面，介质积存在孔穴内，当介质有腐蚀性时，将形成集中腐蚀，孔穴逐渐变深、变大，以至腐蚀穿孔而泄漏。

气孔的防止措施为：提高操作技能，防止保护气体（焊剂）给送中断；焊前仔细清理母材和焊丝表面油污、铁锈等，适当预热除去水分；不得使用药皮开裂、剥落、变质、偏心或焊芯锈蚀的焊条；各种类型的焊条或焊剂都应按规定的温度和保温时间进行烘干，低氢型焊条必须存放在焊条保温筒中；焊接坡口及其两侧应清理干净；正确地选择焊接参数，采用合适的焊接电流、焊接速度，并适当摆动；使用低氢型焊条时应仔细校核电源极性，并采用短弧操作；采用引弧板或回弧法的操作技术。虽为薄板，但不开坡口的板端部也常是未清理或不易清理的污染源，此时熔池形状不如开坡口时有利于气体逸出。另外，开坡口可以添加大量焊丝，一般情况下焊丝的纯净度比母材高，开坡口焊接时熔滴下落高度增加，可增加熔滴净化作用，所以应开坡口焊接，以消除端部的不利影响。此外，还要求环境相对湿度<90%，导气管选用增强塑料管。

（3）固体夹杂　固体夹杂包括夹渣和夹钨两种形式。焊后残留在焊缝中的熔渣，称为夹渣。夹渣不同于一般的夹杂，夹杂是指在焊缝金属凝固过程中残留的金属氧化物或来自外部的金属颗粒，如氧化物夹杂、硫化物夹杂、氮化物夹杂和金属夹杂（夹钨）等。

1）夹渣。夹渣是一种宏观缺陷。夹渣的形状有圆形、椭圆形或三角形，存在于焊缝与母材坡口侧壁交接处，或存在于焊道与焊道之间。夹渣可以是单个颗粒状分布，也可以是长条状或线状连续分布。夹渣减少焊接接头的工作截面，影响焊缝的力学性能（抗拉强度和塑性）。夹渣这种体积性缺陷的危害性主要表现为降低焊接接头的承载能力。夹渣边缘如果呈尖锐形状，还会在该处形成应力集中。焊接技术条件中允许存在一定尺寸和数量的夹渣。夹渣产生的原因有：多层焊时，每层焊道间的焊渣未清除干净，焊接电流过小，焊接速度过快；焊接坡口角度太小，焊道成形不良；焊条角度和运条技法不当；焊条质量不好等。防止夹渣的措施为：每层应认真清除焊渣，彻底清除渣壳和坡口边缘的氧化物及多层焊道间的焊渣；选用合适的焊接电流和焊接速度，适当减慢焊接速度，增加焊接电流，以改善熔渣浮出条件；适当加大焊接坡口角度；正确掌握运条手法，严格控制焊条角度和焊丝位置，改善焊道成形，有规律地搅动熔池，促使熔渣与铁液分离；选用质量优良的焊条，调整焊条药皮或焊剂的化学成分，降低熔渣的熔点。

2）夹钨。夹钨是在进行钨极氩弧焊时，钨极不慎与熔池接触，使钨的颗粒进入焊缝金属中而造成的。焊接镍铁合金时，夹钨能与母材形成合金，X射线探伤都很难发现。

（4）未熔合及未焊透

1）未熔合。熔焊时，在焊缝金属与母材之间或焊道（层）金属之间未能完全熔化结合而留下的缝隙，称为未熔合。有侧壁未熔合、层间未熔合和焊缝根部未熔合三种形式。未熔合属于面状缺陷，易造成应力集中，危害性很大（类同于裂纹）。焊接技术条件中不允许焊缝存在未熔合。

未熔合产生的原因有：多层焊时，层间和坡口侧壁焊渣清理不干净；焊接电流偏小；焊条偏离坡口侧壁距离太大；焊条摆动幅度太窄等。防止措施有：仔细清除每层焊道和坡口侧壁的焊渣；正确选择焊接电流，改进运条技巧，注意焊条摆动。

2）未焊透。焊接时，焊接接头根部未完全熔透的现象，称为未焊透。单面焊时，焊缝熔透达不到根部为根部未焊透；双面焊时，在两面焊缝中间也可形成中间未焊透。未焊透会削弱焊缝的工作截面，降低焊接接头的强度并造成应力集中。焊接技术条件中不允许焊接接头中超过一定容限量的未焊透。

未焊透产生的原因有：坡口钝边太厚、角度太小、装配间隙过小；焊接电流过小、电弧电压偏低、焊接速度过大；焊接电弧偏吹现象；焊接电流过大使母材金属尚未充分加热时而焊条已急剧熔化；焊接操作不当、焊条角度不正确而焊偏等。防止措施有：正确选用和加工坡口尺寸，保证装配间隙；正确选用焊接电流和焊接速度；认真操作，保持适当焊条角度，防止焊偏。

（5）形状和尺寸不良　形状和尺寸不良包括咬边、焊瘤、烧穿和下塌、错边和角变形、焊缝尺寸及形状不符合要求等。

1）咬边。因焊接造成沿焊趾（或焊根）处出现的低于母材表面的凹陷或沟槽称为咬边。它是由于焊接过程中，焊件边缘的母材金属被熔化后，未及时得到熔化金属的填充所致。咬边可出现于焊缝一侧或两侧，可以是连续的或间断的。咬边是一种危险性较大的外观缺陷。它不但减少了焊缝的承压面积，而且在咬边根部往往形成较尖锐的缺口，易形成应力腐蚀裂纹和应力集中裂纹。咬边将削弱焊接接头的强度，产生应力集中，在疲劳载荷作用下，使焊接接头的承载能力大大下降。咬边往往也是引起裂纹的发源地和造成断裂失效的原因。因此，对咬边有严格的限制。焊接技术条件中一般规定了咬边的容限尺寸。防止咬边的措施有：电流大小要适当；运条要均匀；焊条角度要正确；焊接电弧要短一些；埋弧焊的焊速要适当。

2）焊瘤。焊接过程中，在焊缝根部背面或焊缝表面，出现熔化金属流淌到焊缝之外未熔化的母材上所形成的金属瘤称为焊瘤。焊瘤一般是单个的，有时也能形成长条状，在立焊、横焊、仰焊时多出现。焊瘤不仅影响了焊缝的外观，而且也掩盖了焊瘤处焊趾的质量情况，往往会在这个部位上出现未熔化缺陷。焊瘤使焊缝几何尺寸不连续，形成应力集中的缺口。管道内部的焊瘤将影响管道内介质的有效流通。

3）烧穿和下塌。烧穿是指在焊接过程中熔化金属自坡口背面流出而形成穿孔的缺陷。烧穿常发生于底层焊缝或薄板焊接中，在烧穿的周围常有气孔、夹渣、焊瘤及未焊透等缺陷。下塌是指穿过单层焊缝根部或在多层焊接接头中穿过前道熔敷金属而塌落的过量焊缝金属。这些缺陷对焊接接头的强度和应力水平都有不利的影响。

4）错边和角变形。错边是指由于两个焊件没有对正而造成板的中心线平行偏差。角变形是指当两个焊件没有对正而造成它们的表面不平行或不成预定的角度。

5）焊缝尺寸及形状不符合要求。焊缝尺寸及形状不符合要求也属于形状缺陷，主要有：对接焊缝超高、角焊缝凸度过大、焊缝宽度不齐、焊缝表面不规则等，这些都影响焊缝外观质量，易造成应力集中。

（6）其他缺陷　其他缺陷包括飞溅和电弧擦伤等。飞溅是指熔焊过程中熔化的金属颗粒和熔渣向周围飞散的现象。从材料因素上来说，熔渣的粘度过大和焊条偏心都会引起飞溅，不同药皮成分的焊条具有不同的飞溅损失。电弧擦伤是指在焊缝坡口外部引弧时产生于母材金属表面上的局部损伤。如果在坡口外随意引弧，电气接线不好或接地不良，都有可能形成弧坑而产生裂纹，又很容易被忽视、漏检，导致事故的发生。

2. 检验方法

焊接检验综合了近代物理学、化学、力学、电子学和材料力学等学科知识，是全面质量管理科学和无损检测技术紧密结合的一个崭新领域。焊接检验需要先进的检测方法及仪器设备、严密的组织管理制度和较高素质的检验人员。把焊接检验扩展到整个焊接生产和产品使用过程中去，才能预防和防止焊接缺陷的产生。

焊接检验包括从设计到制造的整个生产过程中所使用的材料、工具、设备、工艺过程和成品质量的检验，主要分为三个阶段：焊前检验、焊接过程中的检验、焊后成品的检验。焊接检验可采用调查、检查、度量、试验和监测等方法，把产品的焊接质量同其使用要求不断地进行比较的过程。考虑焊接件的使用，焊接质量检验又可分为：焊前检验、焊接过程检验、焊后检验、安装调试质量检验和产品服役质量检验五个环节。

焊接质量的检验方法根据对产品是否造成损伤，可分为破坏性检验和非破坏性检验两大类，每类中又有若干具体的检验方法。破坏性检验分为力学性能试验、化学分析试验和金相检验等；非破坏性检验分为外观检查、强度检验、致密性试验和无损检测等。焊接检验的主要方法见表3-8。

表3-8　焊接检验的主要方法

检验种类	检验方法	主要内容
破坏性检验	力学性能试验	拉伸试验、弯曲试验、冲击试验、压扁试验、硬度试验、疲劳试验
	化学分析试验	化学分析、腐蚀试验
	金相检验	宏观检验、微观检验、断口检验
非破坏性检验	外观检查	表面缺陷检查、尺寸偏差检查
	强度检验	水压试验、气压试验
	致密性试验	气密性试验、吹气试验、氨渗漏试验、煤油试验、载水试验、沉水试验、水冲试验、氦检漏试验
	无损检测	射线探伤、超声波探伤、磁粉探伤、渗透探伤、涡流探伤等常规无损检测方法以及声发射探伤、红外线探伤、激光全息探伤、声振无损探伤、微波无损探伤等新技术

破坏性检验固然能提供焊接结构的材料性能、组织结构和化学成分的定性、定量数据，但由于提取的数据是构件局部或试样的试验结果，且是建立在统计学的基础之上，随机性较强，所获数据只能反映构件的系统综合水平，有较大的局限性。重要焊接结构的验收和在役产品，必须采用不破坏其原有形状、不改变或不影响其使用性能的检测方法，以保证产品的安全可靠性，因此，无损检测技术在当今获得了更大的关注和发展。

焊接结构的破坏，多数情况下是由微观或宏观缺陷发展成裂纹所致，采用常规的检验方法可以减少这种破坏几率，但不能对构件中裂纹的扩展进行监视。而声发射探伤技术可利用材料在应力或外力作用下产生变形或开裂时所出现的声发射信号，确定其中缺陷的发生、运动和发展情况，不仅可以对焊接过程中焊缝的质量进行检测，还可以对承受载荷的焊接结构进行安全监测和寿命评估。这一技术可应用于研究焊接工艺、保证焊接质量和对一些重要的焊接结构进行连续检测和评价。

3. 焊接前的质量控制

焊接生产的整个过程包括准备焊接母材、准备焊接材料、坡口准备、装配、焊接和焊后热处理等工序。因此，焊接质量控制不仅仅是焊接施工的自身质量控制，而且与焊接之前的各道工序的质量控制有着密切的联系。

焊接前的质量控制主要是对焊前准备的检验，目的是贯彻预防为主的方针，最大限度地避免或减少焊接缺陷的发生，是保证焊接质量积极有效的管理措施。

焊接前的质量控制项目包括：母材质量确认、焊接材料管理、焊接结构设计鉴定、焊接坡口制备质量检查、焊件装配质量检查、焊接试板检查、能源检查、辅机具检查、工具检查、焊接环境检查、焊接预热检查、焊工资格检查等。

（1）母材质量确认　母材质量确认包括母材实物的质量检查和投料单据检查。

1）检查实物标记。核对和确认母材牌号及规格是否符合图样及技术文件所规定的材质和规格。不一致时，应检查是否办理了材料代用或更改手续凭证。

2）检查投料单据。核查材质证明书或工厂材质复验单，包括：材料牌号、规格和尺寸、炉批号、检验编号、数量、重量、供货状态、力学性能、化学成分和其他特殊要求的内容。

3）检查实物表面质量。核查工件材质的表面质量。材料表面不应有裂纹、分层及超出标准允许的凹坑和划伤等缺陷。

4）检查投料划线、标记移植。核查工件材质移植钢印标记的正确性和齐全性。钢印标记应包括产品编号、入厂检验编号、材料牌号和规格等项目，并有检查员见证的确认标记。注意检查划线的正确性，并及时做好检查记录，然后才可转入焊前备料、下料等工序。

（2）焊接材料管理　焊接材料简称焊材，包括焊丝、焊条、焊剂、气体（氩气、氦气、氮气、二氧化碳、压缩空气等）等，这些材料的质量检查重点是控制二级库。

1）核查所发的焊材质量证明书或工厂对焊材复验合格证及试样编号。

2）监督检查焊材的贮存和烘干制度的执行，气体的检查应注意纯度和压力。

3）检查发放的焊材表面质量，焊材表面应除锈、无油污、药皮无开裂、脱落或霉变。

4）监督焊材的领用发放，核对实物标记，核对领用发放焊材牌号和规格与焊接工艺规程（图样、文件规定）是否一致。不一致时应核查是否办理了焊材代用或焊接工艺规程更改手续凭证。焊接材料代换时，应符合等同性能、改善性能、改善焊接性三原则，并履行审批手续。

（3）焊接结构设计鉴定　一般原则是应具有良好的可检测性，为后续的无损检测（探伤）留好检测位置。

1）检查有无适当的探伤空间位置。

2）检查有无便于进行探伤的探伤面。

3）检查有无适于探伤的探测部位的底面。

（4）焊接坡口制备质量检查　检查依据是企业对坡口尺寸、精度和表面质量的标准要求（企业标准）。

1）检查坡口尺寸（深度、角度、钝边等）和精度是否符合技术标准。

2）检查坡口表面粗糙度及表面缺陷，对于超标者提出修整处理。

3）检查坡口表面清理质量。坡口面每侧至少20mm范围内应清理干净，不得有杂物。

4）坡口面的无损探伤。板厚 >30mm 或 $\sigma_s > 400$MPa 或 Cr－Mo 类钢低合金钢的焊件坡口表面，要进行磁粉或渗透探伤。发现缺陷时（分层、裂纹）应予以清除。

（5）焊件装配质量检查　焊件装配质量检查包括装配结构、装配工艺的检查以及定位焊缝质量的检查等。

1）检查装配几何形状和尺寸是否符合图样规定。

2）检查焊缝位置和分布是否符合图样规定。

3）复核和检查装配件的材质。

4）检查定位焊和装配所用焊材、定位焊缝质量和尺寸是否达到标准规定，当定位焊缝作为主焊缝的一部分时，其质量及检查方式同主焊缝。

5）用样板检查组装坡口的形状、尺寸、间隙和对口错边量是否符合技术标准。

（6）焊接试板检查　焊件试板检查包括焊前试板、工序试板和产品试板的检查。

1）焊前试板主要用于单批生产中选择设备工作状态，以控制投产后的焊接质量。

2）工序试板用于复杂工序间，避免不合格焊缝转入下道工序。

3）产品试板可评定成品焊缝的质量。

（7）能源检查　能源检查包括电源检查和气体燃料（乙炔、氢气、液化石油气等）的检查。

1）电源检查应注意电源波动程度。

2）气体燃料的检查应注意其纯度和压力。

（8）辅机具检查　辅机具检查包括变位机、转台、装配夹具、焊接夹具等的检查。

1）变位机和转台的检查应注意动作的灵活性、定位精度。

2）装配夹具、焊接夹具的检查应注意其夹紧力。

（9）工具检查　工具检查包括面罩、手把、电缆等的检查。

1）检查时应注意所用工具是否符合工艺规定。

2）应注意选择颜色深浅合适的护目玻璃。

（10）焊接环境检查　焊接环境检查包括温度、湿度和气候条件的检查。

1）当出现温度<0℃，湿度>90%，风速>10m/s，有穿堂风、雨、雾、雪等情况时应采取防护措施。

2）注意检查在环境条件不利时所采取防护措施的有效性。

（11）焊接预热检查　焊接预热检查包括预热方式和预热温度的检查。预热温度主要是依据钢材的焊接性试验结果来确定，应注意预测温度的测点应距焊缝边缘100~300mm。

1）检查预热方式（方法和加热范围）是否符合焊接工艺规程规定。

2）检查和控制预热温度是否符合工艺规定。

（12）焊工资格检查　焊工的技能水平是保证焊接质量的决定因素，从事重要产品焊接施工的焊工，必须经过专门培训和合格考试，并持有有效的合格证书。但是，因焊接产品种类、规格、钢种的不同，要求的焊工技能资格等级也不同。因此，必须对焊工技能资格项目加以严格的管理。

1）核查和确认焊工技能资格，即考试项目（焊接方法、试件类别和焊材、母材）与所担任的焊接工作的一致性。

2）监督和控制焊工技能资格期限的有效性。

4. 焊接过程的质量控制

焊接过程，也称为焊接施工过程，包括焊接、后热和焊后热处理，它的质量控制是焊接质量管理的重要部分，直接影响焊接质量。

在焊接施工过程中，检查员通常巡回现场，对焊接施工过程进行监督和检查，重点是监督焊工是否执行焊接工艺规程所规定的内容和要求以及焊接工艺纪律情况。

焊接过程的质量控制项目包括：焊接规范的检验、焊接材料复核、焊接顺序检查、焊道表面质量检查、后热检查、焊后热处理检查等。

（1）焊接规范的检验　焊接方法有很多种，在检验焊接规范时应注意焊接方法的不同。

1）不同的焊接方法有不同的检验内容和要求，但原则上均应严格执行工艺。

2）当发现焊接方法与规定要求不一致时，应核查是否办理了焊接工艺更改手续的凭证。

（2）焊接材料复核　在焊接过程中要对焊接材料重新进行检查，这称为焊接材料复核。

1）重新检查焊接材料的颜色、尺寸和外观，发现有疑问时应及时查找原始标记，确保材料牌号、规格和规定相符，防止错用焊接材料，造成焊接质量事故。

2）监督和检查焊条保温筒的使用情况。

3）抽验焊条、焊剂是否烘干。

（3）焊接顺序检查　焊接顺序检查包括施焊顺序和施焊方向的检查。

1）检查施焊顺序是否正确无误。

2）检查施焊方向是否正确无误。

（4）焊道表面质量检查　每一次熔敷所形成的一条单道焊缝称为焊道。

1）焊道表面不应有裂纹、夹渣等焊接缺陷。

2）焊道表面有缺陷时应及时消除，以避免多层焊时缺陷的叠加。

（5）后热检查　焊后立即对焊件全部或局部进行加热或保温使其缓慢冷却的工艺措施，称为后热。后热主要可起到防止产生延迟裂纹和消氢处理的作用。后热检查包括后热温度和后热保温时间的检查。

1）检查后热温度是否符合工艺规定。一般的后热加热温度较低（150 ~ 250℃），而消氢处理的加热温度较高（300 ~ 400℃）。

2）检查后热保温时间是否符合工艺规定。

（6）焊后热处理检查　焊后热处理包括焊后正火热处理和焊后消除应力热处理。正火热处理的主要目的是改善焊缝金属组织，细化晶粒，提高韧性；消除应力热处理的主要目的是消除焊接接头中的内应力，提高接头的承载能力。

1）检查焊后热处理加热温度是否符合热处理工艺规定。

2）检查焊后热处理保温时间是否符合热处理工艺规定。

5. 焊接后的质量检验（焊接件检验）

焊接后的质量检验是确保安装工程施工质量的重要措施，而对焊接接头进行必要的检验是保证焊接质量的重要措施。因此，工件焊完后应根据产品技术要求对焊缝进行相应的检验，凡不符合技术要求所允许的缺陷，需及时进行返修。常用的焊接接头检验方法包括外观检查、耐压试验、致密性试验和无损检测四个方面，这四个方面是互相补充的，而以无损检测为主。

（1）外观检查　焊接接头的外观检查是一种手续简便而又应用广泛的检验方法，是成品检验的一个重要内容，主要是发现焊缝表面的缺陷和尺寸上的偏差。所有焊缝在焊后都要经过外观检验。外观检查一般以肉眼观察为主，有时用5～20倍的放大镜进行观察，可以发现焊缝表面缺陷，如咬边、焊瘤、表面裂纹、气孔、夹渣及焊穿等。若焊缝表面出现缺陷，焊缝内部便有存在缺陷的可能。焊缝成形以及焊缝的外形尺寸是否符合要求，还可借助标准样板、量规等工具进行检验。

（2）耐压试验　对于要求密封性的受压容器，必须进行耐压试验，以检查焊缝的密封性和承压能力。常见有水压试验和气压试验两种，其方法是向容器内注入1.2～1.5倍工作压力的清水或等于工作压力的气体（多数用空气），停留一定的时间，然后观察容器内的压力下降情况，并在外部观察有无渗漏现象，根据这些可评定焊缝是否合格。

水压试验主要用于检查承受较高压力的容器和管道。这种试验不仅用于检查有无穿透性缺陷，同时也检验焊缝强度。试验时，先将容器中灌满水，然后将水压提高至工作压力的1.2～1.5倍，并保持5min以上，再降压至工作压力，并用圆头小锤沿焊缝轻轻敲击，检查焊缝的渗漏情况。

气压试验主要用于检查低压容器、管道和船舶舱室等的密封性。试验时将压缩空气注入容器或管道，在焊缝表面涂抹肥皂水，以检查渗漏位置。也可将容器或管道放入水槽，然后向焊件中通入压缩空气，观察是否有气泡冒出。

水压试验和气压试验都能检验在压力下工作的容器和管道的强度。气压试验比水压试验更为灵敏和迅速，同时试验后的产品不用排水处理，对于排水困难的产品尤为适用。但气压试验的危险性比水压试验大，试验时必须遵守相应的安全技术措施，以防试验过程中发生事故。

（3）致密性试验　储存液体或气体的焊接容器，其焊缝的不致密缺陷，如贯穿性的裂纹、气孔、夹渣、未焊透和疏松组织等，可用致密性试验来发现。致密性检验方法有：气密性试验、吹气试验、氨渗漏试验、煤油试验、载水试验、沉水试验、水冲试验、氦检漏试验等。它们都能检验在压力下工作的容器和管道的焊缝致密性。

煤油试验是致密性试验中常用的方法之一，主要用于不受压的焊缝及容器的检漏。煤油试验的基本过程是在焊缝一侧涂上白垩粉水溶液，待干燥后，在另一侧涂刷煤油。若焊缝有穿透性缺陷，则会在涂有白垩粉的一侧出现明显的油斑，由此可确定缺陷的位置。如在15～30min内未出现油斑，即可认为合格。

（4）无损检测　外观检查可以发现焊缝表面缺陷，但对焊缝内部缺陷却无能为力。隐藏在焊缝内部的裂纹、气孔、夹渣、未熔合和未焊透等缺陷的检验，目前最普遍的是采用无损检测方法。无损检测以不破坏产品原来的形状、不改变产品的使用性能为前提，对产品进行检测或抽检，以确保产品的安全可靠性。无损检测的方法有很多种，其中最为常用的是射线探伤、超声波探伤、磁粉探伤、渗透探伤、涡流探伤等。

6. 无损检测在焊接中的应用

（1）无损检测的优点　无损检测是非破坏性检验中一种非常重要的方法，它的发展经历了三个阶段，分别为无损探伤（NDI）、无损检测（NDT）和无损评价（NDE），目前一般统称为无损检测。与破坏性检验和其他非破坏性检验方法相比较，无损检测具有一些独特的优点。

1）可直接对所生产的产品进行检验，而与零件的成本或可得到的数量无关，除去不合格零件之外也没有多大损失。

2）既能对全部产品进行检验（全检），也能根据需要抽取部分产品进行检验（抽检）。

3）对同一产品既可同时也可依次采用不同的检验方法。

4）对同一产品可以重复进行同一种检验。

5）可对使用中的零件进行检验。

6）可直接测量运转使用期内的累积影响。

7）可查明失效的机理。

8）试样很少或无需制备。

9）为了应用于现场，设备往往是携带式的。

10）劳动成本往往很低，对同类产品进行重复检验时更是如此。

(2) 常用无损检测方法及应用　无损检测的方法有很多，不同的无损检测方法所依据的物理原理各不相同，各种方法对缺陷的检出率既不会是百分之百，也不会完全相同。合理地选择无损检测方法十分重要，选择时主要是基于经济和技术两方面的考虑。

焊接检验中常用的无损检测方法有五种，分别是射线探伤、超声波探伤、磁粉探伤、渗透探伤和涡流探伤。

1）射线探伤（RT）。射线探伤是利用射线对焊缝照相，由于焊缝内有缺陷的部位和无缺陷的部位对射线的吸收程度不同，射线在穿过焊缝后到达底片上的强度也就不同，会使底片上影像的黑白程度（黑度）显示出差异，从而将缺陷的影像在底片上清晰地显示出来，并且这一底片可存档。根据底片上的影像即可判断焊缝内部有无缺陷、缺陷大小、数量、位置和类型，再根据产品技术要求评定焊缝是否合格。由于射线对人体有害，所以应采取相应的防护措施。射线探伤中常用的射线源为X射线和γ射线。X射线或γ射线就本质而言与可见光相同，都属于电磁波，只是波长不同，故性质也有差异。γ射线的波长较X射线短，故其射线更硬，穿透力也更强。

从X射线发射管发出具有强大穿透能力的X射线，照射到需探伤的工件上，工件的背面放有装在暗盒中的X光胶片（底片）。如果金属中有气孔、裂纹、未焊透、夹渣等缺陷，照相后的底片经冲洗后，可以看到相应部位是一些黑色的条纹或斑点。由于焊缝本身比被焊金属厚的缘故，故焊缝处在胶片上显示出白色的条缝，焊缝处缺陷在胶片上形成的黑色条纹或斑点则十分明显，易于检测出来。通常X射线可检查出的缺陷尺寸不小于透视工件厚度的1.5%～2.0%，这就是射线检测中常说的检测灵敏度。X射线探伤的优点是显示缺陷的灵敏度高，特别是当焊缝厚度小于30mm时，较γ射线灵敏度高，其次是照射时间短、速度快，缺点是设备复杂、笨重，成本高，操作麻烦，穿透力较γ射线小。

γ射线是由放射性同位素和放射性元素产生的。施工探伤都采用放射性同位素作为射线源。常用的同位素有Co^{60}和Cs^{137}，探伤厚度分别为200mm和120mm。γ射线探伤的特点是设备轻便灵活，特别是现场施工更为方便，石油化工行业现场施工（尤其是野外施工）时常用，而且无需水、电，投资少，成本低。但其曝光时间长，灵敏度较低，用超细微粒胶片加上铅箔增感进行透照时，灵敏度才达到2%。另外，γ射线对人体的危害作用更大，所需的防护措施更为严格。

2）超声波探伤（UT）。超声波束由探头发出，传到金属中，当超声波束传到金属与空气界面时，它就折射而通过焊缝。如果焊缝中有缺陷，超声波束就反射到探头而被接受，这时荧光屏上就出现了反射波。根据这些反射波与正常波比较、鉴别，就可以确定缺陷的大小及位置。超声波探伤比射线探伤简便得多，且对人体无害，因而得到广泛的应用。但超声波探伤往往只能凭操作经验作出判断，对操作人员的要求很高。超声法的优点是可用于金属、非金属和复合材料制件的无损评价。超声波在金属中可以传播很远的距离（能达10m），故可用其探测大厚度工件。

超声波探伤可确定内部缺陷的大小、位置、取向、深度和性质等参量，较之其他无损方法有综合优势，特别是对检测裂纹等平面型缺陷灵敏度很高。超声波探伤仅需从一侧接近试件，设备轻便，且对人体及环境无害，可作现场检测，所用参数设置及有关波形均可存储供以后调用。

超声波探伤的局限性主要是对材料及制件缺陷作精确的定性、定量表征仍需作深入研究，对试件形状的复杂性有一定限制。

3）磁粉探伤（MT）。当被磁化的铁磁性材料表面或近表面存在缺陷（或组织状态的变化），从而导致该处的磁阻有足够的变化时，在材料表面空间可形成漏磁场。将微细的铁磁性粉末施加在此表面上，漏磁场吸附磁粉形成痕迹（磁痕），显示出缺陷的存在及形状，这种检测方法称为磁粉探伤。对于位于离焊缝表面较近的近表面缺陷和表面极微小的裂纹，可采用磁粉探伤检测。但磁粉探伤只能用于铁磁性材料的检验，可根据磁粉的聚集形态（磁痕）判断缺陷的位置和大小。

磁粉探伤的优点是能直观显示缺陷的形状大小，并可大致确定其性质；具有高的灵敏度，可检出的缺陷最小宽度约为1μm；几乎不受试件大小和形状的限制；检测速度快，工艺简单，费用低廉。局限性是只能用于铁磁性材料；只能发现表面和近表面缺陷，可探测的深度一般在1~2mm；宽而浅的缺陷也难以检测；检测后常需退磁和清洗；试件表面不得有油脂或其他能粘附磁粉的物质。

4）渗透探伤（PT）。渗透探伤是检验非疏孔性金属和非金属试件表面上开口缺陷的一种无损检测方法。将溶有荧光染料或着色染料的渗透剂施加在试件表面，渗透剂由于毛细作用能渗入到开口于表面的各种类型的细小缺陷中，清除附着在试件表面上多余的渗透剂，经干燥和施加显像剂后，在黑光或白光下观察，缺陷处可分别相应地发出黄绿色的荧光或呈现红色，可清晰的显示出缺陷的位置。

渗透探伤可用于检验各种类型的裂纹、气孔、分层、缩孔、疏松、冷隔、折叠及其他开口于表面的缺陷；广泛用于检验非铁金属和钢铁材料的铸件、锻件、粉末冶金件、焊接件以及各种陶瓷、塑料及玻璃制品等。

渗透探伤的优点是不受被检试件几何形状、尺寸大小、化学成分和内部组织结构的限制，也不受缺陷方位的限制，一次操作可同时检验开口于表面中的所有缺陷；不需要特别昂贵和复杂的电子设备和器械；检验的速度快，操作比较简便，大量的零件可以同时进行批量检验，因此，大批量的零件可实现100%的检验；缺陷显示直观，检验灵敏度高。最主要的限制是只能检出试件开口于表面的缺陷，不能显示缺陷的深度及缺陷内部的形状和大小。

5）涡流探伤（ET）。利用电磁感应原理，通过测定被检工件内感生涡流的变化来发现导电材料及其工件缺陷的无损检测方法，称为涡流探伤。对于管、棒和线材等型材的检测，可采用涡流探伤，它对开口或近表面缺陷、磁性和非磁性的导电材料都具有很好的适用性。

涡流探伤的主要优点是检测速度快，线圈与试件可不直接接触，无需耦合剂。其主要缺点是只限用于导电材料，对形状复杂的试件难作检查，只能检查薄试件或厚试件的表面、近表面部位，且检测结果尚不直观，判断缺陷性质、大小及形状尚难。

常用无损检测方法在焊接检验中的应用见表3-9。

表3-9 常用无损检测方法在焊接检验中的应用

无损检测方法	适用对象	不适用对象
射线探伤	焊缝内部的气孔、夹渣、未焊透等体积型缺陷；与射线透照方向一致的裂纹、未熔合等面积型缺陷	与射线透照方向不一致的裂纹、未熔合等面积型缺陷
超声波探伤	焊缝内部的裂纹、未熔合等面积型缺陷；较大的体积型缺陷	细小裂纹；较小的体积型缺陷
磁粉探伤	坡口表面（夹层缺陷）；焊缝及附近表面缺陷；厚焊缝中间缺陷（裂纹）；焊接附件拆除后的表面裂纹	非铁磁性材料，如奥氏体钢、铜、铝等
渗透探伤	表面开口缺陷（裂纹、针孔）	疏松多孔性材料
涡流探伤	表面及近表面缺陷（裂纹、气孔、未熔合）	非导电材料

7. 焊接的其他检验方法

如前所述，焊接检验的方法可分为破坏性检验和非破坏性检验两大类。前面主要介绍了无损检测方法，下面对焊接检验中的破坏性检验，包括力学性能检验、化学分析检验和金相检验进行介绍。

（1）力学性能检验　力学性能检验的目的是测定焊接接头、焊缝及熔敷金属的强度、塑性和冲击韧度等力学性能，以确定它们是否可满足产品设计和使用要求，并验证所选用的焊接工艺、焊接材料正确与否。

1）焊接接头、焊缝及熔敷金属的拉伸试验。熔焊和压焊对焊接接头横向拉伸试验可按GB/T 2651—2008《焊接接头拉伸试验方法》进行，以测定焊接接头的抗拉强度和抗剪负荷。拉伸试样有板状、整管和圆柱形三种。

焊缝及熔敷金属的拉伸试验可按GB/T 2652—2008《焊缝及熔敷金属拉伸试验方法》进行，以测定其拉伸强度（抗拉强度和屈服强度）和塑性（伸长率和断面收缩率）。拉伸试样有单肩、双肩及带螺纹三种，受试部分必须是焊缝或熔敷金属。

2）焊接接头的弯曲及压扁试验。熔焊和压焊对接接头的弯曲及压扁试验可按GB/T 2653—2008《焊接接头弯曲试验方法》进行，以检验接头拉伸面上的塑性（冷弯角）及显示缺陷。拉伸试样有板状、整管和圆柱形三种。

弯曲试验有横弯、纵弯和横向侧弯三种，试验方法有圆形压头弯曲（三点弯曲）试验法和辊筒弯曲（缠绕式导向弯曲）试验法两种。

小直径管接头的压扁试验有环缝压扁试验和纵缝压扁试验两种。试验时，管接头试样的焊缝余高应用机械法去除，使与母材原始表面平齐。

3）焊接接头及堆焊金属的硬度试验。熔焊和压焊焊接接头及堆焊金属的硬度试验可按GB/T 2654—2008《焊接接头硬度试验方法》进行，用于测定布氏硬度、洛氏硬度和维氏硬度。所有类型焊接接头的硬度测定，可在金相试样上进行，也可单独制备硬度试样。

4）焊接接头的冲击试验。熔焊和压焊焊接接头的常温冲击试验可按GB/T 2650—2008《焊接接头冲击试验方法》进行，低温冲击试验可按GB/T 229—2007《金属材料　夏比摆锤冲击试验方法》进行，以测定接头焊缝、熔合线和热影响区的冲击韧度。冲击试样有标准V型缺口、辅助U型缺口和辅助小尺寸试样三种，一般情况下应采用标准V型缺口试样。

（2）化学分析检验　化学分析试验可分为焊接接头晶间腐蚀试验、焊缝中铁素体含量的测定和焊缝金属化学分析等。

1）奥氏体不锈钢焊接接头晶间腐蚀试验。奥氏体不锈钢焊接接头晶间腐蚀试验可按GB/T 4334—2008《金属和合金的腐蚀　不锈钢晶间腐蚀试验方法》进行，以测定焊接接头的晶间腐蚀倾向。试样应包括母材、热影响区和焊缝金属表面。

2）铬镍奥氏体不锈钢焊缝中铁素体含量的测定。焊后状态铬镍奥氏体不锈钢焊缝、堆焊金属中铁素体含量（体积百分比）的测定可按GB/T 1954—2008《铬镍奥氏体不锈钢焊缝铁素体含量测量方法》进行，测量方法有金相法和磁性法两种。

3）焊缝金属化学分析。焊缝金属化学分析可按《钢铁及合金化学分析方法》的标准进行，化学分析所用细屑，其厚度应小于1.5mm，可用钻、刨、铣等方法获得。

（3）金相检验　焊接接头的金相检验，一般先进行宏观分析（宏观检验和断口检验），再进行有针对性的显微金相分析（微观检验）。焊接接头的金相试样应包括焊缝、热影响区和母材三部分。试样的形状尺寸一般根据焊接结构件的特点和焊接接头的形式进行确定，应从便于金相分析和保持试样上储存尽可能多的信息两方面考虑。金相试样不论是在试板上还是直接在焊接结构上取样，都要保证取样过程不能有任何变形、受热和使接头内部缺陷扩展和失真的情况。试样的切取可以采用手工锯削、机械加工、砂轮切割、专用金相切割和线切割等方法。对于很小、很薄或特殊形状的焊接件，截取金相试样后难以进行磨制，可以采用机械工具夹持或对试样金相镶嵌。焊接接头的金相检验，一般先进行宏观分析，再进行有针对性的显微金相分析。

1）焊接接头的宏观检验。用肉眼或用不大于10倍的放大镜检验金属宏观组织和缺陷称为宏观检验。宏观检验可以了解焊缝柱状晶生长变化形态、宏观偏析、焊接缺陷、焊道横截面形状、热影响区宽度和多层焊道层次情况。

2）焊接断口检验。断口检验是根据材料的断口来检查材料在冶炼或加工过程中所引起的缺陷，如气泡、缩孔残余、夹渣、分层、裂纹、粗大晶粒及白点等，从而判断材料的质量是否合格。断口检验可以了解焊接缺陷的形态、产生的部位和扩展的情况。

3）焊接接头的光学金相分析。焊接接头的显微金相分析，是指采用高倍显微镜（放大100倍以上）来观察分析显微组织。焊接接头的显微组织分析包括焊缝和热影响区组织分析。一般情况下，焊接接头的金相试样应包括焊缝、热影响区和母材三个部分。应当指出，焊接接头的显微组织分析，重点应放在焊缝和热影响区的过热区上，从而估计出整个焊接接头的性能，并确定如何调整焊接工艺。

4）焊接接头的电子显微分析。在光学显微镜下，细小的组织、析出相、缺陷、夹杂物等难以分辨时，或需要确定微区成分时，常规的光学方法很难完成，这就需要采用适当的电子显微方法作进一步的分析。采用电子显微分析可以对晶界的结构、位错状态及行为、第二相结构、夹杂物的种类和成分、显微偏析、晶间薄膜、脆性相、超显微的组织结构、裂纹或断口形貌特征及其上面富集的物质、焊接接头中微量元素的含量及分辨等进行分析。

电子显微分析方法包括：扫描电镜、透射电镜、X射线衍射、微区电子衍射、电子探针等。

8. 焊接结构的失效分析

焊接结构的失效可能造成重大或灾难性的事故，甚至导致生命财产的巨大损失。焊接结构的失效除了与焊接工艺有关外，还与选材和设计有重要关系。通过失效分析去发现和认识在选材、设计和施工等方面的问题，减少因脆断、疲劳、应力腐蚀、磨损等失效造成的损失，提高焊接结构产品质量，能给国家带来巨大的经济效益和社会效益。因此，焊接结构的失效分析是促进焊接技术发展和质量控制的重要环节。

焊接结构的失效可分为两类：一是凭经验和力学性能试验不合格而报废的焊接件；二是工作中发现焊缝不能继续执行其设计功能和性能的焊件。焊接结构的失效可能是由断裂、磨损、腐蚀或变形引起。研究焊接失效并加以分析，目的在于找出失效的原因，制订预防此类失效发生的方案。在焊接失效分析的实践中，要结合具体分析的对象，灵活地选择具体的分析方法，对一些程序和步骤应进行必要的简化。失效分析的内容包括：

1）原始背景资料的收集。尽可能收集与破坏事故有关的资料，包括焊接件的设计图、相关标准；焊件的制造、检验、运输、安装的记录资料；焊件服役的有关资料，掌握焊件的实际运行情况和实际使用时间。许多事故现场过一段时间就要清理。因此，要事先对现场进行详细录像或拍照，以备研究之用。

2）失效构件的初步检验和分析样品的选择。要从事故现场尽可能多地收集结构断裂残骸，对断裂残骸进行初步分析，并从中选取分析样品。初步检验是外观检验，包括记录焊件上的特征（如污物、腐蚀产物等）、尺寸、位置，并画出草图或照相记录；用肉眼或放大镜初步检验失效焊件的变形程度、断口形貌和裂纹扩展方向等。根据初步分析结果，选取分析样品，所选的样品应包括一次失效试件和一次开裂源。用于确定一次开裂源的方法有：根据裂纹走向特点确定裂纹源；根据变形程度确定裂纹源；根据腐蚀程度确定裂纹源；从焊件的最薄弱处找裂纹源。

3）无损检测。在失效分析中，无损检测主要用于测定焊件表面缺陷；测定构件的应力应变。通过检测焊接缺陷的尺寸和分布，确定缺陷在失效中的作用。常用的无损检测方法有包括：磁粉探伤、液体渗透法、涡流、超声波检验及 X 射线、γ 射线应力测定、实验应力分析等。

4）断口分析。断口分析是查明断裂根源、断裂途径和断裂类型的有效手段，是断裂失效分析的重点。断口分析确定的断裂源和途径，成为金相分析和工况分析的重点。

5）金相、力学性能、化学成分分析。其主要包括检验分析材料的化学成分、性能、组织、结构及缺欠等。

6）工况条件分析。也就是进行工作条件的分析，目的是寻找失效的原因，包括对工作温度、化学介质环境、化学介质浓度、焊件承载等进行分析以及对焊件进行应力分析、断裂力学分析、温度和化学介质影响的分析等，这对于判断失效模式具有重要的意义。

7）模拟试验。模拟试验是再现构件的破坏过程，以验证已做的初步判断和分析结果是否正确。对失效现象进行全面的模拟是很难实现的，通常可对其中的一个或两个重要参数进行模拟。例如，可以模拟温度、介质浓度、加载方式等。

8）分析所有物证，得出结论和撰写报告。对调研、试验、模拟的结果进行综合分析，确定断裂原因，针对断裂原因，提出可行的措施。最后写出失效分析的书面报告。报告应包括：对失效构件的概述；失效时的服役条件；服役前的履历；构件加工过程；失效构件的力学、断口、金相分析结果；冶金质量评价；失效的模式、原因总结；防止类似失效的建议；研究单位、研究者、报告时间等。

总之，进行焊件的失效分析时，必须从设计、材料、工艺、使用等方面进行。大量的事实表明，设计是主导，材料是基础，工艺是保证，使用是监护。这几个环节中，任何一个或几个环节疏忽或不慎，都会造成焊接结构的失效。

复习思考题

3-1　指出铸造产品（铸件）质量所包括的具体内容。

3-2　说明砂型铸造前期应如何进行质量控制？

3-3　指出如何保证铸件设计的质量？

3-4　铸造熔炼所得的熔（液）体的质量包括哪些项目？如何进行质量控制？

3-5　铸件的质量检验项目一般包括哪些主要内容？

3-6　指出铸件常见的缺陷（至少5项）。

3-7　影响锻件质量的主要工艺因素有哪些？

3-8　指出锻件成品件的主要检验项目。

3-9　说明常见的焊接缺陷（至少5项）。

3-10　若考虑焊件的使用，指出焊接检验应包括哪些主要环节？

3-11　指出焊前检验的主要项目。

3-12　指出焊前过程的主要检验项目。

3-13　指出焊接接头检验的主要检验方法。

3-14　指出焊接检验常用的无损检测方法，并说明X射线检验的基本原理。

3-15　何谓焊接件的耐压试验和致密性试验？

第 4 章　热处理质量管理与控制

热处理是将金属材料在固态下以适当的方式进行加热、保温、冷却，以获得所需组织和性能的工艺过程。热处理是改善金属材料使用性能和工艺性能的一种非常重要的工艺方法，它在机械工业中占有十分重要的地位。机械产品的内在质量主要取决于材料和热处理，要保证和提高热处理质量，除了要不断提高生产技术水平，以高技术、自动化来实现热处理质量的控制外，还必须加强质量管理，完善质量管理体系。本章主要根据全面质量管理的观点，阐述热处理质量管理各阶段应采取的质量控制措施。

4.1　热处理质量管理体系及质量控制

4.1.1　热处理质量管理体系的建立

1. 热处理质量管理的特点

热处理质量反映机械产品的内在特性，经过热处理的零件，其工作效能的高低、使用寿命的长短主要取决于材料及热处理质量。与普通机械加工质量管理相比，热处理质量管理具有如下特点：

1）热处理质量检验的特点属于“内科”，工件的热处理质量一般利用专门仪器对工件内部或者随炉试样来检验，由于受到样品抽检率和检验部位的限制，热处理质量的检验都是局部的、个别的。对于同一炉热处理的工件，一般只是抽取少数几件用于检验；对于同一工件，也只是检验局部的热处理质量（比如硬度高低）来代替整个零件的质量。因此，热处理检验也不能反映整个批次或者整个零件的热处理质量。

2）在整个机械制造过程中，热处理质量的影响较大。这主要是因为热处理过程往往是成批量投入，每一炉次的热处理往往不是针对一个工件，一旦发现一个工件出现质量问题，也往往存在着整炉次热处理的零件都存在质量问题。另外，进行热处理的工件往往是经过机加工的成品或半成品，一旦热处理成为废品，则意味着前面的加工成本和材料成本都要损失掉。更为重要的是，由于热处理缺陷的漏检使一些次品和废品混入合格品中，可能会造成重大的机械事故及更大的损失。

3）为了保证热处理质量，人们常采用“事后检验”的方法，如检测硬度和显微组织等。在控制热处理质量方面，质量检验虽然是不可缺少的，但这种“事后检验”的主要作用是“把关”，即根据质量标准，通过检验把次品和废品剔除出去，使之不带进下一道工序或出厂，是一种被动的、“亡羊补牢”式的做法。这种质量检验方式无论怎样严格，也只能起到把次品和废品挑出来的作用，而不能防止不合格品的产生，更达不到提高质量的目的。

因此，从质量控制的角度来说，热处理属于特种加工工艺，需要采取特殊技术和管理措施，制订专门的工艺和检验规范，实施全面质量控制。热处理质量仅仅依靠质量检验来把关是远远不够的，必须根据相关国家标准中质量管理和质量保证的主要精神和模式，确定热处理质量管理各阶段应开展的工作。

2. 热处理质量管理体系的建立

建立热处理质量管理体系是热处理质量管理和质量保证深入发展的重要标志，是保证热处理全面质量管理取得稳定效果的关键。它以保证和提高热处理质量为目标，运用系统的概念和方法把质量管理各阶段、各环节职能组织起来，形成一个有明确任务、职责、权限、互相协调、互相促进的整体。做到事事有规定，步步有标准。建立这样一个质量管理体系，并使之有效运作，是现代质量管理的一个重要原则。

热处理质量保证体系要求体现热处理生产全过程各主要环节上的“责任者、联系、标准、保证要点、信息和反馈”六个机能。它以使用户（下道工序）获得满意的热处理件为目标，在确保原材料合格、设备仪表运转正常、有资格确认的合格热处理工操作的基础上，把企业的发展规划→质量规划→热处理试验研究→工艺评定→工艺贯彻→质量检查→使用→质量分析形成一个厂内外信息反馈的闭循环系统。信息不断流通，各环节不停地工作，使热处理的新技术不断完善，热处理质量稳定提高。

建立热处理质量管理体系，应主要包括以下内容：

1）要明确与热处理有关的各组织机构、职责和它们之间的相互关系（各单位的职责分工）。

2）要有完整的作为运作依据的质量管理体系文件（如技术标准、管理制度、工作守则及各部门的质量责任制和岗位责任制、经济责任制等）。

3）要有完善的质量记录和信息反馈系统，以便保证从产品设计、工艺编制、原材料投料、设备及仪表调整、热处理施工、质量检查、用户（下道工序）使用等，到整个生产使用过程出现异常问题时，能及时采取措施加以解决。应建立热处理质量档案。

4）要对体系的素质和效能进行评价，并有完整的评价标准。

5）要有保证热处理质量不断运行的过程和活动（如建立必要的会议制度，开展有关的培训、宣传和咨询活动）。

6）要有热处理质量管理体系图，研究推广先进的质量控制方法。

图 4-1 所示是某厂热处理管理体系图的粗略模式，它体现了热处理生产各主要环节上的“责任者、联系、标准、保证要点、信息和反馈”等主要机能。表中的第一排中给出了从企业高层管理人员、各个管理和生产部门直到用户（或者下一道工序）的各个所涉及的单位环节；左侧第一列则是完成一个产品所需经历的主要管理工作内容，其中包括：

1）原材料及热处理用辅料的选择、检验、管理和领用。工艺制订部门（工艺科）根据机械设计部门（设计科）对产品结构和功能的设计要求，确定制造产品所需的原材料及热处理所用的辅料（比如淬火冷却介质等），供应部门（供应科）按照要求订购到生产所需的各种材料后，经检验部门对原材料的质量进行检验合格后，入库管理，并由相应的车间领用，加工成所需的零件且完成热处理前的各个工序后转入热处理车间。

2）设备选型及工夹具设计、调试与维护。一个生产企业的热处理设备及工装通常由工

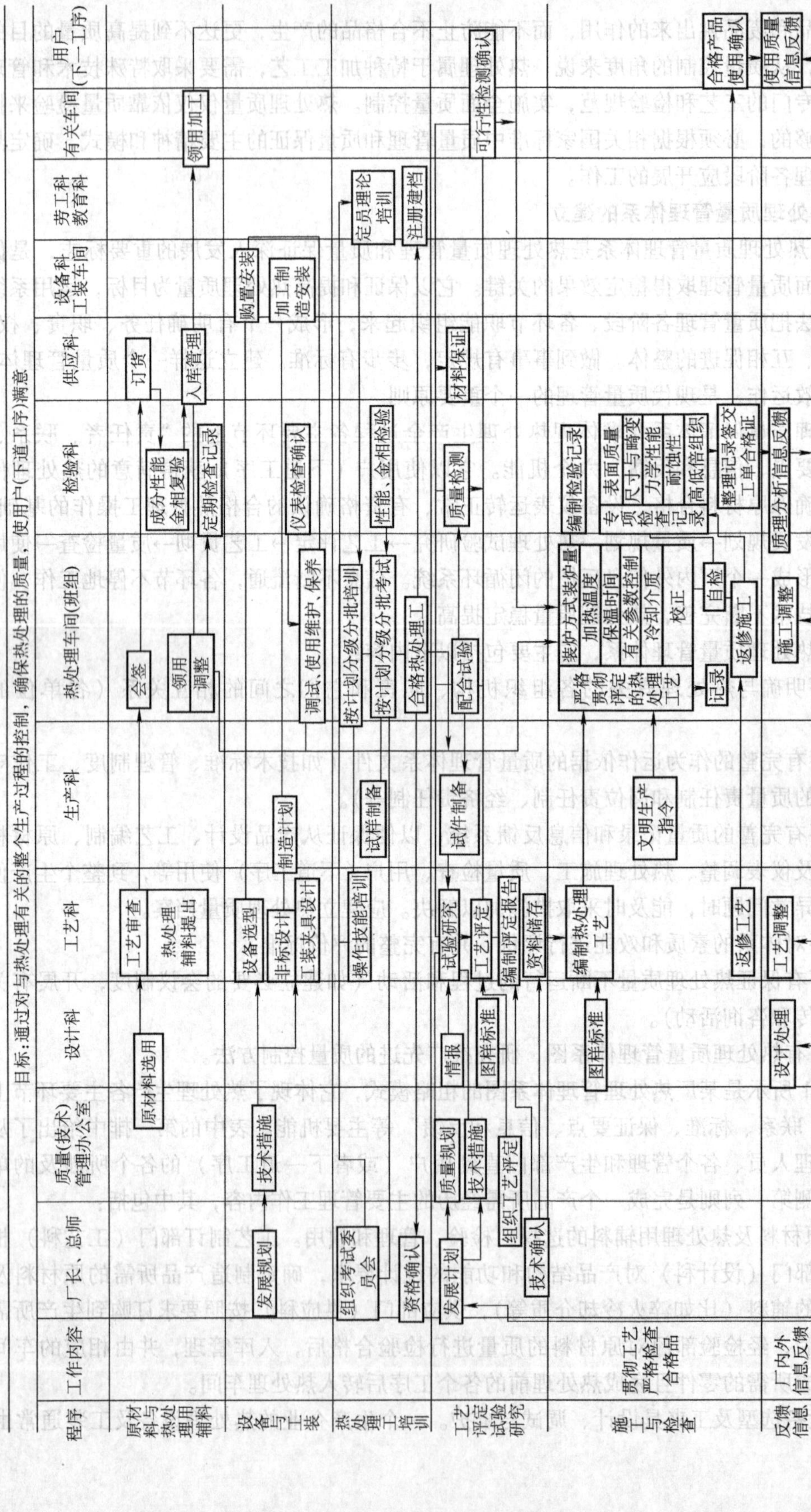

图 4-1 某厂热处理质量管理体系图的粗略模式

艺制订部门根据企业管理部门的颁布方针政策，为了实现工艺目的而提出来的，包括对所需设备及工装的选型和设计；然后由生产组织部门（生产科）委派给设备管理或相应车间来购置、制造、安装和调试；并由热处理车间对设备和工装进行使用、维护保养等工作。

3）对热处理工进行培训和考核。一般由人力资源部门、工艺制订部门、热处理车间等单位共同完成。

4）产品的工艺性试验研究。对于一些新产品、新工艺开发、新材料的选用等难以直接确定热处理生产工艺的情况，需要事先进行产品的试制和工艺试验，此项工作主要由工艺制订部门会同热处理生产单位负责实施。通过试验研究取得相关的技术数据，提出合理的热处理生产方案。

5）施工与检验。在生产科的组织下，热处理车间根据工艺科制订的工艺路线组织热处理生产，通过控制加热温度、加热时间、冷却方式、装炉量等工艺参数来实现对热处理质量的控制。产品的质量一般通过自检和检验科根据产品的质量标准进行检验，产品质量合格后才可进入下一道生产工序。

6）信息反馈。根据用户（或者下一道工序）对产品质量使用后的反馈意见，设计和施工部门应适时调整和改进工作方案。

上述各个生产和管理环节互相衔接，各司其职。通过各环节认真地工作，使产品的热处理质量不断提高。

4.1.2 热处理质量控制

所谓热处理的质量控制，就是对零件在整个热处理过程中的一切影响因素进行控制。所有热处理相关人员都要参与热处理质量工作，对热处理过程的每一个环节都要实行质量控制。

热处理全面质量控制包括基础条件质量控制、热处理前质量控制、热处理中质量控制以及热处理后质量控制。其中，基础条件质量控制主要包括了人员素质控制、作业环境控制及设备与仪表控制、原材料质量控制、技术文件资料控制等；热处理前质量控制主要包括产品设计质量控制、机械加工质量控制、热加工质量控制等；热处理中质量控制主要包括预热处理工艺控制、加热控制、冷却控制、表面处理控制、热处理变形及开裂控制等；而热处理后质量控制则包括质量检验、技术安全工作、公害预防、售后服务质量等。

质量标准是开展质量管理的根本依据。标准化工作和质量管理者有着密切的联系，标准化是质量管理的依据，质量管理是贯彻执行标准的保证。我国已经制定和修订了热处理技术标准体系，包括：热处理基础标准、工艺方法标准、质量检验与评定标准、热处理工艺材料标准、安全、耗能、环保标准等。标准是相对固定的，即在一定时期内是固定不变的。而质量管理产生了飞跃，上了一个新的台阶，原来的质量标准已不能满足新形势的需要，就要修订标准。此外，修订和制定热处理技术标准有时也要等效参考国际标准和国外先进标准，这对促进热处理技术进步、加强国际热处理技术交流都是有益的。

热处理质量控制是一项系统工程，把专业技术、管理技术和科学方法集中统一在一个整体之中。实行热处理全面质量控制就是实行以预防为主，预防与检验相结合的主动控制质量保证模式，把重点转移到质量形成过程的控制上来，把热处理缺陷消灭在质量形成过程中。全面质量控制由于可以随时掌握质量动态，把质量事故消灭在萌芽状态，减少和避免了质量问题，从而大大减少了生产和检验的人力、物力及时间浪费，创造更高的热处理质量和效益，所以，全面质量控制也是一件事半功倍的举措。

4.2 热处理基础条件的质量控制

4.2.1 人员素质控制

热处理生产过程的实施是依靠生产工人、技术人员和管理人员等各方面人员共同完成的。热处理人员的素质和质量意识对提高产品质量和劳动生产率，降低消耗、增强企业的竞争力具有重要意义。因此，要加强对企业内部人员的培训，尤其要重视新上岗和工作变化人员的资格及培训。坚持培训、考核、发证和持证上岗等一系列措施和办法。有些关键零件的热处理，还明确规定由一定等级以上工人的操作。从事热处理生产、技术、质量控制的管理人员应具有一定的专业理论水平，熟悉本职业务，并有一定实践经验。

4.2.2 作业环境控制

热处理生产环境不仅直接关系到热处理质量，而且关系到热处理生产的安全和环境保护。

1. 厂房

热处理车间应有足够的生产面积和辅助面积。生产面积应能满足按设备技术要求和安全技术要求摆放各种设备，还要保证安全操作。此外，根据质量控制要求，生产现场要把不同热处理状态的工件区分开，分别摆放，实现定置管理。所以，热处理车间要有待处理工件、合格品工件、不合格品工件、返修工件、废品隔离的摆放场地。

热处理车间的辅助面积应该包括：工艺材料和辅助材料存放室、备件备品存放室、工量具存放室、进料库房、成品库房以及办公室、更衣室、浴室等。

热处理车间的厂房应有足够的高度和跨度，以能适应设备安装和维修、工艺操作和连续生产，以及有害气体排放等技术要求。此外，热处理厂房应通风良好，利于排放有害气体，产生有害物质的设备还要设置专门抽风、排尘和过滤装置，危险工序应有单独隔开房间。各种仪表应远离灰尘、腐蚀性烟气和振动，环境温度应符合仪表要求（一般应在5~50℃之间），保证仪表正常运行。

2. 温度

热处理的加热和冷却对周围环境有影响，同时生产环境也影响热处理工艺的正确实施。恶劣的生产环境会导致热处理工件质量一致性差，甚至出现不合格品和畸变开裂。因此，热处理作业厂房的温度夏天一般不超过当地气温的2~10℃；热处理厂房冬季温度一般不应低于5℃；吹砂、打磨、抛光、检验、金相及酸洗等场地一般不应低于15℃。

3. 照明和采光

良好的照明和采光是保证热处理工序正确无误按工艺要求实施的必要条件，热处理工序光照度应不低于50lx，必要时应在仪表柜加装单独照明。

4. 噪声

噪声过大影响现场各类人员的情绪，容易造成误操作，影响热处理质量，严重时导致操作人员听力下降。热处理车间噪声一般应低于85dB，强噪声作业（如吹砂、喷丸等）应在封闭的房间进行。

4.2.3　设备与仪表质量控制

热处理工艺是通过热处理设备来实现的，热处理工艺参数是通过仪表来控制和记录的，所以热处理质量在很大程度上依赖于设备和仪表的水平与质量。

1. 温度仪表及控制系统

为了使热处理加热温度满足工艺要求，热处理炉应配置合适的温度控制记录仪表。为了防止热电偶及仪表故障造成温度失控，引起“跑温”，热处理炉每一个加热区均应配置两支热电偶，其中一支热电偶安放在有效加热区内，连接温度记录仪表，以便准确反映加热实际情况；另一支热电偶接控温仪表，进行炉子温度的自动控制。此外，这两支热电偶中应有一支并联报警装置，一旦出现超温时能自动报警并切断电源，这种配置称之为“双联温度系统”，另外还可采用控温、记录、报警三者分别独立的系统，称之为“三联温度系统”。

热处理炉的温度测量装置应能准确地反映出真实温度，具有足够的精度、可靠性和稳定性。温度测量系统包括热电偶、补偿导线及仪表，都应符合要求，并定期检定合格。

现场使用的温度测量仪表，由于环境气氛和温度的影响，可能老化或变质。这是一个渐进的过程，由量变到质变的过程，但热电偶或温度仪表性能的任何变化，都会影响炉温的准确性。为使现场使用的温度测量系统能准确反映热处理炉温度，还应对该系统准确程度定期进行检验，称之为“随炉检验”，一般规定每周检测一次。随炉检验时还需再装一支检验热电偶，检验热电偶热端应放在有效加热区内，与温度记录系统热电偶热端距离小于50mm，这样可以避免测温位置的影响。检测可用手提电位差计等精度较高仪表在炉子处于热稳定状态下进行，一般在热处理保温阶段测试。随炉检验的温度经误差修正后与温度记录仪指示比较，两者之差对于Ⅰ、Ⅱ类炉子应不超过1℃，Ⅲ～Ⅵ类炉应不超过3℃。如果超过上述规定范围，应查明原因并及时排除，也可采取温度补偿器修正。

2. 热处理炉的炉温均匀性

热处理炉的炉膛工作区内各处温度均匀一致的程度一般用“炉温均匀性”（也称保温精度）来表示。所谓炉温均匀性，是指炉子在热稳定状态下温度自动记录仪表指示的温度（经误差修正）与工作区内各检测点的温度之间最大温度差。热处理炉根据炉温均匀性分为6类，其技术要求见表4-1。

表4-1　热处理炉炉温均匀性分类及技术要求

炉子类别	有效加热区炉温均匀性/℃	控温精度/℃	仪表精度等级	记录纸读数/$℃\cdot mm^{-1}$
Ⅰ	±3	≤±1.0	0.25	≥2
Ⅱ	±5	≤±1.5	0.3	≥4
Ⅲ	±10	≤±5.0	0.5	≥5
Ⅳ	±15	≤±8.0	0.5	≥6
Ⅴ	±20	≤±10.0	0.5	≥8
Ⅵ	±25	≤±10.0	0.5	≥8

有效加热区是经温度检测后所确定的满足热处理工艺温度及其保温精度的工作空间尺寸，是热处理炉膛内满足热处理工艺要求的允许装料区域。各种热处理炉根据设计和制造水平都给一个额定工作区（也称有效加热区）尺寸，并保证一定的炉温均匀性。为了及时掌

握热处理炉的炉温均匀性变化情况，还应在生产过程中根据炉子变化情况检测炉温均匀性及定期检测炉温均匀性。

通常具有下列条件之一者，均应检测炉温均匀性：

1）新添置的热处理炉正式投产前，或者闲置半年以上重新启用。

2）经大修或技术改造后。

3）热处理炉生产对象或工艺变更，需要改变有效加热区尺寸或使用温度范围重大变化。

4）保护气氛类别及使用量发生变化。

5）控温或测温热电偶位置改变。

6）发生质量事故，分析认为可能与炉温不均匀有关。

7）定期检测。

炉温均匀性一般在空载下测定，如有必要也可在半载或满载情况测定。炉温均匀性实行挂牌管理，明确标明炉子的有效工作区尺寸和部位、炉子类别、本次和下次检定日期等。在热处理生产过程中。还要按热处理工艺要求把处理的工件放置到有效工作区内加热，这样才真正达到炉温均匀性检测和管理的目的。

热处理炉有效加热区定期检定周期见表4-2。

表4-2　热处理炉有效加热区定期检定周期（JB/T 10175—2000）

类别	Ⅰ	Ⅱ	Ⅲ	Ⅳ	Ⅴ	Ⅵ
检定周期/月	1	6	6	6	12	12
仪表检定周期/月	3	6	6	6	12	12

3. 热处理炉气氛控制

真空热处理炉一个很重要指标是压升率，为了防止真空热处理过程中零件与周围空气接触，必须预防周围空气进入真空热处理炉。这就对真空热处理炉漏气提出要求，一般以压升率指标来控制。新真空热处理炉压升率应小于0.67Pa/h（引进真空炉应小于0.268Pa/h）；使用中的真空热处理炉压升率不应高于1.33Pa/h。压升率一般在空炉冷态条件下测定，新炉子在使用前、设备大修后、更换密封元件后、长期不用重新使用前均应及时测试压升率。在正常工作条件下也应定期检测。

可控气氛炉的炉内气氛应能控制和调节，以满足热处理工艺要求。导入炉内的气氛不能直接冲刷零件，也不能含有对零件有害的成分。炉内气氛不应使被加热的零件表面产生超过技术文件规定深度的脱碳、增碳、增氮及腐蚀等现象。保护气氛炉对钢件热处理后，表面脱碳层厚度应≤0.075mm。

气体渗碳炉、气体渗氮炉或碳氮共渗炉除满足有效加热区炉温均匀性要求外，还应满足渗层深度均匀性和表面硬度均匀性要求，工件放置的位置参照炉温均匀性检测中热电偶布点的位置。渗碳炉和渗氮炉中被处理件渗层有效硬化层深度偏差应符合表4-3和表4-4的要求。

表4-3　渗碳件有效硬化深度偏差值　（单位：mm）

渗层深度 d	≤0.5	$0.5<d\leq1.5$	$1.5<d\leq2.5$	>2.5
有效硬化层深度偏差值	≤0.1	≤0.2	≤0.3	≤0.3

表4-4　渗氮件有效硬化深度偏差值　（单位：mm）

渗层深度 d	≤0.1	$0.1<d$ ≤0.2	$0.2<d$ ≤0.45	>0.45
有效硬化层深度偏差值	≤0.02	≤0.05	≤0.07	≤0.10

4. 淬火槽控制

淬火槽按淬火冷却介质可分为淬火油槽、淬火水槽等，各种淬火槽都有一定的使用温度限制，见表4-5。为此，淬火槽应配置冷却与加热装置，并配备一定精度的温度指示仪表。淬火槽温度指示仪表的精度一般为±5℃，铝合金和铍青铜零件淬火水槽为±1℃。

表4-5　各种淬火槽的使用温度

淬火槽种类	使用温度/℃	
	一般要求	特殊要求
油槽	20~100	24~60
水槽	10~25	铝合金<38
水溶性有机淬火槽	20~45	钢32~55
		铝合金27~49

淬火槽尺寸应能保证热处理零件完全浸没在淬火槽中并能作适当运动，淬火冷却介质的量应能保证淬火后的温升不超过热处理工艺规定范围。为了使淬火零件获得迅速和均匀的冷却，淬火槽应有循环搅拌装置。可采用泵循环或机械搅拌，不推荐使用压缩空气搅拌，以免产生淬火"软点"。

4.2.4　原材料质量控制

原材料的冶金质量对热处理质量影响很大，如钢中含有非金属夹杂物、白点、带状组织、严重的碳化物偏析、发裂以及其他缺陷，不仅在热处理时容易产生畸变开裂、硬度不足、软点、尺寸稳定性下降等缺陷，而且对材料力学性能和工件使用寿命也有很大影响。此外，材料管理混乱，用错料也是产生热处理不合格品的原因。因此，加强原材料质量管理是保证热处理质量的先决条件。尽管原材料的质量管理不属于热处理车间的工作范畴，但也是材料热处理工作者的职责。为了稳定产品质量，生产车间应与材料管理部门密切协作，对原材料进行管理和监督。

验收原材料时，首先要确认供货单位所提供的品种规格书、质量证书和试验证书等是否齐全。必须按照技术标准对原材料进行严格检查验收，首先，由材料保管员核对牌号、炉号和数量等，并可进行钢种的火花鉴别、表面缺陷及裂纹等宏观检查；然后依照有关标准取样，填写材料分析委托单，连同生产厂质量证书送中心实验室检查。中心实验室将原材料成分、低倍组织、显微组织、力学性能等试验结果以及材料保管员所核对的牌号、炉号、材料规格、表面质量等汇总备查。

如果材料合格，材料保管员按牌号、生产厂、炉号、规格分类保管。备料员根据生产作业计划，填写领料单，经保管员核对后，准许投料。在任何情况下，若因原材料产生质量问题，可按查索号追本溯源。

4.2.5　热处理技术文件的制订

热处理生产必须做好执行情况和质量情况的原始记录，尽量采用自动记录的数据，技术文件和原始记录必须妥善保存一定期限。这些资料是质量管理必不可少的根据，是提高和改进质量的信息来源。一旦发生质量事故，可以据此进行质量追踪。此外，记录和保存原始数据，还有利于提高各类人员的责任心。技术文件和资料包括热处理工艺卡或热处理作业指导书、说明书、操作规程、工艺规程、流程卡、生产记录卡、温度仪表记录纸、质量检验记录、合格证以及设备、仪表、工艺材料和人员资格等原始情况等。

热处理工艺卡或热处理作业指导书以及热处理零件明细表是指导生产所必需的工艺文件，此外，还应有工艺守则、热处理安全守则等。

工艺卡是将工艺设计中所确定的工艺规范用表格的形式表示出来的工艺文件。普通热处理工艺卡片示例如图 4-2 所示。卡片中应有零件草图、钢号、技术要求、工艺参数和所需设备、工装等；而热处理作业指导书除工艺卡中应具有的内容外，还需要说明作业要求或特别注意事项，以及用于进行质量检验的质量管理点等。

热处理工艺卡片　　编号：

<table>
<tr><td rowspan="2" colspan="2"></td><td rowspan="2" colspan="2">（厂名）</td><td rowspan="2" colspan="3">热处理
工艺卡</td><td colspan="2">标记</td><td colspan="2">工件名称</td><td colspan="2"></td><td colspan="3">工件编号</td></tr>
<tr><td></td><td></td><td colspan="2">产品型号</td><td colspan="2"></td><td colspan="2">共　页</td><td>第　页</td></tr>
<tr><td rowspan="6" colspan="2"></td><td rowspan="6" colspan="5">（工件草图）</td><td colspan="3">材料及牌号</td><td colspan="2">化学成分（质量分数，%）</td><td colspan="2">处理要求</td><td colspan="2">处理前的要求</td></tr>
<tr><td colspan="3">外形尺寸</td><td colspan="2"></td><td rowspan="5" colspan="2"></td><td rowspan="5" colspan="2"></td></tr>
<tr><td colspan="3">工件重量</td><td colspan="2"></td></tr>
<tr><td colspan="3">每车件数</td><td colspan="2"></td></tr>
<tr><td colspan="3">工件送来部门</td><td colspan="2"></td></tr>
<tr><td colspan="3">工件送往部门</td><td colspan="2"></td></tr>
<tr><td rowspan="2" colspan="2"></td><td rowspan="2">工序号</td><td rowspan="2">工序</td><td rowspan="2">设备型号名称</td><td rowspan="2">工具编号名称</td><td colspan="3">加热</td><td colspan="3">冷却</td><td rowspan="2">装炉数量</td><td rowspan="2">工序要求</td><td rowspan="2">工人等级</td><td colspan="3">工时定额</td></tr>
<tr><td>温度/℃</td><td>加热时间/h</td><td>保温时间/h</td><td>冷却剂</td><td>温度/℃</td><td>方式</td><td>基本工时/min</td><td>辅助工时/min</td><td>每件工时/min</td></tr>
<tr><td colspan="2">描图</td><td colspan="16"></td></tr>
<tr><td colspan="2">底图号</td><td colspan="16"></td></tr>
<tr><td colspan="2">档案号</td><td colspan="16"></td></tr>
<tr><td rowspan="3">日期</td><td rowspan="3">签字</td><td colspan="8"></td><td>编制</td><td>日期</td><td>校对</td><td>日期</td><td>审核</td><td>日期</td><td>批准</td><td>日期</td></tr>
<tr><td colspan="16"></td></tr>
<tr><td>标记</td><td>处数</td><td>更改文件号</td><td>签字</td><td>日期</td><td colspan="11"></td></tr>
</table>

图 4-2　普通热处理工艺卡片示例

热处理工艺守则为热处理工艺应遵循的准则，是一种通用性的技术文件，其内容包括工艺的作用，工艺参数，可以选用的设备和工装，操作方法，无公害与防护，以及该工艺所能达到的质量标准及质量检验方法。热处理工艺守则实际上是企业热处理工艺技术规范。由于结合本企业产品特点和生产条件，这些守则更加具体化。随着生产和热处理技术的发展，工艺守则和热处理工艺说明书也要定期修改，从而不断提高热处理质量。

4.3　热处理前的质量控制

4.3.1　产品设计的热处理质量控制

产品设计是控制热处理质量的首要环节，如果设计不合理，比如，产品结构存在缺陷，选材不合理，在热处理过程中都会造成不良后果。产品设计中热处理质量控制的目标是：合理地选择材料，正确地确定组织与性能指标，以便制造出寿命长、安全可靠、性能稳定的机械产品。

生产企业在组织产品设计时，一般采用工艺“审查会签”的形式，即由材料及热处理工程技术人员对设计图中的材料选择、几何形状和热处理技术要求等逐项进行审查，与设计部门协商一致后方能会签，这对控制热处理质量和保证热处理工艺的可行性起到重要作用。在产品设计中对热处理质量的控制，主要考虑材料选择、技术要求的确定、工艺流程规范及其实施和热处理工艺的经济性等。

1. 材料的选择

工件材料选择是否合理，直接关系到热处理质量，如果所选的材料通过热处理未能达到预定的性能指标，则需要重新选择材料。优选材料时应注意以下几个问题：

1）根据零件的工作条件和失效形式选材，工件所受载荷类型和大小、工作介质、环境及失效形式不同，所选用材料不一样。例如，井下采煤机截割煤岩的部位——截齿，一般只能承受较低的冲击，其主要失效形式为磨损，因此，截齿的齿尖材料一般选用高硬度的硬质合金；而与之相反的是，露天煤矿中广泛采用的挖掘机挖掘煤岩的部位——斗齿，则通常采用硬度较低的高锰钢，这是因为斗齿在工作中承受的冲击较高，经过水韧处理后的高锰钢处于奥氏体状态，在强冲击作用下可发生相变，转变为马氏体组织，起到硬化和提高耐磨性的作用。相似的情况在其他场合中也经常遇到，比如，冷冲头若承受的冲击能量较高，其失效形式为崩刃或断裂，可选用韧性高的弹簧钢制造；若冲头承受的冲击能量小，其失效形式为磨损，可选用 W6Mo5Cr4V2 高速钢；若设计承受冲击能量更小的连杆时，选用球墨铸铁会使其使用寿命更长。

2）材料选择应考虑到零件的结构形状。形状复杂的工件淬火时易变形或开裂，在保证性能和不过多增加成本的前提下，选用淬透性好的合金钢，采用油淬可避免产生废品。

3）材料选择要与热处理工艺相适应，各种材料均有最佳的热处理工艺。例如，中碳钢在调质处理后可以获得优良的综合力学性能，表面加热淬火后可以获得较高的耐磨性；常用于制造仪表弹性元件的铍青铜一般可以通过固溶处理 + 时效处理来提高其硬度和弹性极限，而对于纯铜的强化，只能依靠塑性变形来实现。为了避免在选材上的不妥，设计人员应该对材料热处理后的组织性能有所了解。

4）尽量选用可简化热处理工序的材料。在保证使用性能前提下，应尽量选用工序简化的材料，既能满足产品质量要求，又降低了成本，如非调质钢的应用，低碳钢淬火代替中碳钢调质等。

5）所选用的材料不仅要具有良好的加工工艺性能，而且应容易加工成形，在加工过程中合格率高，是设计人员在选材时应该重视的问题。依据工件的加工工艺过程，材料应具有相应的良好的工艺性能，如铸造性能、锻造性能、焊接性能、机加工性能和热处理工艺性能等。

2. 热处理技术要求的确定

热处理技术要求一般是热处理质量检验的指标，在工件图样上标注的都比较简单。除了对硬度和变形量有要求外，有的零件还有局部热处理要求。对于表面强化工件，硬化层深度和心部硬度也是技术要求的内容之一。热处理技术要求应以满足零件使用性能为目标。

硬度是工件热处理最重要的质量检验指标，对于不少工件还是唯一的技术要求。这不仅是因为硬度试验快速、简便又不损坏工件，而且从硬度值可以推测其他力学性能。某些热处理工艺参数也是根据工件所要求的硬度值决定的。因此，合理地确定热处理后的硬度值将赋予工件以最佳的使用性能，对提高质量、延长寿命都有重要作用。

设计人员在确定硬度时，通常是根据工件工作时所承受的载荷，计算出零件上的应力分布，考虑安全系数，提出对材料的强度要求。根据强度与硬度关系，确定工件热处理后应具有的硬度值。确定硬度时，要避免照抄手册上的数据，应注重工件的实际工作条件和失效形式。例如，相同的冷作模具，用在精度高的冲床上时，要求模具硬度高些；但是如果冲床精度差、模具工作时所受的冲击能量大，为避免崩刃或折断，适当降低模具硬度，使用寿命反而延长。用40CrNi或35CrMo制造的10t大型模锻锤的锤杆，误认为受到冲击能量很大，将硬度定得很低，结果寿命反而缩短。根据失效分析，锤杆属于疲劳断裂，将锤杆硬度值由241～270HBW提高到38～43HRC，则使用寿命大幅度提高。

某些重要工件除了要求硬度值外，还必须规定其他力学性能指标。

1）强度与韧性的合理配合。通常钢铁材料的强度和韧性是互为消长的。对于结构零件，常用一次冲击韧度作为安全的判据，追求高韧性指标，而不牺牲强度，致使机械产品粗大笨重，寿命不长。相反，对于工模具，为了提高耐磨性而追求高硬度和高强度（抗扭强度），而忽视了韧性对减少模具崩刃和折断的作用，使用寿命也不长。因此，应对零件的工作条件和失效形式进行调查分析，根据强度与韧性合理配合来确定零件应选用的强度和韧性指标。

2）正确处理材料强度、结构强度和系统强度的关系。各种材料强度指标都是用标准试样测得的，它取决于材料的组织状态（包括表面状态、残余应力和应力状态）。零件结构强度受尺寸因素及缺口效应的影响，而系统强度则与其他零件的相互作用有关。在这三者之间存在很大的差异，如材料的光滑试棒疲劳强度高，但实物的疲劳强度可能很低。因此，对某些重要零件，根据模拟试验结果确定力学性能指标较为恰当。

3）组合件的强度匹配要合理。大量试验及实际使用表明，当组合件（如蜗轮蜗杆、链条链轮、滚珠与套圈及传动齿轮等）达到最佳强度匹配时，使用寿命可延长。例如，滚珠比套圈的硬度应高2HRC，汽车后桥主动齿轮的表面硬度比从动齿轮应高2～5HRC。同一种钢材经同种方法处理成相同硬度的摩擦副，耐磨性比较差。

4）表面强化的零件，心、表强度应合理匹配。表面强化零件（如渗碳淬火、碳氮共渗淬火、渗氮，感应淬火等）时，当硬化层深度一定时，心部应具有适宜的强度，使心、表强度达到最优的匹配状态，以保证零件具有高的使用寿命。如果心部强度太低，过渡区容易产生疲劳源，导致疲劳性能下降；如果心部强度太高，表面残余压应力小，疲劳寿命也不长。

5）环境介质的影响。在腐蚀、高温等特殊环境介质中作的零件，要采用相应的力学性能指标，如应力腐蚀门槛值 K_{ISCC}、蠕变极限 σ_{ε}^{T}、持久强度 σ_{t}^{T} 等。

硬化层深度的确定要考虑零件的使用性能、失效形式和节能等原则。

以磨损失效为主的零件，根据零件的设计寿命和磨损速度确定硬化层深度，一般不宜过厚，特别是工模具的表面硬化层过深会引起崩刃或断裂。

以疲劳破坏为主要失效的零件，根据表面强化方法、心表强度、载荷形式及零件的形状尺寸等因素确定硬化层深度，使其达到最佳硬化率。如渗碳和碳氮共渗齿轮，最佳硬化率为 0.1～0.15。

$$最佳硬化率 = \frac{最好的硬化层深度}{零件截面厚度}$$

为了热处理节能，硬化层不宜过深，有些专家对硬化层进行研究后认为，一般对渗碳淬火和高频感应淬火的硬化层规定偏深，如能适当减小硬化层深度可显著节约能耗。

各种材料经不同热处理后的显微组织，可按国家标准或行业标准进行评定，如中碳钢和中碳合金钢马氏体评级，渗碳或碳氮共渗的碳化物、残留奥氏体、心部铁素体的评级等。在技术要求中要标明合格品应有的显微组织级别，对于这些标准要严格执行，并根据零件的工作条件和失效形式通过试验对标准进行更新，使产品质量不断提高。尤其是当前关于组织与性能关系的研究成果很多，如淬火组织中铁素体形态及相对量对力学性能的影响，残留奥氏体利与弊的讨论，碳化物形态、数量及大小与强韧性关系的研究等，为进一步修正和完善各种显微组织评级标准提供了依据。但是也要防止不根据产品的实际情况，把一些不成熟的或片面的试验结果用作评级的依据，这对提高产品质量是不利的。

热处理畸变量是热处理质量的重要指标之一，是热处理质量控制的主要内容。设计人员应根据零件特点和工艺过程，合理提出允许畸变量。尽管影响热处理畸变的因素很多，但是畸变还是有规律的。热处理工作者应根据热处理畸变的理论和实践，采取具体措施，使热处理畸变值不超过设计规定的技术要求。

当热处理是工件加工过程的最后工序时，热处理畸变的允许值就是图样上规定的工件尺寸，而畸变量要根据上道工序加工尺寸确定。为此应与机加工部门协商，按照工件的畸变规律，在热处理前进行尺寸的预修正，使热处理畸变正好处于合格范围内。

当热处理是中间工序时，热处理前的加工余量应视为机加工余量和热处理畸变量之和。通常机加工余量易于确定，而热处理畸变量由于影响因素多，比较复杂，因此为机械加工留出足够的加工余量，其余均可作为热处理允许畸变量。

工件的结构、尺寸、形状对热处理畸变与开裂有很大影响。

1）零件截面力求均匀，以减少过渡区的应力集中及畸变开裂倾向。

2）工件应尽量保持结构与材料成分和组织的对称性，以减少由于冷却不均引起的畸变。必要时可开工艺孔，调整不同部位的冷却速度。

3）工件应尽量避免尖锐棱角、沟槽等，台阶处要有圆角过渡。

4）尽量减少工件上的孔、槽和肋（尤其是深孔、深槽、粗肋）。

3. 热处理工艺设计中的质量控制

热处理工艺设计中热处理质量控制的目标，是以低成本和高效率生产出高质量的热处理产品，为此应做好热处理工艺流程及规范的优化设计，编好热处理工艺技术文件，对工艺设计进行经济分析等。

热处理工艺设计的原则包括：

1）工艺要可靠，对不成熟的或本企业尚未掌握的工艺，需经过工艺试验及生产验证，鉴定后方可采用。

2）制订工艺方案时，如果选用新工艺技术，一定要根据新工艺所提供的组织性能特点，结合工件所选用的材料、工艺条件和失效形式，有针对性地采用新工艺。同时还要考虑采用新工艺的设备投资和经济效益。

3）防止简单引用国内外经验，要根据本厂生产实际，经常注意质量信息反馈，通过失效分析，不断改进产品质量，优化工艺参数。

4）要经济地利用能源，尽量采用节能工艺和设备。

5）安全生产消除公害。

6）尽量采用机械化、自动化程度高的工艺装备，不仅可以提高生产率，也有利于工艺过程的自动控制，保证热处理产品质量稳定。总之，制订热处理工艺，既要考虑工艺的先进性，也要注意经济性和安全性。

热处理工艺流程和工艺规范是热处理工艺设计中密切联系的两个问题。工艺流程也称工艺路线，它由一系列工序组成。热处理工艺流程是产品工艺流程的一部分，热处理工艺流程的设计实际上是确定热处理工序在产品工艺流程中的位置，以及所采用的热处理方案和方法。

在全面质量管理中，一切为顾客着想，满足顾客对产品质量的要求。在企业内部，上道工序把下道工序视为顾客，尽管各工序之间的关系不同于顾客和企业的关系，但都是为了保证产品质量，因此各工序间要密切配合、相互协作。

制订工艺流程时应注意以下几点：

1）热处理工序安排要合理，如淬透性差的钢材通常不进行毛坯调质。

2）采用新技术，简化热处理工艺。在保证零件所要求的组织与性能条件下，尽量使不同工序或工艺相互结合，如锻造余热淬火或正火。

3）尽可能缩短生产周期，如感应淬火用于大批生产时，宜采用感应加热回火或自回火。

4）有时为了提高产品质量、延长工件使用寿命，需要增加热处理工序，如工模具钢球化退火前的正火，淬火后的多次回火等。

5）对于形状复杂易畸变的工件，热处理后再进行精加工。

确定工艺参数是制订热处理工艺规范的主要工作，也是保证热处理质量的关键。尽管加热温度和加热时间是最主要的参数，但是仅确定这两个参数是不够的。随着热处理工艺水平的提高，需要控制的参数日益增多，而且各参数之间是相互影响互相制约的。

在确定工艺参数时，参考有关手册、图标、曲线、数据及经验公式都是非常必要的。但要使工艺参数优化，一定要结合具体工件和实际生产情况，如材料成分、材料的热处理工艺性能、工件的结构尺寸、工件的工作条件、使用性能和失效形式、热处理前的组织状态、热处理设备及工人的操作水平和操作方法等。

因此，优化热处理工艺参数，需要考虑各种因素对热处理质量的影响，并通过试验和生产验证进行综合分析。

4.3.2　热处理设备选择对质量的影响

热处理设备是实现热处理工艺、保证热处理质量、节约能源、降低成本的基本条件，应慎重选择。

1）选择设备应满足工艺要求。如对表面质量要求高的零件，应该选择有保护介质的加热炉，或在真空炉内加热；形状复杂工件要考虑装炉和冷却方式以减少畸变。

2）根据生产批量选择设备。

3）根据设备的工作特性，扩大设备的使用范围，提高生产效率，节约能源，降低成本。

4）热处理能源的选择应从生产成本、能源供应情况、操作与控制的可能性、环境保护等因地制宜地综合考虑。

4.3.3　热处理工艺设计中质量与成本分析

质量管理的基本责任，除了保证产品质量外，就是获得高的经济效益，经济效益的获得主要通过增产节约实现。此外，选择经济合理的工艺过程也是一个重要的方面。

热处理工艺设计的经济分析主要是进行工艺过程的成本计算。热处理成本以吨为计算单位，按工序分类。

热处理成本项目包括直接费用和间接费用，其中直接费用包含基本生产工人工资（包括附加工资及辅助工资）C_1、工艺材料消耗 C_2、燃料费 C_3、动力能源费 C_4、废品损失费 C_5、外协加工费 C_6 等，间接费用则包含设备折旧与维修费 C_7、工艺装备费 C_8、生产管理与行政管理费 C_9、质量管理费 C_{10} 及其他费用 C_{11} 等。

每吨零件的工序成本费为

$$C_{工序} = \sum_{m=1}^{p} C_m$$

式中，C_m 为工序中各项成本。

因此，每吨零件的热处理工艺成本为

$$C_{工艺} = \sum_{1}^{n} C_{工序}$$

式中，n 为工艺过程的工序数。

通过成本计算还可以了解哪些环节消耗费用最高，以便采取相应措施降低成本。在上述诸费用中，动力能源费、设备折旧费和废品损失费与经济效益的关系更为密切。因此，选用节能设备和工艺，提高设备利用率，减少废品，对降低热处理成本有很大的作用。

价值工程是一门科学的经济分析方法，其基本原理可用下式表示

$$V = \frac{F}{C}$$

式中，V为价值；F为功能；C为成本。

在一定条件下，对于机械产品，用价值的概念把技术和经济结合起来考虑，优化工艺方案，以求用最低的工艺成本获得必要的功能。功能分析是价值工程的中心，热处理产品中的功能通常是产品的力学性能指标或其他技术要求。

4.4 热处理中的质量控制

热处理中的质量控制是对热处理过程中所有能够对零件热处理质量有影响的因素实施控制，是热处理质量全面管理的一个组成部分。通过热处理质量控制，把零件热处理缺陷消灭在形成初期，确保产品质量合格，进而确保产品使用的安全性和可靠性。热处理中的质量控制内容包括常用热处理设备及仪表控制、工艺材料及槽液控制、工艺过程控制、质量检验和产品缺陷及其控制等。

4.4.1 热处理前的质量核查

为了确保热处理质量，在进行热处理之前，需要核查它们在热处理前的经历和有关原始资料、工件外观、形状及尺寸，从而掌握零件在热处理前的质量状况，堵截不良工件通过，并为随后正确施行热处理工艺和采取恰当控制措施提供信息。

热处理前的质量核查的项目通常都标注在相应的工艺技术文件或材料质量控制卡上，具体包括五个方面：原材料的供货状态、待热处理件的基本数据、热处前的加工方式、预备热处理的类型以及待热处理件的外观、形状和尺寸。对于以上这五个方面的核查项目，在具体实施时，依据零件的重要程度，应予核查的项目多少可以是不同的。以下项目验收合格后，零件方可进行热处理。

1. 待热处理零件的供货状态核查

零件的供货状态有多种，如已经历铸造、锻造、热挤压、冷拔、焊接、机械加工等工序。不同的供货状态，对零件的质量影响很大。通过核查，掌握零件供货状态，对不同供货状态可能出现的缺陷进行估计，并采取必要的工艺制止可能出现的组织缺陷。

不同的供货状态对零件质量的影响如下：铸造状态常见的缺陷——缩孔（包括集中缩孔和分散缩孔），破坏了铸锭的完整性，并使其附近含有较多的杂质，在以后的轧制过程中随铸锭整体的延伸而伸长，并且不能够焊合；铸造时形成的气孔（气泡）和夹杂物使金属组织不连续，给金属性能带来不利影响；锻造状态的缺陷——晶粒粗大，使锻件的塑性和韧性降低，疲劳性能明显下降；锻造状态的缺陷折叠，不仅减少了零件的承载面积，而且工作时由于此处的应力集中往往成为疲劳源；还有焊接中的层状撕裂、气孔；机械加工中的变质层、刀痕等；热处理中产生的过热、变形、开裂等都会降低零件的力学性能，降低零件的使用寿命。

2. 待热处理零件的基本数据核查

（1）材料牌号　检查材料牌号是否与技术文件的一致。

（2）化学成分　按国家标准的规定，核查待处理零件的化学成分是否符合国家标准，因为零件成分是制订热处理工艺参数的重要依据。

（3）拉伸试验数据和硬度试验数据　核查拉伸试验数据和硬度试验数据与前期处理工

艺所应实现的数据是否相符合。

(4) 金相组织 核查晶粒度、脱碳层深度、非金属夹杂物、微观及宏观组织等是否符合国家标准或技术文件要求。

3. 热处理前的加工方式核查

核查待热处理零件的前期加工方式是否与技术文件要求一致。热处理前的加工方式包括如下内容：冲压或拉制，冷轧或冷挤压，焊接方法，切削加工方法和切削量，热校正或冷校正的校正量等。

4. 预备热处理的类型核查

核查待热处理零件前期的预备热处理类型和工艺参数是否与技术文件要求一致，并考察其是否合理。预备热处理的类型包括正火、完全退火、球化退火、去应力退火及调质等。

5. 待热处理件的外观、形状和尺寸核查

(1) 外观 外观应无裂纹、无影响热处理质量的锈斑、氧化皮及碰伤等缺陷。

(2) 形状 零件尺寸应与工件简图中注明的主要尺寸符合。另外，对工件简图中注明的特殊形状部位、截面悬殊部位、孔的形状和位置是否对热处理有影响进行鉴定，确保这些位置在热处理后的变形在技术文件允许的范围之内。

(3) 尺寸 核查待热处理件的尺寸与精度，包括加工余量、表面粗糙度、尺寸精度、位置精度及形状精度等。

通过对外观、形状、尺寸的核查，制订合理有效的工艺方案，以减少热处理变形量，避免开裂。对每个零件都制作一个跟随零件的《材料质量控制卡》，并在卡片上填写零件的图号、名称、材料牌号、冶炼炉号、化学成分、生产批号以及各种热加工生产及性能试验的结果，随同零件在各工序所在不同厂周转。每一道工序或检验完成之后，由技术人员将结果填入卡片。下道工序必须经过核查，方可让零件进入本工序。所有工序完成后，由质量控制部门归档备查。这种《材料质量控制卡》是质量管理和质量控制的有效方法。

4.4.2 热处理加热质量的控制

热处理是通过改变材料内部组织结构，进而实现改变零件的性能的工艺。这个工艺通常都要先将零件放入热处理炉中，将零件加热到某一温度，为冷却转变做组织准备。因此，控制热处理炉的质量及其加热质量，对随后的组织变化和零件性能有直接影响。

1. 加热质量控制

加热质量需从几个方面来控制：加热后零件的表面质量、内部组织质量、加热变形。

表面质量：要求零件加热后表面无氧化和脱碳现象，无合金组元变化，无表面腐蚀。

内部组织质量：加热时主要控制晶粒大小、基体组织组成物的数量和均匀性、碳化物组织形态等。还有，基体组织不允许有欠热、过热或过烧现象出现。

加热变形：在加热过程中，避免产生热应力裂纹（尤其对大型零件）。这就要求保证：第一，炉内加热温度均匀；第二，防止炉内零件因放置不当造成温度不均匀而引起变形。

高质量的组织结构状态是不可一概而论的，要视零件的具体要求而定。例如，一般热处理要求加热后获得均匀的奥氏体基体，但在亚温淬火时，却要求奥氏体基体上有少量铁素体。又如，去应力退火工艺加热时，不要求形成奥氏体组织。所以，加热质量高低的判断标准，视具体零件要求不同是变化的。

2. 热处理炉的温度和质量控制

热处理工艺的加热是由热处理炉实现的。零件加热质量主要取决于热处理炉的质量和加热工艺。

（1）炉温均匀性控制　炉温是加热炉内感温元件（如热电偶）热端那一点的温度。显然，炉温均匀性和零件温度均匀性是两个不同的概念。热处理中，除极特殊情况外，零件温度的控制是通过炉温的控制来间接完成的。

由于炉膛各处的温度不均匀，为了保证在热处理过程中所有的工件和工件的所有部位均处于工艺要求的温度范围，热处理炉有效加热区内的所有区域的保温精度均应满足被处理工件的加热要求。热处理操作时，还要保证热处理工件均应摆放在热处理炉的有效加热区内。为了用炉温表征金属加热温度的相对值，要求感温元件在炉中的位置应固定。否则，即使炉温相同，被加热零件的温度也会随着变化。

保温精度是实际加热温度与工艺规定温度的精确程度。它的值是各检测点的温度真实值减去设定温度值，用所得到的最大温度偏差表示。

为判断热处理炉的有效加热区，在进行测定之前，根据热处理加热炉的结构设定测温空间，称为假设有效加热区。对于箱式电炉，其假设有效加热区可以按如下方法确定：距搁砖顶端50mm，距后壁50mm，根据炉膛大小距炉门长度可为炉膛长度的20% ~25%。井式电炉的假设有效加热区一般为炉罐内容积尺寸范围。对于无炉罐的井式电炉，假设有效加热区确定为距搁砖顶端50mm，距风扇下端50mm，距底部50 ~100mm。

（2）炉温均匀性及有效加热区的检测方法　炉子使用中要定期进行炉温均匀性检测，所以说炉温均匀性检测是一个经常性的工作。无论是空载试验还是装载试验，温度检测点的位置均按照热处理炉的形式和假设有效加热区的尺寸来确定。图4-3所示是炉温均匀性检测热电偶位置分布图。

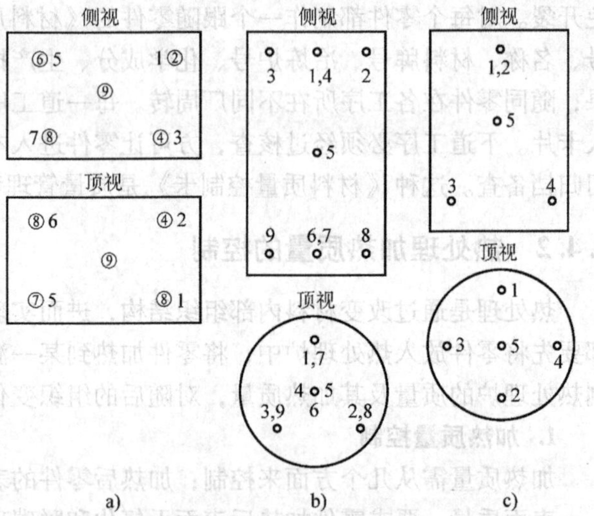

图4-3　炉温均匀性检测热电偶位置分布图

a）箱式炉　b）井式炉　c）盐浴炉

炉温均匀性检验的常用方法有：

1）位移法。利用一支装配式热电偶在炉内移动，测各个监测点的温度。此方法有一定的局限性，只能测量一个平面内同一条线上的几个点，适于炉膛尺寸较小的炉子。

2）多支热电偶测量法。按图4-3所示将多支热电偶布置在炉内，测各个监测点的温度。该法可以测量各种不同形状的炉膛，并可同时读数，生产上较适用。检测时，采用多点温度记录仪记录。在温度稳定前，每2min读一次数，到达稳定值后，每5min读一次数。读数最少要延续30min，并检查温度有无超调。通常每半年检测一次温度均匀性。

对于空气炉，每0.5 ~0.7m^3容积应有一支试验热电偶。试验热电偶最少为9支，最多为40支。对容积小于0.3m^3的炉子，可减为3支；对于盐浴炉，大约每1m^3的容积应有一支试验热电偶。试验热电偶最少为5支，最多为25支。

检测步骤和检测时的注意事项可参看GB/T 9452—2003《热处理炉有效加热区测定方法》。检测后应填写相应的检验单和合格证，供生产使用并归档备查。

检测炉温应遵循以下原则：

1）检验温度为空载条件下实际使用温度的最低值和最高温度。若该温度范围超过200℃，则应增加检验温度点，其间隔不得大于200℃。

2）若到达检验温度保温时间超过2h，有一个测试点温度不合格，即可判定该炉炉温为不合格。

3）气体氮化炉、气体渗碳炉或气体碳氮共渗炉，在炉温均匀性检验合格后，必须用试样检验渗层均匀性。试样按上、中、下三层放置，每层沿坩埚壁放4个试样，各呈90°。所有试样按工艺处理后，最大与最小渗层深度之差应符合一定要求。

4）不得将炉子预热到测量温度以上来减少稳定时间或改善温度均匀性。

5）控温和指示热电偶需固定位置，炉内插入深度一定，不能随意变更。

各检测点的温度偏差值是各检测点的测定温度值减去设定温度值，所得的最大偏差即为该热处理炉的保温精度。若各检测点的最大温度偏差均在工艺规定的保温精度范围内，则该空间即为所检测炉子的有效加热区。

（3）热处理炉测温仪表与温度控制系统　热处理使用的测量与控制仪表要求能准确地反映出炉子的真实温度，具有足够的精度、可靠性和稳定性。

各类热处理炉的温度指示记录仪表的刻度应能准确地反映出温度的波动范围。对于重要工件热处理加热炉，每个加热区至少应有两支热电偶，一支接记录仪表；另一支接控温仪表，其中至少有一个仪表并接报警装置，具备报警功能。

炉温自动控制系统有：位式控制、连续式调节和准连续式调节（断续PID调节）。位式控制结构简单，使用方便，价格低廉，但控温精度不太高。近年来连续式调节（PID调节）已广泛应用于热处理控温系统，PID调节系统能够对炉温进行较高精度的连续式调节。

对于现场正在使用的温度控制系统，必须定期作系统检定，系统检定用的标准电位差计，其精度不低于0.05级，分辨力不低于1μV。检定时检测热电偶与记录仪表热电偶的热端应靠近，检定应在加热炉处于热稳定状态下进行。当测试值（经误差修正后）与加热炉记录仪表的指示值之差，超过系统检定允许温度偏差时（表4-6），应查明原因、排除故障或进行修正。热电偶安装位置与插入深度应能反映炉膛真实温度，冷端要避免辐射热影响。

表4-6　系统检定允许温度偏差

热处理炉类别	允许温度偏差/℃
Ⅰ、Ⅱ	±1
Ⅲ、Ⅳ、Ⅴ、Ⅵ	±3

（4）热处理炉的质量控制　热处理炉的质量高低由两方面因素来决定，第一是热处理炉本身的质量，包括炉子结构的合理性、炉子密封性能，以及各种炉内构件、材料的质量等；第二是温度控制的准确度和炉内温度分布的均匀性，这些主要是由制造厂家和用户采购标准决定的。热处理质量控制要做的是正确地、合理地使用炉子，保证零件热处理质量。图4-4为炉温控制系统图。

为保证加热质量，所选择的测温系统的组合误差要在热处理工艺所要求的误差范围内。

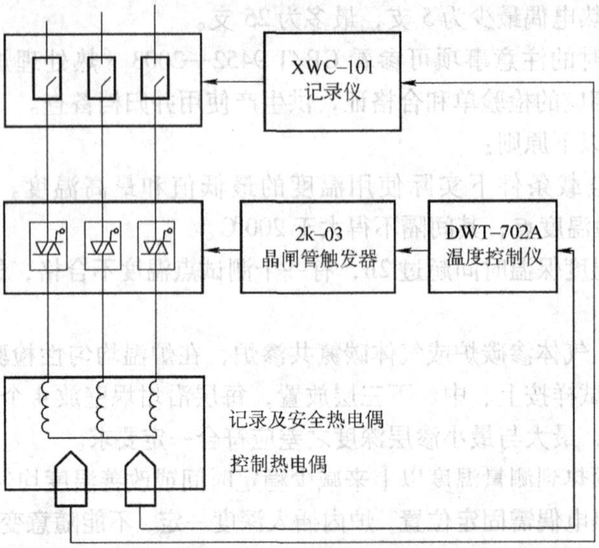

图 4-4　炉温控制系统

在现场，炉温控制系统所用的仪表、热电偶和补偿导线的误差值需先经过检测，测出其误差值，则系统误差值可近似地表示为：

$$\Delta_{总} = \Delta_1 + \Delta_2 + \Delta_3$$

式中，Δ_1、Δ_2、Δ_3 分别为测量仪表、热电偶和补偿导线的基本误差。

热处理炉必须安装具有较高精度的温度自动控制仪、记录仪和安全保护装置。要制订出对这些设备进行定期检查、校准和维护的规章制度，并要严格执行。

热处理炉内每 $1m^3$ 应安装有 1 支热电偶，并且每台炉子至少要有 2 支热电偶。其中的 1 支热电偶接自动记录仪，并起到安全保护装置作用。炉温允许的波动量是表示炉子实测温度与规定温度（即控制仪表的设定温度）之间的最大偏差。对炉温允许的波动量一般要求是：150 ~ 750℃时偏差为 ±5℃，750 ~ 1250℃时偏差为 ±10℃。

温度控制仪的精确度应为 ±0.3%，需要定期校准，以保证精度。温度记录仪的精确度应为 ±0.3%。在 750℃以下工作时，刻度标尺的间距应小于等于 4℃/mm；在 750℃以上工作时，刻度标尺的间距应小于等于 7℃/mm。由于环境温度变化，可能会有附加误差。

热处理炉的控制所用热电偶和检测用试验热电偶均需按期进行校准，通常使用三个月后的热电偶需要进行校准，其准确度应符合有关标准热电偶的要求。对镍铬/镍硅（K 型）热电偶、镍铬/锰白铜（E 型）热电偶相应的为 ±0.4% T；对铂铑/铂（S 型）热电偶为 ±0.1% T（T 为检定点的温度）。

需要注意的是，热电偶指示的温度总是比炉温的变化温度滞后。对于有保护套管的热电偶更是如此，保护套管的时间常数越大，这种滞后就越大。热电偶温度波动的振幅总是低于炉温波动的振幅，大惰性热电偶的波动振幅更低。因此，热处理炉工作时，要知道显示仪表显示的温度波动与炉中温度波动是有差的，尤其是蓄热量小的炉子更应注意。

炉温自动控制系统中，要根据炉子的不同结构与特性，选择合理的控制方式及最佳调节参数，实现对炉温进行最佳控制。

（5）热处理炉的气氛控制　热处理炉内的气氛控制直接影响热处理的加热质量。

1）气氛的种类和特点。热处理加热介质主要有可控气氛、真空、液体和固体介质等。可控气氛的作用是：保护加热零件的表面质量、对零件表面施行扩渗或脱逸处理。零件加热时总是被一定的气氛（或介质）包围。要根据热处理温度、零件材质、零件的质量要求以及成本，选择合适的热处理气氛。常用气氛的性质和种类见表 4-7。

表 4-7　常用气氛的性质和种类

性　质	种　类
惰性气体	Ar，He
中性气体	N_2，H_2（干燥氢），NH_3 分解气
氧化性气体	O_2，空气，水蒸气（H_2O），CO_2
还原性气体	H_2，CO，CH_4，C_3H_8，C_4H_{10}
脱碳性气体	氧化性气体，放热式气体
渗碳性气体	CO，CH_4，C_3H_8，C_4H_{10}，CH_3OH，C_2H_5OH
渗氮性气体	NH_3

生产中使用的气氛多为混合型气氛，常用混合型气氛的类型、用途等见表 4-8。

表 4-8　常用混合型气氛的类型、用途

气氛类型	用　途
由碳氢气产生的吸热式气氛	渗碳、淬火、正火、加热、退火、烧结
甲醇、酒精分解气	渗碳、淬火
由碳氢气产生的放热式气氛	回火、退火、铜的热处理低温热处理
分解氨	不锈钢退火、烧结
分解和部分燃烧氨	不锈钢退火、黄铜退火、烧结
纯氮	真空炉、钢的热处理
氩气	特殊用途
等离子	离子氮化、渗碳

2）可控气氛保护加热的控制方法。零件在进入可控气氛加热之前，需进行清洗表面的工作，避免表面附着物或锈斑等与气氛发生反应。对不同的钢种，要选择不同的保护气氛，例如，含铬较高的钢应选用氢气、氮气或分解氨气进行保护加热，而不宜选用易使钢中铬氧化造成表面贫铬的普通吸热或放热式气氛。应严格控制炉气成分、浓度以及使用温度范围，否则保护效果会受影响，更有甚者，会适得其反。对质量要求特别高的零件，高温回火时也需要保护气氛。另外，要注意防止炉内气氛泄露对环境产生污染。

3. 加热的表面质量控制

（1）表面裂纹的控制　与热处理冷却过程相比较，加热过程中产生裂纹的可能性较小。在加热时出现裂纹的零件，通常是那些导热性差的工具钢（特别是合金工具钢），由于受热不均产生较大热应力，易出现裂纹；或者是那些形状复杂、厚薄悬殊的零件，厚薄过渡处应力过大，易产生裂纹。还有，对于淬火出现问题又返回来重新进行热处理的零件，由于零件本身存有较大应力，易产生裂纹。所以，热处理加热时，对上述这些情况的零件应采取预热和控制加热速度等方法，保证不出现加热裂纹。

随着淬火温度的提高（加热速度也增大），产生裂纹的可能性增大。淬火温度过高所形成的裂纹的特征是：裂纹沿晶界分布，并在显微组织中可以看到过热特征，即晶粒粗大或马氏体呈粗针状。这是由于加热时热应力过大，钢的抗拉强度又低，所以易于开裂。

高速工具钢的淬火温度过高，易产生裂纹。例如，某锯片铣刀采用高速工具钢板制造，工件呈薄片状，中心加工圆孔与键槽，圆形铣刀圆周均布齿形切削刃，工件要求硬度为63～66HRC，生产中出现失效，部分工件出现开裂。对开裂锯片铣刀进行宏观检验发现，工件开裂大多发生在精磨平面及侧面的尖角处。开裂件的端口检验结果见表4-9，开裂铣刀大多存在氧化皮，这表明工件裂纹产生于热处理前；少数无氧化皮或轻微氧化工件，其裂纹源位于铣刀内孔键槽夹角处，如图4-5所示。通过分析研究认为，高速钢加热温度高，热应力和组织应力较大，而铣刀键槽部位是应力集中处，工件前期的机加工也产生了一定的残余应力，使键槽部位应力叠加造成此部位应力超过工件抗拉强度，从而产生裂纹并开裂；而淬火裂纹在磨削中因磨削应力过大，使工件开裂加大至断裂。

表4-9　开裂件的端口检验结果

断口特征	有氧化皮	有轻度氧化	无氧化
件数	52	5	3
所占比例（%）	86.7	8.3	5
分析	热处理前开裂	热处理后开裂	磨削加工开裂

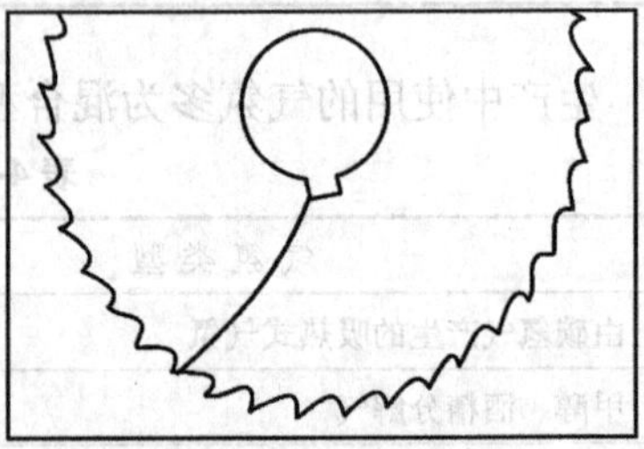

图4-5　热处理后的应力开裂件示意图

此外，铣刀开裂件黑色氧化皮严重，且裂纹源不在内孔键槽尖角处，说明工件裂纹始于热处理和开槽加工之前。经酸浸检验发现内孔边缘区域出现微裂纹，酸浸后裂纹检验数据见表4-10。

表4-10　铣刀冲切坯料酸浸后裂纹检验

尺寸规格/mm	$\phi200\times5$	$\phi200\times5$
数量	第1次8件	第2次6件
内孔有裂纹	2件	1件
废品率（%）	25	16.7

分析认为，大多数锯片铣刀裂纹产生于工件坯料冲切内孔加工时，由于钢板颜色深以及冲切后工件断口部位表面粗糙，微小裂纹不易被发现；而热处理后和磨削加工易使裂纹扩大开裂延伸，在磨光后使开裂暴露。另一方面，高速钢钢板硬度偏上限，工件强度高，塑性低，造成工件冲切加工时部分工件产生微裂纹，尤其大尺寸且厚度大的锯片铣刀冲切加工时，更容易产生微小裂纹冲裂现象。

综上分析，提出防止铣刀开裂失效的工艺改进措施如下：

1）铣刀冲切应分两道工序进行。

2）应改进热处理工艺。采用多次预热分级冷却或等温淬火工艺，使工件热处理时出现的热应力和组织应力明显减少；另外，工件淬火后冷至约100℃时及时回火，以减少工件因组织应力产生裂纹开裂缺陷。

3）磨削中控制一次磨削量不要过大，以减小磨削过热和磨削应力，防止出现磨削裂纹。

采用上述工艺改进措施后，高速钢锯片开裂失效问题得到解决。

（2）氧化和脱碳的控制　钢在加热时，表层中的铁及合金元素与介质中的氧、二氧化碳、水蒸气发生反应形成氧化膜的现象称为氧化。工件在大于570℃温度条件下发生氧化后，尺寸精度和表面光亮度恶化，具有氧化膜的淬透性差的钢易出现淬火软点。

钢在加热时，表层的碳与介质中的氧、氢、二氧化碳及水蒸气等发生反应，降低了表层碳含量称为脱碳。脱碳钢淬火后，表面硬度、疲劳强度、耐磨性降低，而且因表面产生残余拉应力易形成网状裂纹。

氧化和脱碳降低和恶化了零件的表面质量，所以热处理时要防止氧化与脱碳现象。热处理时，可以从以下两方面来考虑防止氧化和脱碳的发生：一是改变加热时与零件表面接触的介质的性质，可采用盐浴炉、可控气氛炉、真空炉加热零件；二是将加热零件与介质隔离，例如涂料、包套、装箱、保护气体等。每一种方法都有其特点，应该根据具体情况并兼顾经济性和生产效率选择适当的方法。

例如，对于有一定加工余量的高碳钢零件退火工艺，可采用强氧化性气氛热处理，这样，加热时虽能产生氧化皮，但不会脱碳。由于零件有加工余量，产生的氧化层可在退火后的机械加工中切削掉。

防止或减少加热零件氧化脱碳的控制方法见表4-11。

表4-11　防止或减少加热零件氧化脱碳的控制方法

序号	加热介质	控制的方法	适用的工艺
1	真空	①采用一定的压升率，即不大于0.67Pa/h ②充入高纯氮气或冷却气体，使保护气体得到净化	成本较高，一般用于热处理光亮、变形小的零件
2	保护气氛或可控气氛	①通入一定纯度的惰性气体或保护气体，例如氢气、氩气或98%以上的干燥氮气等 ②制备气氛可控碳势，如滴入酒精或甲醇等，使碳势接近或达到钢的含碳量	可进行大批量的热处理作业，进行连续化生产，表面状态较好
3	盐浴（氯盐、硝盐）	①严格按要求脱氧 ②中性盐添加木炭粉、碳化钙、碳化硅等活性组分 ③使用长效盐	进行批量生产，操作灵活，但辅助工作复杂
4	燃气炉或流动粒子炉燃烧产物	①合理调节燃烧比，使炉气呈还原性气氛 ②利用燃烧产物净化后通入炉内作保护气 ③通入一定比例高纯度的氮气 ④采用密封的保护罐或箱加热工件	可进行批量作业，效率高，成本低，温度的均匀性和质量稳定性差
5	空气	①工件埋入硅砂、铸铁屑装箱或添加木炭粉加热 ②采用不锈钢包套密封加热 ③采用密封罐抽真空或通入保护气氛 ④采用感应加热、激光加热等 ⑤已脱碳工件在吸热气氛中渗碳处理 ⑥工件表面涂防氧化脱碳涂料	多用于对表面的状态要求不严工件的加热处理，多在热处理后进行表面抛丸、喷砂或表面加工 装箱加热多用于热锻模、高速钢刀具等

零件在加热过程中，为防止零件表面氧化和脱碳，还可以采用在具有还原性的气氛中完成热处理。这种处理方法可以获得无氧化、不脱碳的光亮表面，提高了表面质量，也省去了酸洗、抛丸或喷砂工序，提高了作业效率，明显降低了生产成本。

对于火焰炉而言，假如炉气中的含氧量在2% ~4%范围内可以使用，如含氧量过高，可以通过减小送风量等措施降低氧化性气体，实现减少氧化和脱碳。

(3) 表面腐蚀和组元成分变化的控制　热处理加热时，表层成分的变化会对热处理零件质量和性能产生严重影响。常见的例子有：在重油炉内加热时，重油滴在零件表面上，会产生鳄皮状油痕；盐浴中加热时，零件表面粘上了撒在浴面起防止脱碳作用的木炭粉，并且熔化，常生成疣状小粒等。

防止出现表面腐蚀和组元成分变化的措施有：

1）保证热处理前零件表面洁净，防止表面沾有油污、盐迹或其他腐蚀性物质。

2）保证加热介质中不混入污物、杂质或不良气体。

4. 加热的内部组织质量控制

(1) 晶粒大小的控制　当奥氏体形成后，碳化物还没有全部溶解之前，奥氏体的晶粒就可能已经开始长大，而当碳化物完全溶解后，随着奥氏体化温度的提高或保温时间的延长，这种晶粒长大现象就变得越来越明显。晶粒长大是一个自发进行的过程，因为晶粒越大，单位体积的晶粒数就越少，即晶界表面积越小，因而界面能或整个系统的亥姆霍兹自由能越低。晶粒指的是室温下稳定组织的晶粒，例如可以是铁素体晶粒或奥氏体晶粒，但这都是由高温时的奥氏体转变的或留存下来的，高温时的奥氏体晶粒越小，室温时的组织也越细小。可以说，在钢的加热过程中，对其性能影响最大的组织因素是奥氏体的晶粒大小。

控制奥氏体的晶粒度可以采用以下措施：

1）选择合理的加热温度和加热时间。当奥氏体转变刚刚完成，即新形成的奥氏体晶粒全部互相接触时，奥氏体的晶粒是很细小又很不均匀的，先形核的晶粒长得较大，向时晶界弯曲，能量较高。因此，在随后的保温或加热过程中，晶粒会长大。晶粒长大的驱动力是晶界亥姆霍兹自由能（界面能），晶粒长大时，晶界朝着其曲率中心移动，结果使一些晶粒长大，另一些晶粒缩小直至消失。

纯金属和单相合金在等温条件下进行正常晶粒长大时，晶粒平均直径的增加服从下面经验的公式：

$$D = kt^n$$

式中　D是晶粒平均直径；t是加热时间；k、n分别为与材料和温度有关的常数。

如果用对数标示D与t的关系，上式将为一条直线，n为其斜率。一般材料的n值通常小于0.5，典型值为0.3。所以，必须同时控制加热温度和保温时间，若加热温度高，保温时间应相应缩短，才能获得细小的晶粒。

2）选择合理的加热速度。加热速度越大，过热度越大。高温下奥氏体的晶核形成率与长大速度之比增大，才可获得细小的起始晶粒度。高温下晶粒极易长大，故保温时间延长，晶粒会粗大。连续加热时，奥氏体晶粒度级别与加热速度和温度的关系如图4-6所示。由图可见，加热速度越大，在同一温度得到的奥氏体晶粒越细，此图对于制订快速加热时的热处理工艺有十分重要的参考价值。

3）选择适当的原始组织。原始组织主要影响起始晶粒度。原始组织越细，碳化物分散度越大，所得到的奥氏体起始晶粒就越细小。因此，细珠光体获得的奥氏体起始晶粒总是比粗珠光体得到的要细小、均匀。原始组织为非平衡组织时，碳化物的分散度越大，奥氏体起始晶粒也越细小。某些钢采用较快速度加热到 $Ac_1 \sim Ac_3$ 之间的高温区域或者稍高于 Ac_1 点时，非平衡组织有可能得到比平衡组织更为细小的起始奥氏体晶粒。

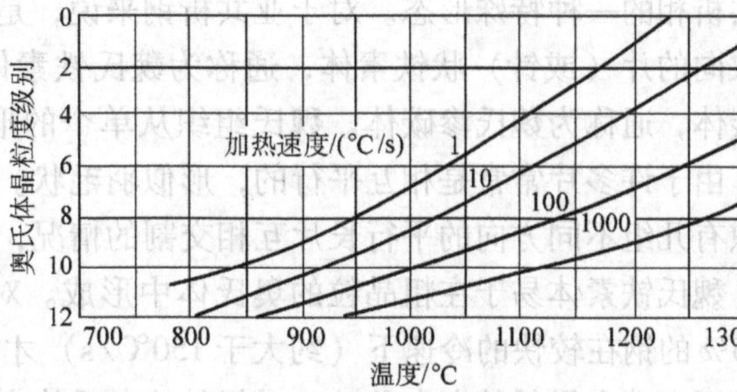

图 4-6　50CrMo4 钢连续加热时奥氏体晶粒度与加热速度和温度的关系

4）适当控制第二相颗粒的形态。第二相颗粒通过阻止晶界迁移，从而阻碍晶粒长大。如果存在足够数量的第二相颗粒，即使是一个很弯曲的晶界也很难移动。钢中的合金元素，如 Cr、Mo、W、V、Ti，它们能够在晶界上形成十分弥散的化合物，对晶界迁移（晶粒长大）起机械阻碍作用；有的合金元素（如硼及少量稀土元素）主要吸附在晶界上，降低晶界的能量，减小晶粒长大的动力。

生产中常利用强碳化物和氮化物形成元素铝、钛、钒、铌等过渡族金属控制奥氏体晶粒度。因为它们可以在钢中形成弥散分布的颗粒，阻止奥氏体晶粒长大。这种情况下，要求钢中含有足够数量的碳，以便与合金元素形成碳化物。否则，多余的金属元素将溶入奥氏体和铁素体。用 Al 脱氧的钢中存在大量难溶的 AlN，晶粒长大倾向小。用 Si、Mn 脱氧的钢中没有这种稳定的高度弥散的第二相颗粒，故晶粒长大倾向大。

（2）基体组织的控制　基体组织的控制措施如下：

1）基体组织的均匀性。加热时，钢中碳化物的溶解和奥氏体成分均匀化都需要一定的时间。奥氏体均匀化程度取决于加热温度和保温时间。生产中钢在加热时，由于温度和时间的限制，奥氏体的成分往往不能完全均匀。研究与实践均表明，奥氏体中存在未熔碳化物或铁素体，此外还有某些非金属夹杂物，这些都会促进转变组织的形核，加速组织的转变，所以不仅过共析钢采用不完全淬火，在某些应用条件下，亚共析钢也采用不完全淬火。

合金钢加热时奥氏体的均匀化包括碳的均匀化和合金元素的均匀化两个方面。由于碳化物形成元素主要在碳化物中，非碳化物形成元素主要在铁素体中，合金元素本身在奥氏体中的扩散很慢，例如钼、钨、铬、镍、锰等在奥氏体中的扩散系数要比碳低 3～5 个数量级，碳化物形成元素的存在又会减小碳在奥氏体中的扩散速度，因而合金钢的加热温度比同类碳钢要高，保温时间要长，且不易获得均匀的基体组织。

2）欠热、过热和过烧。欠热通常发生在亚共析钢淬火工艺中，欠热组织特征是组织中出现铁素体，造成淬火钢硬度不足。欠热是由于加热温度低于正常奥氏体化温度或者加热保温时间不足引起的，属于不合格组织。亚共析钢淬火出现欠热组织时，需要重新进行淬火。对于大型工件，需重新退火后，再淬火。

过热是指钢在加热时奥氏体晶粒粗化，粗大的奥氏体晶粒淬火后得到粗大的马氏体组织，导致钢的强韧性降低，脆性转变温度升高，增大淬火时的畸变开裂倾向，使工件性质变脆。过热是由于加热温度过高或在高温下保温时间过长引起的。过热组织经退火、正火或多次高温回火后，再在正常加热条件下重新奥氏体化，可使晶粒重新细化。

热处理加热时需严格防止过热现象发生，因为过热可能使钢出现魏氏组织。魏氏组织是先共析相的一种特殊形态。对于亚共析钢来说，是指从晶界向晶内生长形成的一系列具有一定取向的片（或针）状铁素体，通称为魏氏铁素体；对于过共析钢来说，是指类似形态的渗碳体，通称为魏氏渗碳体。魏氏组织从单个的形态来看虽呈片（或针）状，但从整体来看，由于许多片常常是相互平行的，形似羽毛状。有时在一个原奥氏体晶粒内也可看到魏氏组织有几组不同方向的平行长片互相交割的情况，从而呈现为三角形分布。

魏氏铁素体易于在粗晶粒的奥氏体中形成。对细晶粒奥氏体来说，只有 w_C = 0.15% ~ 0.35% 的钢在较快的冷速下（约大于150℃/s）才能形成魏氏铁素体，并随冷速增大，使该形成区向碳含量低的方向移动；对粗晶粒奥氏体来说，形成区向碳含量高的方向扩展，而且在相当小的冷速下就会形成魏氏铁素体。

对一般低、中碳钢来说，不论奥氏体晶粒粗细，只要冷却速度（或等温温度）适宜，均有出现魏氏铁素体的可能，但是当奥氏体晶粒粗大时，出现这种组织所对应的钢的碳含量范围要宽些，而且在较慢的冷速（如退火）下就能形成。魏氏组织会引起钢的强度、韧性和塑性降低、韧脆转化温度升高，魏氏组织对钢力学性能的影响见表4-12。

表4-12　魏氏组织对钢力学性能的影响

组织状态	力学性能				
	σ_b/MPa	σ_s/MPa	δ_5（%）	ψ（%）	a_k/(J/cm^2)
魏氏组织	5.2	3.4	9.5	17.5	12.7
粗大晶粒组织	6.3	3.3	15.5	24.5	15.7
细小晶粒组织	6.7	4.4	26.1	51.5	52.9

钢的晶粒粗大是形成魏氏组织的重要原因，因此，在钢进行热加工时应严格防止其过热。一般在钢中存在不严重的魏氏组织时，是可以正常使用的。但当奥氏体晶粒粗大、魏氏组织严重时则应设法消除，常用的办法是采用退火或正火。如果魏氏组织程度极其严重，可采用二次正火（第一次正火温度较高，第二次较低）。在实际生产中，工件经热加工后一般都还要进行最终热处理（淬火、回火），因此，魏氏组织即自然被消除。

过烧是指加热温度过高，不仅引起奥氏体晶粒粗化，而且晶界局部出现氧化或熔化，导致晶界弱化。引起过烧的原因与过热的原因相同，是由于加热温度过高或在高温下保温时间过长引起的。钢过烧后性能严重恶化，淬火时形成龟裂。过烧组织无法挽救，只能报废。

（3）碳化物组织的控制　碳化物的控制措施如下：

1）碳化物组织形态对性能的影响。碳化物的尺寸、形态、分布和数量对钢的性能（如韧性、疲劳强度、硬度和耐磨性等）有着显著影响。两相合金中，碳化物以细小弥散、球状均匀分布为好，碳化物数量越大，弥散度越大，则合金的屈服强度越高。应避免沿晶界网状分布和粗大块状、带状偏析形态。两相合金中第二相的大小、形状、分布以及与基体之间的性能差异，均对 a_K 值有影响。第二相越细小，韧性越好；第二相为球状，韧性好；如第二相沿基体相晶界呈连续网状分布，一般情况下韧性最差；第二相与基体性能比较接近时，韧性较好。在马氏体组织中沿晶界分布的网状碳化物，会使钢的抗弯强度降低到原来的1/3。因此，过共析钢淬火前要球化处理，使碳化物成为球状。研究指出，高碳钢中，当碳化物直径大于1μm 时，在较高的应力下，裂纹往往发源于碳化物质点处。有研究者发现，当钢中碳含量一定时，其断裂韧度随碳化物质点平均距离的减小（通过碳化物细化）而增加。可见，细化碳化物并使之均匀分布是改善高碳钢强韧性的一个有效途径。含细颗粒（0.5～1.0μm）的钢比含粗颗粒（2.5～3.5μm）碳化物的钢接触疲劳寿命要高得多。如果未溶碳化物呈带状分布，则在高碳的碳化物带内易生成脆性较大的针状马氏体，最易成为接触疲劳微裂纹发源地，故必须避免碳化物的带状分布。在相同硬度下，碳化物相越多，耐磨性也越好。如果不是为了提高耐磨性，则应尽量避免剩余碳化物。

2）几种碳化物组织缺陷及控制。碳化物的类型及控制措施如下：

① 网状碳化物。过共析成分（包括渗碳表层）钢中的网状碳化物，使钢的强度和韧性下降。可以用球化退火消除，为使碳化物球化效果好，可用正火后再进行球化退火的方法防止网状碳化物析出。

渗层中的细网状碳化物可用一次淬火法消除，但淬火温度较正常的略高，如12CrNi3A、12Cr2Ni4A钢，经850℃加热淬火，既消除了细网，中心组织也未粗化。

② 呈条状偏析的碳化物。在特厚的高合金工具钢大型压延材料中，有时会看到碳化物多和少的部分交互成条纹状存在的现象，称之为碳化物条状偏析，这是钢锭中生成的枝晶偏析沿压延方向伸长所致。如果奥氏体化时仍保留了这种形态，就将引起淬火回火后的硬度和其他力学性能的局部差异，从而降低零件使用寿命。

对这种有偏析材料所做的试验表明，碳化物少的部分，由于基体固溶的碳化物少，其硬度比碳化物多的部分要低70HV左右。此外，奥氏体晶粒度也会产生明显差别，所以，用这种材料制成的模具比用质地均匀的材料制成的模具的硬度要差。

可以采用均匀化退火的工艺，能够消除碳化物条状偏析。

③ 控制碳化物尺寸提高零件寿命的实例。高温固熔化后采取淬火，不仅可以抑制先共析碳化物的析出，而且淬火得到的马氏体+残留奥氏体组织，经高温回火后，可得到球状的碳化物，并呈均匀弥散的分布。退火的GCr15钢料经1050℃，30min加热后在沸水中淬火，并随即进行高温回火（740℃，2h），可使其碳化物平均粒度细化到0.3μm。又如，为了提高T8钢冲头的韧性和耐磨性，以调质处理（800℃加热、水－油冷，560℃回火2h）代替球化退火，经低温淬火（750℃加热，水－油冷）+280～300℃回火后，可消除大块崩刃现象，并使寿命提高10倍。

5. 加热的其他控制参数

（1）预热温度的控制　为防止形状复杂的零件、大型零件和高合金钢零件在加热时产生变形和开裂，在适当控制加热速度的前提下，还要对其进行预热。预热温度的选择，应遵循以下规则：

1）以500℃左右为预热温度。钢在500℃时将从弹性体变成塑性体，一旦产生塑性变形，就不能像弹性体那样再回复到原有状态，于是变成加热变形下来。所以，可采用这一弹塑性转变温度为低温预热温度。

2）将相变点下的温度作为预热温度。钢在加热时会膨胀，到达相变点又会突然收缩。为了顺利解决这种先胀后缩的矛盾，在A_1相变点下附近的温度应该略有停顿。普通钢的A_1相变点下是指650～700℃，高速钢等则为800～850℃。

对于要求高的零件，可以二次预热法，即采用500℃和A_1相变点下两个温度进行两段预热，或者采用三段、四段预热均可。但太多段预热，生产效率会下降。

（2）奥氏体化温度的控制。工件热处理加热温度的是根据化学成分（即合金相图）确定。亚共析钢完全退火加热温度是 $Ac_3+30\sim50$℃，共析钢和过共析钢球化退火加热温度是 $Ac_1+20\sim30$℃。但是，同一种钢材的淬火加热温度并不是固定不变的，为了获得良好的组织与性能，可以在一定范围内优化加热温度。

（3）加热保温时间的控制。热处理加热保温时间由两个部分组成：一部分是工件达到热处理规范所要求温度的时间，整体热处理应为工件心部达到要求温度的时间；另一部分是完成组织转变及其他热处理目的所要求的组织结构状态变化所需要的时间。在 Ac_1 以上某温度保温时，奥氏体并不立即出现，而是保温一段时间后才开始形成，这段时间称为孕育期。因为形成奥氏体晶核需要原子的扩散，而扩散需要一定的时间。随着温度的升高，原子扩散速率急剧加快，相变驱动力迅速增加，同时奥氏体中碳的浓度梯度显著增大，奥氏体的形核率和长大速度增高，故转变的孕育期和转变完成所需时间也显著缩短。加热温度越高，转变的孕育期和完成转变的时间越短，即奥氏体的形成速度越快。

在影响奥氏体形成速度的诸多因素中，温度的作用最为显著，同时保温时间也能对奥氏体形成造成一定影响。实验表明，在较低温度下长时间加热和较高温度下短时间加热都可以得到相同的奥氏体状态。可以采用计算方法或经验方法确定加热时间，最常用的是经验法，因为在热处理时影响加热的因素很多，采用计算法时这些因素还需要通过实验来确定。

需要指出的是，保温时间应尽量缩短，这样既节能，又能延长炉子使用寿命，能够有利于提高零件内部质量。例如，T10 钢退火时，若在 780 ~ 800℃长时间加热，珠光体基体上将分布不均匀的二次碳化物，并在晶界析出大量石墨，造成不合格组织的产生。

4.4.3 冷却质量的控制

1. 冷却质量的判断

冷却质量主要从三个方面判断：冷却后得到的组织结构状态、应力类型和大小、外观质量。判断冷却质量高低的最主要依据是，零件冷却后是否获得了能最大限度满足使用性能要求的组织结构状态。零件在冷却过程中，均会产生热应力和组织应力。内应力的类型和大小对零件的性能有很大影响，通常应尽力减少内应力的产生。外观质量是判断冷却质量标准之一，通常要求零件在冷却过程中不产生氧化、脱碳、表面腐蚀和组元成分变化。变形和开裂是冷却过程中产生的质量问题，后面章节将详细介绍。

冷却质量与加热质量密切相关。在控制好加热质量的前提下，再严格控制冷却质量，才能获得满意的组织结构状态，从而获得较好的性能。

2. 淬火冷却的质量控制

（1）淬火效果的评价　评价淬火效果的两个指标是淬透性和淬硬性。淬透性指钢在淬火时能够获得马氏体组织的能力，它是钢材固有的一种属性，主要取决于钢的淬火临界冷却速度的大小。其他影响因素还有：基体中合金元素含量，原始组织，奥氏体晶粒大小，零件尺寸，冷却介质的冷却能力。

淬硬性指钢在正常淬火温度下，能够达到的最高硬度。淬硬性主要取决于淬火加热时固溶于奥氏体中的含碳量。固溶于奥氏体中的含碳量高，则淬火后马氏体的硬度越高。其他影响淬硬性的因素还有零件尺寸和淬火冷却介质的冷却能力。

为了控制冷却质量，必须充分把握影响零件淬硬性和淬透性的各因素。

（2）淬火冷却介质的冷却能力及其影响因素　奥氏体化和奥氏体化后冷却这两个过程对冷却质量都有影响。其中，冷却过程影响更大、更复杂。而冷却过程中产生的质量问题，绝大多数都与所采用的冷却介质有关。

淬火冷却介质的种类很多，根据其物理特性，可分为两大类：一类是淬火时发生物态变化的淬火冷却介质，称为有物态变化的淬火冷却介质；另一类是淬火时不发生物态变化的淬火冷却介质，称为无物态变化的淬火冷却介质。

作为淬火冷却介质，其一般的要求是：无毒、无味、经济、安全可靠；不易腐蚀工件，淬火后易清洗；成分稳定，使用过程中不易变质；在过冷奥氏体的不稳定区域应有足够的冷却速度，在低温马氏体区域应具有较缓慢的冷却速度，以保证淬火质量；在使用时，介质粘度应较小，以增加对流传热能力和减少损耗。

1）有物态变化的冷却介质。有物态变化的冷却介质，包括水质淬火冷却介质、油质淬火冷却介质和水溶液等。淬火冷却介质的沸点大都低于工件的淬火加热温度，所以当赤热工件淬入其中后，它便会汽化沸腾，使工件剧烈散热。此外，在工件与介质的界面上，还可以辐射、传导、对流等方式进行热交换。

① 冷却介质的冷却能力　冷却介质的冷却能力是指冷却介质本身的冷却速度，也就是介质从零件表面夺走热量的能力。这是介质本身具备的一种能力。在判断冷却介质性能时，都以冷却能力为标准。

决定介质冷却能力的是介质本身的物理性能。图 4-7 所示是有物态变化的冷却介质的冷却曲线，由四个阶段组成。改变曲线的不同阶段可以改变对冷却介质的冷却能力。例如，使蒸气膜阶段延长，能降低介质的冷却能力，造成冷却不均匀，并易出现软点等缺陷；增大沸腾阶段，能提高冷却能力。蒸气膜阶段与对流阶段短而沸腾阶段长的介质，即特性温度（蒸气膜开始破裂的温度）高，沸点低的介质，其冷却能力强。决定介质冷却能力的因素，有介质本身的下列物理性质：汽化热、蒸气压、比热容、热导率、表面张力和粘度等。

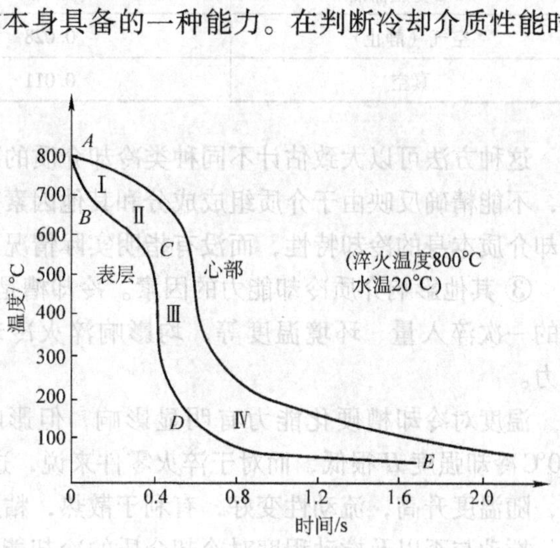

图 4-7　冷却曲线的四个阶段

Ⅰ—沸前阶段　Ⅱ—蒸气膜阶段

Ⅲ—沸腾阶段　Ⅳ—对流阶段

② 冷却介质冷却能力的评定。实验测定冷却介质冷却能力的方法有冷却曲线法、冷却时间法、冷却强度 H 值等，用冷却强度 H 值来进行相对比较较为直观。

为了反映不同介质对工件的冷却能力，并便于相对比较，规定以 18℃ 静止水的冷却能力作为标准，定义其冷却强度 $H=1$。如某介质的 $H>1$，则表示其冷却能力比静止水大；若 $H<1$，则表示其冷却能力比静止水小。常用淬火冷却介质的 H 值见表 4-13。由表可看出，水温对其冷却能力的影响较大，50℃的水在过冷奥氏体不稳定区域（650～550℃）的冷速比 50℃的矿物油还要慢，然而在马氏体转变区又与 18℃的水几乎一样，这说明水温升高对淬火是不利的。

表 4-13 常用淬火冷却介质的 H 值

淬火冷却介质		冷却强度 H	
		在 650 ~ 550℃区间	在 300 ~ 200℃区间
水	0℃	1.06	1.02
	18℃	1.00	1.00
	26℃	0.84	1.00
	50℃	0.17	1.00
	74℃	0.05	0.74
	100℃	0.044	0.71
18℃ w(NaOH) 10%水溶液		2.00	1.10
18℃ w(NaCl) 10%水溶液		1.83	1.10
18℃ w(Na_2CO_3) 10%水溶液		1.33	1.00
50℃菜籽油		0.33	0.13
50℃矿物油		0.25	0.11
50℃变压器油		0.20	0.09
空气（静止）		0.028	0.007
真空		0.011	0.004

这种方法可以大致估计不同种类冷却介质的冷却能力，能够指导对冷却介质的选择。但是，不能精确反映由于介质组成成分和其他因素变化对冷却能力的影响，即该法仅仅表示了冷却介质本身的冷却特性，而没有指明实际情况下的硬化能力。

③ 其他影响介质冷却能力的因素。冷却槽是否具有散热功能（如循环功能）、容积、零件的一次淬入量、环境温度等，均影响淬火冷却介质的温度，因而影响冷却介质的硬化能力。

温度对冷却槽硬化能力有明显影响，但影响规律随介质而异。如 50℃的水在 650 ~ 550℃冷却强度 H 很低，而对于淬火零件来说，这个温度要求有高的冷却速度；而油与水相反，随温度升高，流动性变好，有利于散热，粘度大的油变化更明显。

搅动与否以及搅动程度对冷却介质的冷却能力均有影响。表 4-14 列出了搅动程度对各种介质冷却强度 H 值的影响。当零件表面温度低于介质的特性温度时，搅动冷却槽中的冷却介质会加速气泡运动速度，增大介质的换热系数。当零件表面温度高于介质特性温度时，零件搅动或冷却介质循环都能破坏稳定的蒸气膜，使冷却第三阶段提前到来，提高冷却速度

表 4-14 搅动程度对各种介质冷却强度 H 值的影响

搅动程度	空气	油	水	盐水	盐浴（204℃）
静止	0.008	0.25 ~ 0.30	0.9 ~ 1.1	2.0	0.5 ~ 0.8
轻微搅动	—	0.30 ~ 0.35	1.0 ~ 1.1	2.0 ~ 2.2	—
中等搅动	—	0.40 ~ 0.50	1.4 ~ 1.5	—	—
激烈搅动	0.20	0.80 ~ 1.10	4	—	2.25
端淬喷水	—	—	2.5	5.0	

并使零件冷却均匀。有时，零件搅动和介质循环配合使用，零件表面能受介质均匀地冲刷，硬化效果好，对消除软点、减少变形与开裂有好作用。

若冷却介质中混入其他物质，对其硬化能力有大的影响。如淬火水槽中混入肥皂，因蒸气膜阶段延长，使硬化能力降低。淬火水槽中加入一定量的食盐，则可明显提高硬化能力，对防止淬火软点非常有效。

2）无物态变化的冷却介质。无物态变化的冷却介质的沸点都高于工件的淬火加热温度，所以当赤热工件淬入其中时，它不会汽化沸腾，而只在工件与介质的界面上，以辐射、传导和对流的方式进行热交换。

这类介质主要指熔盐、熔碱及熔融金属，多用于分级淬火及等温淬火。其传热方式是依靠周围介质的传导和对流将工件的热量带走。因此，介质的冷却能力除取决于介质本身的物理性质（如比热容、导热性、流动性等）外，还和工件与介质间的温度差有关。当工件处于较高温度时，这种介质的冷速很高，而当工件接近于介质温度时，冷速则迅速降低。经常使用的硝盐浴冷速与油相近，硝盐浴中的含水量对其冷却能力影响很大，含水量增加，易使工件周围的硝盐沸腾而提高其冷却能力。对于高合金钢工件，由于其导热性较低，不宜冷得太快，应尽量减少硝盐中的水分。为此，可将其加热到 260～280℃，保温 6～8h，以消除水分的不良影响。

除硝盐浴外，碱浴也用得较多，碱浴的冷却速度要比硝盐浴大些。

（3）冷却介质的选用　选择冷却介质主要考虑钢种和零件的技术要求（如硬度、变形度等）以及淬火槽的冷却特性。一般来说，碳素钢通常选用水和盐水进行淬火，普通合金钢用油进行淬火，而高合金钢选用空气淬火就可以完成。但这些不是绝对的，应该巧妙地利用冷却介质的特性来达到零件的技术要求并避免产生冷却缺陷。例如，有一种形状复杂的针阀体，由 GCr15 钢制造，要求硬度 53HRC。根据传统的方法，原工艺采用盐浴加热后油淬，但出现硬度不匀和腐蚀问题。改用水爆淬火，即盐浴加热后先在 74℃ 热水中浸淬 1s（爆盐），再转入油冷，结果，其硬度略高于油淬的硬度，且硬度均匀，没有腐蚀和开裂现象。

近年来发展起来的水溶性淬火液（聚合物淬火液）是一种无公害淬火液，这类淬火冷却介质溶于水，它的冷却性能可以随介质浓度的不同而变化，因此，可根据需要调整溶液的浓度，进而调整介质的冷却性能。它在高温阶段冷却速度接近于水，在低温阶段冷却速度接近于油。其优点是无毒、无烟、无臭、无腐蚀、不燃烧、抗老化、使用安全可靠，且冷却性能好，冷却速度可调，适用范围广，工件淬硬均匀，可明显减少变形和开裂倾向，因此，能提高工件的质量，改善工作环境和劳动条件，给工厂带来节能、环保、技术和经济效益。目前，有机聚合物淬火冷却介质应用还不十分广泛，只在大批量、单一品种的热处理上有应用。采用有机聚合物淬火冷却介质比用淬火油更经济、高效、节能。从提高工件质量、改善劳动条件、避免火灾和节能的角度考虑，有机聚合物淬火冷却介质有逐步取代淬火油的趋势，是淬火冷却介质的主要发展方向。

（4）淬火组织的控制　钢经奥氏体化冷却后可以转变成不同的组织。奥氏体化后冷却方法有两种：连续冷却和等温冷却。冷却结束后获的组织，取决于零件的实际冷却曲线、等温转变图和 *Ms*、*Mf* 点的位置。连续冷却转变示意图如图 4-8 所示，当冷却曲线通过相应转变区时，组织中就会有相应的转变产物。当零件的冷却速度大于曲线 1 时，组织中全部获得马氏体和少量残留奥氏体；零件按曲线 2 冷却后，获得贝氏体和马氏体组织；零件按曲线 3

冷却后，获得铁素体和珠光体组织。所以，冷却后要得到什么组织，就要控制等温转变图的位置、冷却曲线的位置以及影响各曲线位置的因素。

1）等温转变图的位置的控制　等温转变图的形状多种多样，影响其形状的因素很多。重要的有钢的化学成分、合金元素和奥氏体形态等。

① 含碳量。图4-9为亚共析钢和过共析钢等温转变图。亚共析钢过冷奥氏体等温转变曲线中，随奥氏体中碳的质量分数的增加，铁素体、珠光体转变部分逐渐向右移。过共析钢过冷奥氏体等温转变曲线中，随奥氏体中碳的质量分数的增加，渗碳体、珠光体转变部分向左移。贝氏体转变部分则都随含碳质量分数的增加向右移。另外，随奥氏体中含碳质量分数的增加，点 *Ms* 及点 *Mf* 降低。

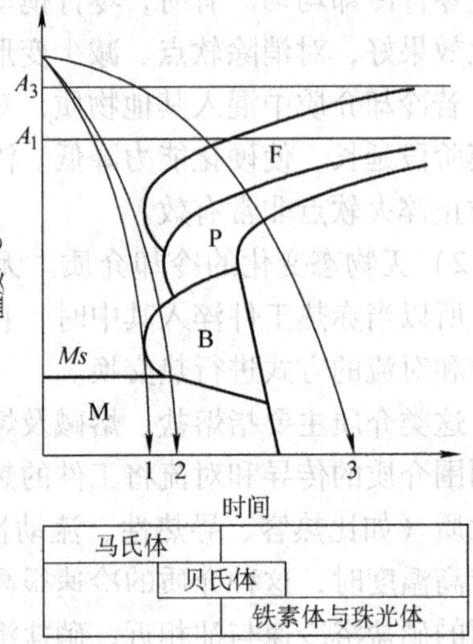

图4-8　连续冷却转变示意图

合金钢中碳含量对等温转变图的影响比较复杂。它实际上是一种复合作用，这里不作讨论。

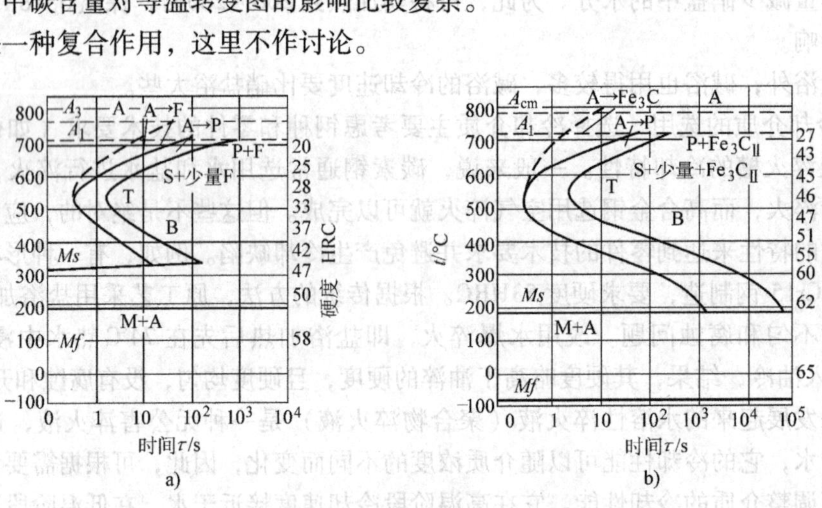

图4-9　亚共析钢和过共析钢的等温转变图

a）亚共析钢等温转变图　b）过共析钢等温转变图

② 合金元素。一般来说，除Co和 $w_{Al}>2.5\%$ 以外的所有合金元素，溶入奥氏体中都会增加过冷奥氏体的稳定性，使过冷奥氏体等温转变曲线向右移，并使点 *Ms* 降低。其中Mo的影响最强烈，W、Mn和Ni的影响也很明显，Si和A1的影响较小。钢中加入微量的B可以明显地提高过冷奥氏体的稳定性，但随质量分数的增加，B的作用逐渐减小。Co能降低过冷奥氏体的稳定性，使过冷奥氏体等温转变曲线向左移动，使 *Ms* 降低。合金元素只有溶入奥氏体才会对过冷奥氏体转变产生重要影响。图4-10所示为合金元素对过冷奥氏体等温转变的影响。

③ 奥氏体形态。奥氏体晶粒粗大，晶界总面积减少，也就减少了形核位置，从而推迟珠光体转变，即珠光体转变的等温转变图右移。贝氏体转变时，α相晶核不一定要在晶界上形核，因此，奥氏体晶粒度对贝氏体转变的等温转变图影响较小。奥氏体成分越不均匀，珠

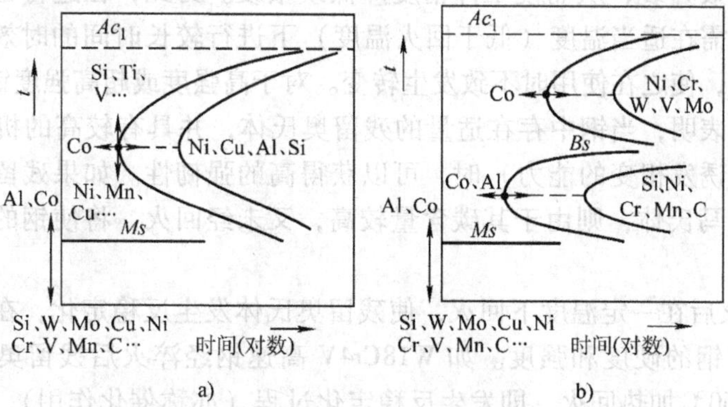

图4-10 合金元素对过冷奥氏体等温转变的影响

a）非碳化物形成元素 b）碳化物形成元素

光体转变等温转变图则越左移，贝氏体转变等温转变图则越右移。

④ 其他。断裂应力会加速转变，使等温转变图左移。压应力会阻碍转变，使等温转变图右移。

塑性变形使晶粒破碎，亚结构细化，晶体缺陷密度增高等，将使转变加快，等温转变图左移。

2）*Ms*、*Mf*点的控制。影响*Ms*、*Mf*点的主要因素是含碳量和合金元素。

① 含碳量。随钢中奥氏体含碳量增加，钢的*Ms*和*Mf*点位置向低温移动。含碳量对*Ms*和*Mf*点的影响如图4-11所示。

② 合金元素。溶入奥氏体中的合金元素（除Co、Al外）大多都使*Ms*点温度下降，合金元素对*Ms*点的影响如图4-11所示。降低*Ms*点比较显著的合金元素有Mn、Cr、V、Ni、Mo等。凡降低*Ms*点的元素，同样也使*Mf*点下降，但作用较弱。

当钢中同时含有多种合金元素时，使影响变得复杂起来，此时*Ms*点需要靠试验测定。

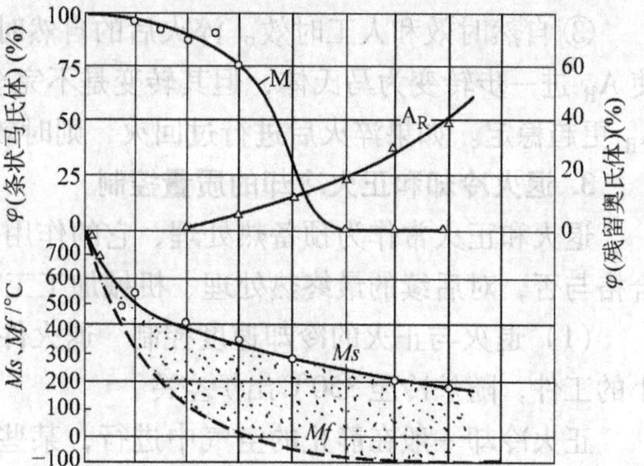

图4-11 奥氏体中的含碳质量分数的影响

③ 其他。增大淬火速度将使*Ms*点升高；塑性变形也会引起*Ms*点升高，产生形变马氏体；增大压力将降低*Ms*点，并且使Fe-C合金可能获得马氏体的含碳量范围移向低碳。

3）残留奥氏体的控制。零件淬火后总有或多或少的残留奥氏体（以下用A_R表示）存在。大多数情况下，A_R对淬火零件的性能和使用寿命有不良的影响，如A_R的存在会导致硬度不足、强度降低、磨损、时效变形、磨削开裂等弊病。但在有些零件中存在一定量的A_R，还是有益的。为了保证工件尺寸的稳定性和钢的强韧性，可以依靠提高残留奥氏体的稳定性来实现。有些高碳合金钢制精密工具或构件（如量具、轴承等），在使用过程中由于残留奥氏体在淬火内应力的作用下会自发地转变为马氏体，引起工件体积胀大，造成其形状和尺寸的变化或时效开裂，从而使工件精度降低或报废。为此，在进行正常的淬火—冷处理—回火以后，尚需在适当温度（低于回火温度）下进行较长时间的时效，以便对残留奥氏体起稳定化作用，使之在使用时不致发生转变。对于高强度或超高强度钢制零件要求有较高的强韧性。实践表明，当钢中存在适量的残留奥氏体，并具有较高的机械稳定性（在承受应变时抵抗应变诱发相变的能力）时，可以获得高的强韧性。如果残留奥氏体在应力作用下形成应变诱发马氏体，则由于其碳含量较高，又未经回火，将使钢的韧性恶化。控制 A_R 量的措施如下：

① 回火。淬火后在一定温度下回火，使残留奥氏体发生反稳定化，在回火冷却中转变为马氏体，以提高钢的硬度和强度。如 W18Cr4V 高速钢经淬火后残留奥氏体含量高达约 25%～30%，经 560℃加热回火，即发生反稳定化过程（亦称催化作用），在随后油冷过程中可部分地转变为马氏体。这种回火重复多次，可使残留奥氏体含量减少到 1%～3%。

② 冷处理。冷处理促使 A_R 转变的最有效方法。冷处理时 A_R 转变量不仅决定于处理本身的温度和时间，而且还决定于奥氏体在先前加热史中所达到的稳定化程度。冷处理有普通冷处理（冷至 -80℃）和超低温冷处理（冷至 -196℃）两种。超低温冷处理能使 A_R 最大限度地转变，并大大提高耐磨性，但事先必须经过良好的热处理。冷处理常与回火进行配合，得到最有利的工艺条件。淬火后进行冷处理时，两者的间隔时间应尽量缩短。但有些高碳工具钢淬火后，如接着进行冷处理往往易于开裂，故不得不采取先进行适当的低温回火再冷处理的方法，但这样又会在一定程度上引起奥氏体的稳定化，降低冷处理的效果。如果先在沸水中回火后再冷处理就不致开裂。

③ 自然时效和人工时效。淬火后的自然时效实际上就是 A_R 在室温下的恒温转变，结果使 A_R 进一步转变为马氏体，但其转变是不完全的，且随着在室温下停留时间延长而使剩余 A_R 更趋稳定。如果淬火后进行过回火，则时效不过是继续回火而已。

3. 退火冷却和正火冷却的质量控制

退火和正火常作为预备热处理，它的作用是为最终热处理准备组织。退火和正火的质量合格与否，对后续的最终热处理、机械加工工艺都有影响。

（1）退火与正火的冷却速度控制　退火件一般随炉冷至 500℃出炉空冷，要求残余应力小的工件，随炉冷至 350℃出炉空冷。

正火冷却一般在静止的空气中进行，某些尺寸较大的过共析钢（为消除二次网状碳化物）、铸铁（为增加珠光体量）和渗碳钢（为改善切削性能和消除带状组织），可采用风冷或喷雾冷却，甚至水冷。

（2）退火与正火的组织控制　结构钢正火后的金相组织一般应为均匀分布的铁素体＋片状珠光体，晶粒度为 5～8 级，大型铸锻件为 4～8 级。

碳素工具钢退火后的组织应为球化体，根据球化率分为 10 级。其中 4～6 级合格，组织中多为球径在 1μm 以上的球化体（球状及小球状珠光体）；1～3 级是细片状和点状珠光体；7～10 级组织中有粗片状珠光体（详见 GB/T 1298—2008《碳素工具钢》）。

低合金工具钢和轴承钢球化退火后正常组织为均匀分布的球化体。若组织中有点状和细片状珠光体或分布不均的粗大球化体及粗片状珠光体，都是不正常组织（详见 GB/T 1299—2000《合金工具钢》）。

（3）退火与正火的缺陷及控制　常见的退火与正火的缺陷及控制如下：

1）硬度过高。在 $w_C>0.45\%$ 的中、高碳钢中，常出现硬度过高现象。产生原因主要有：

① 冷却速度快或等温温度低，组织中珠光体片间距变细，碳化物弥散度增大或球化不完全。

② 某些高合金钢等温退火时，等温时间不足，随后冷至室温的速度又快，产生部分贝氏体或马氏体转变，使硬度升高。

③ 装炉量过大，炉温不均匀。

根据对现场装料情况、温度控制、冷却方法等的检查分析，找出主要原因，采取有效措施后，重新退火，严格控制工艺参数，可消除硬度过高的缺陷。

2）球化不完全。球化不完全表现为在共析钢和过共析钢球化退火组织中有片状珠光体的现象。

① 细片状珠光体+点状珠光体，产生原因是退火温度偏低或保温时间不足，原始组织中细片状珠光体溶解不完全，或等温温度低、冷却速度快，碳化物弥散度大。

② 粗片状珠光体+球状珠光体，由于退火温度高或保温时间过长，未溶碳化物少，冷却速度又缓慢或等温温度偏高引起的。

重新球化退火可以补救球化不完全缺陷。

3）球化不均。过共析钢球化退火后有时存在粗大的碳化物，出现碳化物不均匀现象。其原因是球化退火前未消除的网状碳化物在球化退火时发生熔断、聚集形成的。球化退火前增加一个正火工艺，可削弱球化退火前的网状碳化物程度，可使缺陷消除。

4）过共析钢正火后出现网状碳化物。这种缺陷多发生在截面尺寸较大的工件中，原因是过共析钢正火冷却速度不够，在原奥氏体晶界出现网状碳化物或断续网状碳化物。消除的方法是加快冷却速度，可采用鼓风冷却、喷淋水冷等。

5）粗大魏氏组织。亚共析钢中出现轻微的魏氏组织并不会降低钢的力学性能。但是，出现粗大的魏氏组织（同时常伴生粗晶组织），会使钢的力学性能尤其是塑性和冲击韧度明显降低，同时还使脆性转化温度上升。

魏氏组织的形成条件：钢中碳量 $w_C<0.6\%$，是形成铁素体魏氏组织条件之一；过共析钢会出现渗碳体魏氏组织，即沿奥氏体一定晶面析出渗碳体；粗晶粒是形成魏氏组织的必要条件；连续冷却时适当的冷却速度是形成魏氏组织的充分条件；Mn促使亚共析钢中魏氏组织的形成，Mo、Cr、Si阻碍其形成。

可通过完全退火或重新正火消除魏氏组织。对于严重的低碳钢魏氏组织，可以用两次正火来消除，第一次采用较高加热温度，第二次采用正常加热温度，这样，既可消除魏氏组织，又可细化晶粒。

6）退火石墨。碳素工具钢和低合金工具钢，退火加热温度过高或保温时间过长，或者多次返修退火，组织中出现石墨碳，并在其周围形成铁素体。具有石墨碳的退火工件，韧性低，断口呈灰黑色，又称黑脆。钢中出现石墨后，强度和塑性明显降低，工件淬火时易形成软点，造成工模具崩刃或早期磨损。这种缺陷一般可作报废处理，也可通过均匀化退火+重新正常退火挽救。

影响退火石墨的主要因素有：

① 含碳量。含碳量越高，石墨化过程越容易进行。碳素工具钢中的渗碳体就有可能分

解，退火后出现石墨。

② 合金元素。硅是强烈促进石墨化的元素，如不注意，将使力学性能降低并导致弹簧早期疲劳损坏；钼也是促进石墨化的元素。

③ 热处理工艺。退火温度过高，保温时间过长，冷却缓慢时，有出现退火石墨的危险。

7）带状组织。带状组织是亚共析钢中的铁素体和珠光体呈带状交替分布。锻压或轧制时，枝晶偏析沿变形方向呈条状或带状分布。正火冷却过程中，由于冷却速度较慢，先在这些部位形成铁素体，碳被排挤到枝干形成珠光体。加快正火冷却速度，可减轻带状组织。

8）反常组织。反常组织是先共析铁素体晶界上出现粗大的渗碳体或在先共析渗碳体周围出现宽铁素体条。当亚共析钢或过共析钢退火时，在 Ar_1 点附近冷却速度过慢，或在 Ar_1 以下长期保温会出现这种组织。反常组织可通过重新退火消除。

4.4.4 表面及化学热处理质量的控制

许多机器零件在扭转、弯曲等交变载荷下工作，有时表面要受摩擦，承受交变或脉动接触应力，有时还承受冲击，例如传动轴、传动齿轮等。这些零件表面承受着比心部高的应力，要求在工件表面的有限深度范围内有高的强度、硬度和耐磨性，而其心部又有足够的塑性和韧性，以承受一定的冲击吸收能量，根据这些要求及金属材料淬火硬化的规律，发展了表面淬火工艺。控制表面质量，就是根据使用性能要求，选择恰当的工艺方法，正确地工艺参数和其他各有关因素。

表面热处理工艺分为不改变表面成分和改变表面成分两类。

不改变表面成分的工艺有：火焰淬火、感应淬火、电解液淬火、激光淬火、电子束淬火、等离子淬火等。

改变表面成分的工艺有：渗碳、渗氮、渗硫、渗硼、渗金属等。

1. 火焰淬火质量控制

用一种火焰在一个工件表面上若干尺寸范围内加热，使其奥氏体化并淬火的工艺称为火焰淬火。火焰淬火必须是供给表面的热量大于自表面传给心部及散失的热量，以便达到所谓"蓄热效应"，才有可能实现表面淬火。

火焰淬火的优点是：设备简单、使用方便、成本低；不受工件体积大小的限制，可灵活移动使用；淬火后表面清洁，无氧化、脱碳现象，变形小。其缺点是：表面加热温度不准确；只能得到大于2mm 的淬硬层深度；只适用于火焰喷射方便的表层上；所采用的混合气体有爆炸危险。

（1）火焰淬火质量的控制因素　火焰淬火质量的影响因素如下：

1）火焰形状和尺寸。烧嘴结构决定火焰的形状。一般采用几个小烧嘴按淬火部位的几何形状合理布置的多烧嘴结构，以产生与淬火面相应的火焰（图4-12）。燃料气压力、氧气的压力和混合比均影响火焰形状。火焰加热时，需对压力和混合比进行控制，使压力和混合比保持稳定。

2）烧嘴与零件间距离。烧嘴与零件间距离一般距离为 6 ~ 10mm，防止加热不足或过热。

3）烧嘴相对于零件的移动速度。烧嘴相对零件的移动速度采用 50 ~ 300mm/min。如要求淬火层深度为 2 ~ 5mm 时，采用 80 ~ 200mm/min 的移动速度。

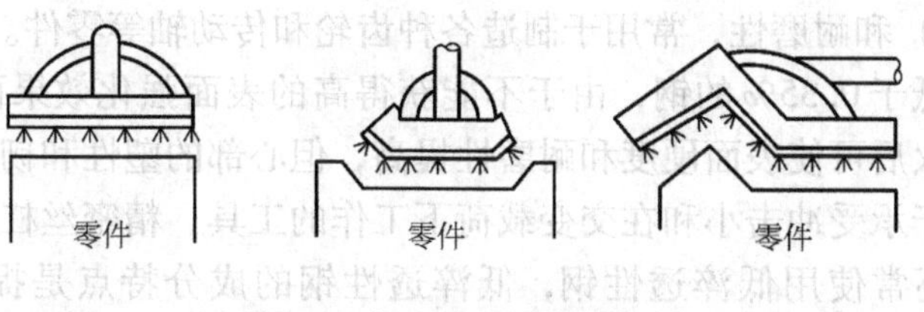

图4-12 仿形火焰喷嘴示意图

4）冷却方式。通常采用喷水冷却。在连续淬火时，需注意选择合适的喷水嘴与烧嘴间距离。对碳的质量分数在0.5%以上的碳钢或合金钢，为提高淬火深度与防止开裂，水冷前用压缩空气预冷。

5）加热温度。加热温度控制在Ac_1或Ac_3以上80～100℃。为使零件一定深度的温度在短时间内达到淬火温度，加热温度要比普通淬火温度高。

（2）火焰淬火质量问题　常见的火焰淬火缺陷及预防方法如下：

1）加热不匀。火焰加热时，加热不匀是非常容易出现的问题。加热不匀可造成应力过大、变形和开裂现象。在渐进淬火中，从开始加热的位置逐渐前移，由于热传导的结果，喷嘴到达之前，零件表面受到的预热程度逐渐增大，尽管火焰以相同的热量和相同的速度移动加热，仍然出现越往后过热倾向越大问题。为了保持相同的加热条件，可在加热喷嘴前面作喷水冷却。

2）内应力。火焰淬火后，零件表面具有压应力，中心为拉应力。淬火层深度一定时，随钢件直径增大，表层压应力增大，心部拉应力逐渐减小，并且最大拉应力峰移向表面淬火层附近，造成应力分布曲线沿淬火层内的陡直变化，这易于引起皮下裂纹。

淬火层较浅时，心部与淬火层交界附近呈现相当大的拉应力，易形成淬火层的剥离裂纹。淬火层较深时，表面易形成拉应力，可能引致纵向裂纹。所以，钢件直径和淬火层深度要有适当比例，使淬火层内有足够大的压应力，以便提高疲劳性能，防止开裂。

3）变形。火焰淬火是局部加热、局部淬火，所以极易出现变形。为防止变形，可以在加热过程中，将零件非淬火部分浸在水中。

4）淬裂。裂纹是火焰淬火较常见的缺陷。圆形零件，如车轮，常在淬火终止的接头处或在中间断火的接头处产生裂纹，原因是加热温度过高和产生了局部回火。

2. 感应加热淬火质量控制

感应加热淬火是目前应用得最广的一种表面热处理方法，其主要优点在于：①加热速度快、热效率高，这是因为处在交变磁场中的零件靠自身产生的热量来加热，其热损失少，热效率可达60%以上，且加热速度每秒可达几百至几千摄氏度；②热处理质量高，因为加热时间短，零件无氧化和脱碳，且由于零件心部处于低温状态，强度较高，故淬火变形小；③便于实现机械化和自动化，产品质量稳定。感应加热淬火时，设备的性能（频率和功能）、感应器的质量、零件材料与形状、冷却方式，特别是加热温度和速度都直接影响淬火质量，须全面加以控制。

（1）感应加热淬火用钢　感应加热淬火用钢采用含碳量范围比较窄的精选钢（w_C = 0.42%～0.47%或w_C = 0.45%～0.50%）和球墨铸铁。因为中碳钢经预先热处理（正火或调质）后再进行表面淬火，既可保持心部有较高的综合力学性能，又可使表面具有较高的硬度（大于 50HRC）和耐磨性，常用于制造各种齿轮和传动轴等零件。

碳的质量分数低于 0.35% 的钢，由于不能获得高的表面强化效果而很少应用。碳含量过高的钢，尽管淬火后可使表面硬度和耐磨性提高，但心部的塑性和韧性却较低，故高碳钢的表面淬火主要用于承受冲击小和在交变载荷下工作的工具、精密丝杠和高冷硬轧辊等。

感应加热淬火还常使用低淬透性钢，低淬透性钢的成分特点是提高了碳含量（w_C = 0.55% ~0.65%），以提高钢的硬度和耐磨性。采用低淬透性钢来制造中、大型齿轮，则在齿轮透热淬火后，由于其淬透性低，使齿轮只会沿齿廓形成淬硬层，而心部仍保持较低的硬度。

（2）感应加热淬火质量问题与控制　影响感应淬火质量的因素及控制措施如下：

1）淬火后的内应力。感应加热由于是局部加热，总会有淬火应力。淬火后钢的内应力由热应力和组织应力综合作用组成。通常，表面受压，中间受拉且有峰值，心部受拉或压的应力分布，拉应力峰值的位置靠近淬硬层的内侧。感应加热的温度梯度越大，其峰值越高，位置也越趋于淬硬层，另外，随零件截面尺寸增大，峰值增大，且越接近淬硬层。这些是大截面零件表面淬火时易产生纵向裂纹的原因。可以采用预热、降低感应加热频率或采用双频加热方法，减少单位面积上所施加的功率，降低截面上的温度梯度来改变峰值的大小和位置，达到控制应力、控制裂纹产生的目的。

零件表层有压应力，对提高疲劳强度有利。对中、小尺寸的零件，当淬火层总深度为零件半径的 10% ~20% 时，残余应力的分布最有利；对大型零件，淬火层总深度不超过钢的淬透性时，能得到合理应力分布。

2）感应加热淬火裂纹　该裂纹通常产生于零件的棱角处，裂纹深度约为淬硬层厚度，而在淬火层内部到中心一般不产生裂纹。

裂纹的产生与下列因素有关：

① 化学成分。主要是含碳量，为此应选用前述的合理的含碳量的钢进行感应淬火。

② 淬火冷却介质。采用喷流冷却的介质淬火，应使用水、聚乙烯醇溶液淬火冷却介质等。

③ 设备功率。设备功率过高，会造成高温加热时晶粒长大而引起开裂。

④ 加热时间。加热时间过长使加热深度过大，重复淬火。

⑤ 感应器。感应器不对称或设计制造问题造成加热不均匀。

3. 渗碳质量控制

渗碳后渗层的含碳量、渗层深度和碳浓度梯度应符合零件技术要求。渗层深度主要取决于渗碳温度和时间。表面含碳量取决于碳浓度梯度、气氛的碳势、碳势的精确控制。另外，还要控制渗碳后相应热处理的有关热处理参数，预防渗碳可能产生的各种缺陷，保证渗碳零件的质量。

（1）渗碳工艺参数控制　渗碳工艺有气体渗碳、液体渗碳和固体渗碳三种方法，其中气体渗碳应用最为广泛。现以气体渗碳工艺控制为例来说明渗碳工艺参数控制问题，包括控制温度、时间、气体流量、富化气流量。

1）温度控制。渗碳温度是渗碳工艺中极为重要的参数。首先，温度影响着分解反应的平衡，粗略地说，如气氛中 CO_2 含量不变，则温度每降低 10℃，将使气氛碳势增加大约 0.08%；其次，温度也影响碳的扩散速度，如果气氛碳势不变，温度每提高 100℃，可使渗层深度增加 1 倍；最后，温度还影响着钢中的组织转变，温度过高会使钢的晶粒粗大。目前，在生产上广泛使用的温度是920～930℃。但对于薄层渗碳，温度可降到880～900℃，这主要是为了便于控制渗层深度；而对于深层渗碳（大于5mm），温度往往提高到980～1000℃，这主要是为了缩短渗碳时间。

为取得良好的质量控制效果，温度控制的最大偏差范围应保持在±3℃。连续式渗碳在贯通式炉内进行。一般贯通式炉分成四个区，以对应于渗碳过程的四个阶段（即加热、渗碳、扩散和预冷淬火）。在连续式四区域渗碳炉中，热电偶应放在第一区（预热区）末端附近，因为进入第二区（渗碳区）时，零件就应处于渗碳温度。第二区和第三区（扩散区）热电偶的位置均应在中间。第四区（补偿区）热电偶应靠近卸料端，这样才能保证零件达到要求的淬火温度。

根据炉膛大小，炉内应有多个热电偶，热电偶应尽可能地靠近零件。热电偶的保护管不允许出现小孔或裂纹。

2）气氛控制。主要的气氛气体测定方法有以下几种：一是气体分析法，包括氧浓差电池法、红外线分析法（CO_2 气体分析装置）、气体色谱法；二是露点测定法，包括露点杯法、雾箱法、冷镜面法和氯化锂法（湿敏元件法）；三是简单的直接测试法。

从气氛的角度，希望获得与最终要求的表面含碳量大致平衡的载气成分。若采用露点测定法控制碳势，在最佳表层碳含量确定后，即可根据图4-13和图4-14控制气氛碳势，以获得合格的零件。

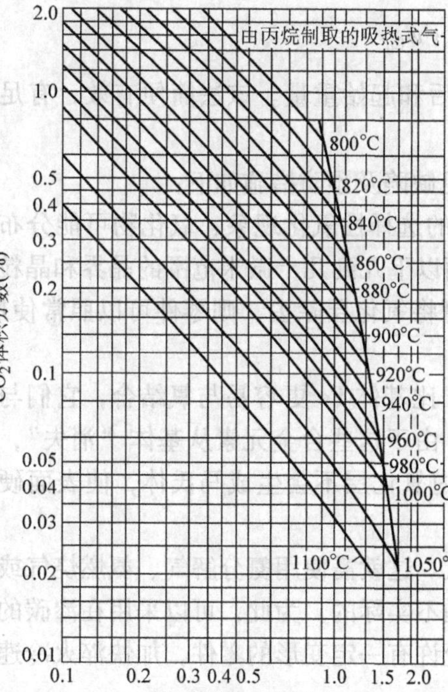

a)

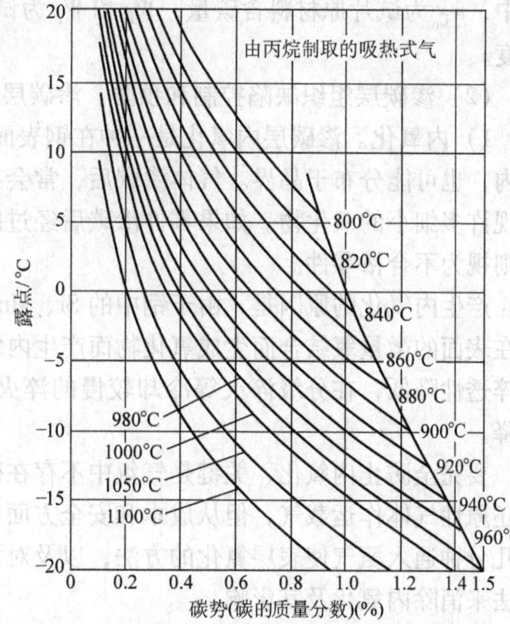

b)

图4-13 由丙烷制取的吸热式气氛的碳势与其 CO_2 含量及露点的关系

a）由丙烷制取的吸热式气氛的碳势与其 CO_2 含量的关系

b）由丙烷制取的吸热式气氛的碳势与其露点的关系

在炉气碳势控制中，CO 含量的波动对 CO_2 控制精度是有影响的，CH_4 含量对炉气碳势也有影响。例如，CO 含量变化 ±0.5% 就会使碳势波动约 ±0.03%。吸热式气氛中的 CH_4 含量应 <1%（体积分数）。例如，在 930℃，CO_2 为 0.41%（体积分数）时，若 CH_4 含量为 1.1% ~ 1.2%，表面碳势可达 1.05%，而 CH_4 含量在 0.66% ~ 0.70% 时，表面碳势仅 0.89%。因此，采用在控制 CO_2 的同时也控制 CH_4 含量的方法更为科学合理。总之，控制因子越多，炉气碳势控制精度越高，但控制难度越大。采用计算机控制是实现多因子控制的途径。

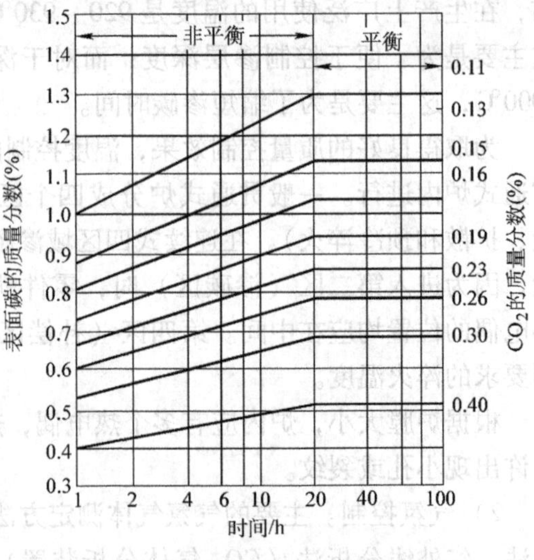

图 4-14　低碳钢在吸热式气 + 丙烷气氛中于 925℃ 渗碳时工件表面含碳量与时间的关系

也可以采用简单测试方法进行控制。用薄的测试软钢片（宽 10 ~ 30mm，长 75 ~ 160mm，厚 0.10 ~ 0.25mm）放在炉气中，根据分析天平上所测增重值，按下式可计算出碳势（w_C），即

$$w_C = 100 \times \frac{W_f - W_i}{W_f} + w_{C_0}$$

式中，w_{C_0} 为试片原材料含碳量；W_f 和 W_i 为试片最后和起始重量。该法简便有效，有足够精度。

（2）渗碳层组织缺陷控制和预防　渗碳层的常见缺陷及预防措施如下：

1）内氧化。渗碳层内氧化是一种在钢表面发生的选择性氧化现象，氧化物可能分布于晶内，也可能分布于晶界。气体渗碳后，常会在表面以下几到几十微米范围的晶界和晶粒内发现许多细小的氧化物。如果零件渗碳后经过磨削可将氧化层除去，则零件可以照常使用，否则视为不合格零件。

产生内氧化的原因是，由于钢中的 Si、Mn 和 Cr 比基体 Fe 更容易与氧结合，它们与固溶在表面的微量氧结合而生成氧化物而产生内氧化。由于这些合金元素从基体“消失”，导致淬透性降低，在分级淬火等冷却较慢的淬火中，内氧化层不会生成马氏体，使表面硬度下降。

要完全防止内氧化，关键是气氛中不存在微量氧。这就需使用氨分解气、氨燃烧气或氢等还原性气体作运载气，但从成本和安全方面考虑是不实际的。为此，可以采用在渗碳的最后几分钟通入氨气使表层氮化的方法，以及对那些允许有一定变形的零件，加快淬火冷速的方法来消除内氧化及其影响。

2）渗碳层深度不均匀。渗碳层深度不均匀的成因很多，可能由于原材料中带状组织严重，也可能由于渗碳件表面局部结焦或沉积炭黑，炉气循环不均匀，零件表面有氧化膜或不干净，炉温不均匀，零件在炉内放置不当等所造成。预防方法是在分析其具体原因后，采取相应的措施。

例如，气体渗碳，尤其是用连续式气体渗碳炉渗碳时，供给的渗碳气体不足，就很容易产生渗碳不匀。此外，渗碳气体的搅拌作用差，渗碳温度高，也会成为渗碳不匀的原因。所以，加强设备的检查维修管理制度十分重要。

另外，要注意渗碳前的清洗工作。如果粘附了含硫切削油类的零件渗碳，不仅会污染炉内气氛，还会因表面残渣造成渗碳不匀。如用三氯乙烯脱脂洗涤，有时也会附着残渣并引起零件表面腐蚀。炭黑也会造成污染和渗碳不匀，所以要防止炭黑的形成。

3）渗碳层脱碳。渗碳层脱碳的成因是扩散期炉内气氛碳势过低，或高温出炉后在空气中缓冷时氧化脱碳，或因渗碳后淬火时多次加热所致。一旦脱碳将引起表面淬火硬度不足，零件耐磨性降低。补救办法是在碳势较高的渗碳介质中进行补渗；在扩散期控制炉气的碳势不能过低；出炉后最好放在缓冷坑内，在保护气氛中冷却，可在缓冷坑内滴入煤油或甲醇来防止渗层脱碳。

4）反常组织。反常组织的特征是在先共析渗碳体周围出现铁素体层。常在钢中含氧量较高（如沸腾钢）的固体渗碳时看到。这种组织淬火时易产生软点和裂纹。补救办法是：适当提高淬火温度或适当延长淬火加热的保温时间，使奥氏体均匀化，并采用较快的淬火冷却速度。

5）粗大网状碳化物组织。粗大网状碳化物组织形成的原因是由于渗碳剂活性太大，渗碳阶段温度过高，扩散阶段温度过低及渗碳时间过长引起。预防补救的办法是：对已出现粗大网状碳化物的零件可以进行温度高于 Ac_{cm} 的高温淬火或正火。

6）表面腐蚀和氧化。引起表面腐蚀的原因有：渗碳剂不纯、含杂质多，如硫或硫酸盐的含量高，液体渗碳后零件表面粘有残盐。表面氧化的原因有：渗碳后零件出炉温度过高、等温盐浴或淬火加热盐浴脱氧不良。

7）渗碳件心部组织缺陷。不良的心部组织表现为晶粒粗大和游离铁素体过多。这会降低心部的强度，使裂纹极易发展，造成零件早期失效。晶粒粗大可以用渗碳后淬火来细化。适当提高淬火温度，可减少游离铁素体数量。

心部硬度的或高或低是又一心部组织缺陷。材料化学成分、淬火温度、质量效应（壁厚、直径）以及淬火冷却介质等方面的原因，均可引起心部硬度的或高或低。所以应分析影响淬透性元素的含量，检验材料的淬透性，掌握心部硬度随淬火温度高低的变化情况，掌握零件直径和壁厚大小对心部硬度的影响。

（3）渗碳后淬火质量控制　淬火是为了获得马氏体组织，从而获得高硬度。渗碳后淬火通常有三种方法，即预冷直接淬火、一次加热淬火和二次加热淬火等。

渗碳零件淬火温度的选择要兼顾高碳的渗层和低碳的心部两方面的要求。原则是：过共析层的淬火温度应低于 Ac_{cm}，而亚共析层的淬火温度应高于 Ac_3。若钢的 $Ac_{cm} > Ac_3$，则能够选择一个淬火温度来同时满足这两者的要求；若钢的 $Ac_{cm} \leqslant Ac_3$，则不能同时兼顾。在这种情况下，要根据对零件的主要技术要求、钢件心部能否淬透、渗碳后零件的表面含碳量等综合考虑淬火温度。

预冷直接淬火的淬火温度通常在820～850℃之间，该温度高于 Ac_1，接近于一般钢心部的 Ac_3，而略低于表层的 Ac_{cm}，可以满足两方面的要求。只有本质细晶粒钢，因为在渗碳时不发生奥氏体晶粒的显著长大，才能采用直接淬火。

一次加热淬火中，为了兼顾表面渗碳层和心部强度，可选用稍低于 Ac_3 的淬火加热温度。在此温度淬火，即使是碳钢，在表层由于先共析碳化物尚未溶解，奥氏体晶粒不会发生明显粗化，硬度也较高。心部未溶解铁素体数量较少，奥氏体晶粒细小，强度也较高。一次加热淬火适合于本质粗晶粒钢。

二次加热淬火是在渗碳缓冷后进行两次加热淬火。第一次淬火加热温度在 Ac_3 以上，目的是细化心部组织，并消除表面网状碳化物。第二次淬火加热温度选择在高于渗碳层成分的 Ac_1 温度（780～820℃）。二次加热淬火的目的是细化渗碳层中马氏体晶粒，获得隐晶马氏体、残留奥氏体及均匀分布的细粒状碳化物的渗层组织。

两次淬火法需要多次加热，生产周期长、成本高，而且会增加热处理时的氧化、脱碳及变形等缺陷。对于目前使用的用铝脱氧的本质细晶粒钢，两次淬火法在生产上已很少应用，仅对性能要求较高的零件才会有采用。

不论采用哪种淬火方法，渗碳件在最终淬火后均经 180～200℃的低温回火。

渗碳淬火后可能出现的质量的问题有：

1）渗碳淬火硬化层深度不足。渗碳淬火硬化层深度不足的产生原因是渗碳温度低、保温时间不够、表面碳量低或心部硬度低等。

渗碳温度低时，考虑检查炉内温度和仪表之间的差值以及热电偶、仪表等的误差。渗碳保温时间不够时，应检查一下温度、时间和渗碳深度之间的关系以及材质、冷却介质和渗碳硬化深度之间的关系。表面碳量低时，应检查一下渗碳期和扩散期的各参数和气氛的碳势，检查富化气体加入量，检查设备是否漏气、露点仪和红外仪的精度等。心部硬度低时，应检查淬火温度和材料淬透性。

2）淬硬层厚度过深。这是与上述相反的问题，检查项目同上。对已经发生淬硬层厚度过深的零件，则无法纠正。

3）表面硬度不足。表面硬度不足的产生原因为表面含碳量低、残留奥氏体量过多、淬火不完全以及回火温度高等，这些原因均会使表面硬度不足。

对由表面含碳量低产生的表面硬度不足，应调整测量仪器的准确性，追加渗碳。对残留奥氏体量过多产生的表面硬度不足，可用冷处理使表面硬度提高，然后再适当回火。

4. 氮化质量控制

钢渗氮可以获得比渗碳更高的表面硬度和耐磨性，渗氮后的表面硬度高达 950～1200HV（相当于 65～72HRC），而且到 600℃仍可维持相当高的硬度。渗氮还可获得比渗碳更高的弯曲疲劳强度。此外，由于渗氮温度较低（500～570℃之间），故变形很小。渗氮也可以提高工件的耐蚀性能。氮化适用于零件要求变形小、耐磨性和表面硬度较高的场合。但是渗氮工艺过程较长，渗层也较薄，不能承受太大的接触应力。目前除了钢以外，其他如钛、钼等难熔金属及其合金也广泛地采用渗氮。下面讨论氮化时容易产生的质量问题和控制方法。

（1）氮化组织缺陷的控制　氮化层的缺陷及控制措施如下：

1）白层。白层是氮化表面形成的 ε 和 γ' 等铁的氮化物层，由于它不易被浸蚀，所以呈现白亮状。氮化层的正常显微组织应该表层无白层或白层很薄。这是因为白层虽然具有优良的耐蚀性能，但是白层容易剥落，某种角度也把白层看成是氮化伴生的缺陷，所以要去除它。

去除白层的方法是，将零件浸入 1USgal（美加仑，1USgal＝3.78541L）水加 1lb（磅，1lb＝0.45359237kg）氰化钠的水溶液中，在 80～90℃加热约 8h，这种方法对氮化后零件钢的疲劳寿命和冲击韧度不会产生影响。

2）网状和粗大波纹状氮化物。网状和粗大波纹状氮化物是氮原子沿晶界扩散速度过大而形成的产物。工艺上的原因是温度高、液氨中水分含量大、加工表面粗糙以及零件存在尖角。组织上的原因是钢的原始晶粒粗大。网状和粗大波纹状氮化物严重影响氮化质量，降低耐磨性和疲劳强度，使脆性增加，渗层易剥落。防止出现网状和粗大波纹状氮化物的方法是：提高氮化件表面的光洁程度；氮化零件不允许有尖角；严格氮化前热处理工艺，氮化前对氮化件进行合格的调质处理，使晶粒尽量均匀细小；也可以在调制处理后增加氮化前进行稳定化回火，以清除切削加工引起的内应力；严格控制炉气中含水量，控制液氨的含水量；选择氮化温度的下限温度进行渗氮处理，因为长时间高温氮化会加速网状或严重波纹状氮化物的形成。

3）鱼骨状氮化物。氮化件表面严重脱碳或原始组织中存在较多的游离铁素体时，氮化层中出现鱼骨状氮化物。鱼骨状氮化物使氮化零件的性能变坏，为此氮化层不允许存在鱼骨状氮化物。防止出现鱼骨状氮化物的方法是：在工艺上，严格调质处理的工艺过程，使调质组织为合格组织，防止氮化时发生脱碳和铁素体过多；在氮化操作上，要经常检查炉子密封性，防止漏气和跑气，保证炉压平稳，分解率稳定，严格控制氨气含水量。

（2）氮化变形的控制　氮化件的变形有两种形式：一种是挠曲变形；另一种是尺寸增大。

引起渗氮件挠曲变形的原因有：渗氮前工件内残余着内应力，在渗氮时应力松弛，重新应力平衡而造成变形；也可以是由于装炉不当，工件在渗氮过程中在自重作用下变形；还可以是由于工件不是所有表面都渗氮，渗氮面与非渗氮面尺寸涨量不同而引起变形，如平板渗氮，若一面渗氮，另一面不渗氮，则渗氮面伸长，非渗氮面没有伸长，造成弯向非渗氮面的弯曲变形。

引起渗氮件尺寸增大变形的原因是渗氮层渗氮后比体积增大而使工件尺寸增大。影响工件尺寸增大的因素有：渗层深度、渗层氮浓度。渗层深度、渗层氮浓度增加均使氮化件尺寸增加。事实证明，气体氮化温度越高，渗入的氮原子越多，则零件尺寸胀得越大。如钢件氮化前预先热处理适当，即组织为完全的索氏体时，则氮化后尺寸变化较均匀而有规律，一般约胀大 0.02 ~ 0.03mm，若氮化前零件内部有铁素体存在，其膨胀尺寸将要大得多。还有，若表层有脱碳现象也会增大变形量。

防止渗氮件变形的措施有渗氮前进行消除应力处理、渗氮装炉应正确。对尺寸增量可通过实验掌握其变形量，渗氮前机械加工时把因渗氮而引起的尺寸变化进行补缩修正。

（3）氮化表面裂纹的控制　由于氮化件表层的 ε 相含氮量高、脆性大，易导致表面裂纹。产生原因是氮化时氮量在最外层发生富集、氮化温度过高。

防止出现表面裂纹的方法是：氮化前消除零件的尖角；消除应力集中；预处理调质时，在满足淬透的前提下，尽量缓和冷却；氮化时防止表面氮量过高，可以采用增加氨分解率的办法或者在氮化后半阶段适当减少氨流量。

（4）渗氮层硬度不足及软点　渗氮层硬度不足，除了由于预备热处理脱碳及晶粒粗大外，从渗氮工艺考虑，可能的原因有：氨分解率过高、渗氮层表面氮浓度过低、渗氮温度过高使合金氮化物粗大、渗氮温度过低导致渗氮时间不足而使渗层浅、合金氮化物形成太少等，这些均可导致渗氮层硬度低。除了渗氮温度过高而引起硬度低下不能补救外，其余均可再采用次渗氮来补救。重复渗氮保温时间应据具体情况而定，一般按 10h 渗氮 0.10mm 估算。

渗氮层出现软点原因主要是由于渗氮表面出现异物，妨碍工件表面氮的吸收。如防渗锡涂得过厚，渗氮时锡熔化流至渗氮面；渗氮前工件表面清理不够干净，表面沾污油污等脏物等。

5. 碳氮共渗质量控制

碳氮共渗是在渗碳和渗氮的基础上发展起来的一种化学热处理工艺。

碳氮共渗与气体渗碳相比，它具有处理温度低、处理后可直接淬火、处理工序简单、晶粒不易长大以及变形小、开裂倾向小等优点。碳氮共渗后的疲劳强度、耐磨性、耐蚀性和耐回火性等，比气体渗碳好。碳氮共渗与普通氮化相比，碳氮共渗具有生产周期短、渗速快、可用材料广泛等优点。

根据共渗温度不同，把碳氮共渗分为高温（900～950℃）碳氮共渗、中温（700～880℃）碳氮共渗及低温（520～580℃）碳氮共渗。其中氮碳共渗，最初在中碳钢中应用，主要是提高其耐磨性及疲劳强度，而硬度提高得不多（在碳素钢中），故又称为软氮化。因为共渗温度不同，碳、氮二元素渗入含量不同，在低温时主要以渗氮为主，称它为氮碳共渗；中、高温时主要以渗碳为主称为碳氮共渗。

（1）软氮化的质量控制　目前应用较多的是气体软氮化和液体软氮化。

软氮化处理一大优点是处理后零件的变形量较小。这是由于处理温度低以及实际氮化层很浅，比体积引起的变形量小。

气体软氮化适用于零件要求耐磨性好，但接触应力又不太高的场合。如中碳调质钢在570～600℃温度进行碳渗共渗，可提高其耐磨性及疲劳强度，而高速钢在 550～560℃碳氮共渗的目的是进一步提高其表面硬度、耐磨性及热稳定性。

为了获得稳定的硬度和深度，气体氮化时，最好采用氮化专用钢，一般钢氮化后硬度不够高。

在进行气体软氮化前，零件需仔细清洗，可使用三氯乙烯清洗剂清洗，但要注意清洗剂要洗刷干净。如零件表面粘附了清洗液装入炉内，则清洗剂中的化合物将与气氛中的氨发生作用，使进入钢中的氮量减少，结果硬度很低，表面色泽不佳。

氮化零件在随后冷却过程中会出现变蓝的问题，这仅是外观质量问题，对性能无影响。防止变蓝的方法是，将零件降温到 120～130℃后再空冷，则可避免变色问题。

（2）碳氮共渗的质量控制　气体碳氮共渗时，渗碳剂使用渗碳气体，渗氮剂大多用 NH_3。碳氮共渗用钢多为低、中碳结构钢和低合金钢。对低碳结构钢、中碳结构钢以及不锈钢等，为了提高其表面硬度、耐磨性及疲劳强度，进行 820～850℃的碳氮共渗，共渗后一般用油淬火。

碳氮共渗后产生的质量问题大多与气体渗碳相同。特别要提出的有下面的一些问题。

1）碳氮共渗后的组织缺陷。碳氮共渗后的组织缺陷如下：

① 黑色组织 黑色组织有黑点、黑网和黑带三类组织形态。它们不经浸蚀也能显现出来，如经腐蚀可更好地显示，但只有当马氏体针未被腐蚀时才清晰可见。

黑色组织对零件使用性能影响极大，表层存在 0.08mm 的黑色组织，将使 25CrMnTi 齿轮的弯曲疲劳性能几乎降低 50%。因此，避免和控制黑色组织是质量控制工程中的重要课题。

黑色组织的成因目前尚没有统一的解释。防止出现黑色组织的方法有：采用前期供氨少，后期供氨多的工艺规范，适当地提高共渗温度；采用干燥氨气，降低气氛中的CO_2、O_2和H_2O含量；含有Cr、Mn、Si的钢种在气体碳氮共渗时常不同程度地出现黑色组织。据认为，采用吸热式气体加富化气和氨进行碳氮共渗时，更容易出现黑色组织。特别是前期氨气的供给量越大，越易出现黑色组织；采用含Mo、Ni等氧化倾向小的合金元素的钢种，有助于抑制黑色组织的形成。因为这些元素能显著提高淬透性，有利于表层淬成马氏体而减少生成黑色组织的倾向。

② 过量残留奥氏体　这是由于表面碳、氮含量过高造成的。由于碳氮共渗层中氮的存在，使渗层中的残留奥氏体总要多于渗碳件中的残留奥氏体量。残留奥氏体过多会降低耐磨性，易使接触面产生胶合而加速磨损，但适量的残留奥氏体并不明显降低渗层的耐磨性、弯曲疲劳和接触疲劳性能，反而能使这些性能得到改善。因此，对残留奥氏体量的允许存在量可适当放宽。

2）硬化层质量。由于碳氮共渗所用钢材是淬透性低的材料，在渗碳层中要注意防止出现硬化层深度不足的现象。所用的方法是，提高油淬冷却能力，如使用冷却能力强的淬火油，并将淬火油充分搅拌等。气体碳氮共渗时要注意以下问题：

① 碳氮共渗温度不宜超过900℃；否则，氨的加入效果易丧失。

② 防止变形过大，淬火温度多取下限780～800℃。如考虑心部组织和硬度需提高淬火温度时，需慎重。

③ 要使用冷却能力好的淬火油。

④ 回火温度要比渗碳淬火的回火温度高10℃左右。

⑤ 要注意残留奥氏体量过多的现象。

6. 渗硼质量控制

钢件经渗硼处理后，渗硼层具有很高的硬度（1300～2000HV）和耐磨性，同时，有良好的耐蚀性、热硬性和抗氧化性能。因此，近年来渗硼工艺发展很快，钢的渗硼主要应用于各类模具，包括冷、热作模具；也应用于各种磨损零件，如工艺装备中的钻模、靠模、夹头，精密偶件中的活塞、柱塞，微粒磨损件中的石油钻头，以及在中温腐蚀介质中工作的各种阀门零件等。在所有这些应用中，渗硼都能使使用寿命成倍地提高，并且可以用普通碳钢代替高合金钢。

（1）渗硼工艺质量控制要点　渗硼的工艺方法多种多样，有固体粉末法、液体法（电解或不电解）、气体法、糊膏法等。气体法用的介质有毒，易爆炸，来源也不充分；液体电解法设备投资大，液体非电解法存在熔盐粘稠、易腐蚀零件和坩埚，以及盐难于清理等问题。固体渗硼可通过调整活化剂的含量来控制箱内气氛的硼势，具有设备简单、操作容易、表面清理方便、质量稳定可靠等优点，因而是渗硼工艺使用的主要渗硼方法。以下以固体渗硼工艺为主，讨论其质量控制。

1）渗层组成和厚度选择。渗硼后，渗层可以是由单相（Fe_2B）组成，也可以是由（$FeB+Fe_2B$）双相组成。渗层组成和厚度，应该根据零件工作条件，选取适当的工艺来获得。

双相（$FeB+Fe_2B$）渗硼层适用于承受静压、因磨损失效的零件，并且需要较厚的双相渗层。因此，宜选用活性大（供硼剂占比例大）的渗硼剂和相应的工艺参数进行渗硼处理。

单相（Fe_2B）渗硼层适用于要求高硬度，但承受较大冲击载荷或强大挤压应力的零件，需要的渗层厚度为70～120μm，单相渗硼层脆性较小。因此，宜选用活性适中的渗硼剂和相应的工艺参数进行渗硼处理。出现FeB相的条件是：渗剂中供硼剂的含量高，钢件的合金元素含量高。

2）渗硼剂的质量。高质量的渗硼剂特点是：重现性好、经济、无公害。在使用渗硼剂时要注意进行烘干、混合均匀、密封以及新旧渗剂搭配。

3）渗硼后热处理。渗硼后的淬火和回火工艺，可以强化基体，提高表面承受高应力的能力。但渗硼后热处理需特别小心，因为有产生裂纹和使变形增大的可能，故应采用冷却较缓和的淬火冷却介质并及时进行回火。

（2）渗硼零件质量控制　硼化物本身是一种高硬度高脆性的组织，由于渗硼层一般都很薄，所以从表面到心部的硬度梯度大，使得渗硼层有较大的脆性。

防止渗硼层脆性的方法有：①尽量以单相渗层存在；②渗层厚度适中；③渗硼层下不产生软带区（钢中硅含量越高软带区越大）；④渗硼温度不超过1000℃。

渗硼层表面有许多小孔，这些小孔洞有利于保存润滑剂，使渗硼层的摩擦因数减小；可防止冷焊，提高抗磨损的寿命。但是这种孔洞也有不良作用，当渗硼的拉伸模拉制软金属（如纯铜、纯铝）时，软金属的粘附往往使制件表面粗糙度值上升或急剧地提高拉拔力，甚至使制件被拉断。

4.4.5　热处理变形和开裂的控制

1. 热处理变形及其控制

零件在热处理中经过了高温与低温变化过程，所以会有变形。一旦变形超过允许的范围，就发生了热处理质量问题。如何减少热处理变形，是热处理工作者的一项重要研究课题。

（1）热处理变形原因　淬火变形有两种主要形式：一种是工件几何形状的变化，它表现为尺寸及外形的变化，通常称为扭曲或翘曲，是淬火工件中热应力和组织应力作用的结果；另一种是体积变化，它表现为工件体积按比例地胀大或缩小，称为体积变形，是组织转变时比体积变化而引起的。生产实践中工件的变形，多是同时兼有这两种情况。

在钢中可能出现的各种组织中，马氏体比体积最大，下贝氏体次之，奥氏体的比体积最小。这样，在形成奥氏体或由奥氏体转变成其他组织时，都会产生体积变化，引起残余内应力和一系列的相变特点。

在热处理中，退火、正火引起的变形较小。淬火工艺，因为冷却速度大和转变前后组织的比体积差大，变形最为严重。这里以淬火变形为例讨论变形的原因。

1）由于淬火前后组织变化而引起的体积变形。工件在淬火前的组织状态一般为珠光体型，即铁素体和渗碳体的混合组织，而淬火后为马氏体型组织。由于这些组织的比体积不同，淬火前后将引起体积变化，从而产生变形。这种变形只按比例使工件胀缩，但不改变形状。

2）热应力引起的形状变形。热应力引起的变形发生在钢件屈服强度较低、塑性较高、而表面冷却快、工件内外温差最大的高温区，此时，瞬时热应力为表面张应力、心部压应力。此时心部温度高，屈服强度比表面低得多，易于变形。因此，表现为在多向压应力作用下的变形，即立方体向呈球形方向变化。由此导致尺寸较大的一方缩小，而尺寸较小的一方则胀大，例如长圆柱体长度方向缩短，直径方向胀大。

3）组织应力引起的形状变形。组织应力引起的变形也产生在早期组织应力最大时刻。此时截面温差较大，心部温度较高，仍处于奥氏体状态，塑性较好，屈服强度较低，瞬时组织应力是表面压应力。其变形表现为心部在多向拉应力作用下的拉长。由此导致在组织应力作用下，工件中尺寸较大的一方伸长，而尺寸较小的一方缩短，例如，长圆柱体组织应力引起的变形是长度伸长，直径缩小。

（2）体积变形的计算方法　在热处理变形中，形状变形估计较为困难；体积变形由于其是由比体积变化引起的，因此，只要求出热处理前后各种组织的比体积，就可算出体积变化。各种组织的比体积的计算值见表4-15，组织转变引起的尺寸变化见表4-16。

表4-15　各种组织的比体积的计算值

组　　织	含碳范围 w_C（%）	室温下的比体积/(cm^3/g)
奥氏体	0~2	0.1212+0.0033×(%C)
马氏体	0~2	0.1271+0.0025×(%C)
铁素体	0~0.2	0.1271
渗碳体	6.7±0.2	0.130±0.001
ε碳化物	0.5±0.7	0.140±0.002
石墨	100	0.451
铁素体+渗碳体	0~2	0.1271+0.0005×(%C)
低碳马氏体+ε碳化物	0~2	0.1277+0.0015×(%C-0.25)
铁素体+ε碳化物	0~2	0.1271+0.0015×(%C)

注：表中的%C的值取各组织中碳含量的质量百分比值。

表4-16　组织转变引起的尺寸变化

组织转变	体积变化率（%）	尺寸变化率（%）
球状渗碳体→奥氏体	-4.64+2.21×(%C)	-0.0155+0.0074×(%C)
奥氏体→马氏体	4.64-0.53×(%C)	0.0155-0.0018×(%C)
球状渗碳体→马氏体	1.68×(%C)	0.0050×(%C)
奥氏体→下贝氏体	4.64-1.43×(%C)	0.155-0.0048×(%C)
球状渗碳体→下贝氏体	0.78×(%C)	0.0026×(%C)
奥氏体→铁素体+渗碳体	4.64-2.21×(%C)	0.0155-0.0074×(%C)
球状渗碳体→铁素体+渗碳体	0	0

注：表中%C为组织中碳的质量百分比值。

体积变化率可由下式求得：

$$\frac{\Delta V}{V_0}=\frac{V-V_0}{V_0}$$

式中，V_0 和 V 分别为热处理前后组织的比体积。

如果原始组织为退火态组织（铁素体+渗碳体），淬火后组织为马氏体+残留奥氏体+

未溶碳化物组织，则产生的体积变化率可由下式求得：

$$\frac{\Delta V}{V_0}=\frac{100-V_C-V_A}{100}[1.68C_m]+\frac{V_A}{100}[-4.64+2.21C_m]$$

式中，V_C 和 V_A 分别为未溶渗碳体和残留奥氏体的体积分数；C_m 为残留奥氏体和马氏体中的碳含量（质量分数）。

钢淬火后在 100～200℃回火，淬火马氏体转变成回火马氏体，引起体积收缩，这时的体积变化率可由下式求得：

$$\frac{\Delta V}{V_0}=\frac{100-V_C-V_A}{100}\left[1.68C_m-0.89(C_m-0.25)f_1+\frac{V_A}{100}(-4.64+2.21C_m)\right]$$

式中的体积变化率以淬火前的组织状态为基准。f_1 是表示第一阶段回火进行程度的系数，取决于回火温度和时间，因钢种而异。通常，在 180℃回火 1h 的情况下，f_1 约为 0.7。

在 200～480℃回火（第三阶段）时，组织恢复淬火前状态，尺寸变化为零，体积变化率为

$$\frac{\Delta V}{V_0}=\frac{100-V_C-V_A}{100}[1.68C_m(1-f_3)]+\frac{V_A}{100}[-4.64+2.21C_m]$$

式中，f_3 为回火第三阶段进行程度，当回火温度为 480℃时，$f_3=1$。

上述各公式计算值与普通钢的实测值基本吻合。

（3）控制和减小变形措施　控制和减小变形的主要措施如下：

1）设计方面。设计方面包括选择材料、零件结构形状、硬度要求等。

① 合理选择零件材料。若能够在较缓和的冷却条件下达到硬化目的，应尽量选用淬透性较好的低合金钢。由于钢中合金元素的加入，将使钢的临界冷却速度降低，就可以采用冷却速率较为缓和的介质淬硬，从而减小了热应力；同时由于淬火后残留奥氏体增多，在马氏体的硬度较高的情况下，这些残留奥氏体对硬度的影响并不大，但却能有效地阻止或减小马氏体转变时的体积膨胀，因此可消除部分组织应力。这样，热应力和组织应力的减小，使变形大大减小。当然，还要有经济观点，进行价值分析，权衡利弊。

例如，45 钢制作的零件，通常是采用水淬油冷的，淬火后变形较大。如改用 40Cr 钢或 42MnVB 后，就完全可以采用油冷或硝盐冷却的方法，油冷的热应力要比水淬油冷的要小得多，淬入 160℃硝盐冷却的零件变形更小，变形问题可改善许多。

② 零件结构设计合理。零件结构应尽可能简单、均匀、截面对称，避免有较深的不通孔。

③ 零件硬度要求适当，可以减少变形。

2）工艺方面。工艺方面可以采取以下措施：

① 预留余量，以备淬火后胀大。

② 改变加工工序，减少变形。

图 4-15 所示为轴承衬套，材料为 15 钢，要求硬度为 56～62HRC。此零件如果按常规加工工序处理，即在全部加工成形后再渗碳淬火，则由于零件截面冷却不均匀，将会产生严重的翘曲，校正困难。如

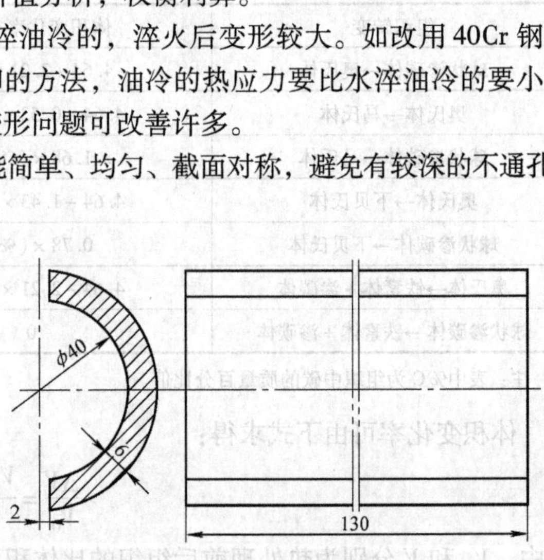

图 4-15　轴承衬套

果变更加工工艺，改为未剖开之前以圆筒形渗碳、淬火，然后再用锯片砂轮或线切割割开，就可以保证零件变形较小。

3）减小和消除毛坯锻造及机械加工残余应力。

① 合理选择切削用量。选择不同机械加工切削用量，将对加工后零件产生不同的残余应力。

② 淬火前消除残余应力。对于形状复杂的零件，特别是细长的轴类零件和板类零件，要特别注意这个问题。即将零件加热到550～650℃（尽可能接近回火温度），保温4～8h后，随炉缓冷到300℃左右出炉。例如，某一零件在淬火前经过校直，则消除应力是必不可少的，否则，零件一经淬火，必定发生严重变形。

③ 搞好毛坯的预先热处理。零件毛坯如果是锻件，锻造后需退火，以使组织均匀化，并消除锻造应力，降低锻件硬度，便于切削加工，且对减小变形量也是有利的。

④ 保证一定的锻造比。例如，齿轮坯零件锻造比为1时，淬火后齿轮坯零件内孔的合格率不到30%。如果将锻造比提高到1.5，淬火后齿轮坯零件内孔的合格率达到85%以上。这是由于齿轮坯的锻造比提高后，金属组织变得致密并形成径向流线，从而减小了内孔的收缩变形。所以，为有效控制变形，要求一定的锻造比是必要的。

4）减小热应力。采取各项措施减少应力。

① 选择适当的淬火温度。选择适当的淬火温度，可减小变形。因为淬火温度越高，则零件从高温冷却下来的温差越大，淬火后的变形也越严重，例如，45钢的淬火温度通常为830～850℃，实际上45钢的Ac_3为785℃，可将淬火温度降低到800℃，适当延长一定的保温时间，使奥氏体均匀化，淬火后变形量即可减小。

② 提高淬火油温度减小温差。对于合金钢淬火，在一定的范围内，适当提高冷却油的温度，对减小淬火变形是很有利的。这是因为油的温度提高，流动性随之改善，不但可以减小热应力，有利于减小变形量，硬度均匀性也提高了。

③ 采用分级淬火。分级淬火的工艺是将加热到淬火温度的零件淬入160～180℃的硝盐或碱浴中，保持一段时间后取出，在空气中缓慢冷却。由于分级淬火温差小，热应力可减小许多。又由于组织转变是在空冷的过程中完成的，组织转变比较均匀，组织应力也比较小，因此，淬火后的变形量比较小。这是一种减小淬火变形的有效措施。

④ 采用等温淬火。采用等温淬火的工艺是将零件加热到淬火温度，保温，淬入略高于钢的Ms点的热浴中等温冷却一段时间，使奥氏体转变成下贝氏体，然后取出空冷。等温淬火可缩小温差，减小了热应力。又由于组织转变成下贝氏体，与转变成马氏体比较，减小了比体积的变化，即减小了由于体积膨胀而产生的组织应力。因此，淬火后的变形量大为减小，比分级淬火后变形量还要小。

⑤ Ar_1分级预冷淬火。Ar_1分级预冷淬火的原理是：利用过冷奥氏体在700℃时，其组织最稳定（从共析钢T8的奥氏体等温转变曲线上可以看到，等温转变在180s之后才开始分解的特性，把加热到淬火温度的零件，先在700℃盐浴中分级预冷一段时间（约30～120s），使零件的内外温度基本上都降到了盐浴温度（700℃左右），再取出淬火。由于减小了与冷却剂之间的温差，大大地降低了热应力，因而也大大地减小了淬火变形。这种方法与预冷淬火方法有相似之处，所不同的是预冷淬火方法零件的棱边部分先冷，其他部分后冷，而这种方法淬火的零件内外温度基本上是均匀一致的。

⑥ 采用亚温淬火。将淬火温度降低到 Ac_3 以下、高于 Ac_1，由于加热温度低了，淬火温差小了，淬火后的热应力小了，从而变形也相应减小了。

研究控制和减少热处理变形措施时，必须全方位考虑。有多种方案供选择时，应权衡利弊，并考虑现有条件、经济价值、对后续加工和使用的影响等，做出正确的选择。

2. 热处理裂纹控制

（1）热处理裂纹的产生　热处理裂纹主要产生在淬火过程中。工件淬火冷却时，如其瞬时内应力超过此时钢材的断裂强度，则将发生淬火裂纹。产生淬火裂纹的主要原因是淬火过程中所产生的淬火应力过大。若工件内存在着非金属夹杂物，碳化物偏析或其他割离金属的粗大第二相，以及由于各种原因存在于工件中的微小裂纹，则这些地方，钢材强度减弱。当淬火应力过大时，也将由此而引起淬火裂纹。

（2）预防开裂的措施　由于热处理的淬火裂纹的产生原因主要是内应力过大和钢材的组织缺陷，所以，预防开裂的措施应该从这两方面入手。

预防开裂的措施与减小淬火内应力的措施相同，减小淬火内应力的措施已在“热处理变形控制”问题中论述了。另一方面是保证钢材质量，严格好钢材质量关，对于有夹杂物超标的钢材要禁止使用。还有，淬火后要及时回火，防止发生开裂。进而确保热处理淬火时不发生开裂现象。

4.5　热处理后的质量控制

热处理生产过程中，因热工仪表、加热设备、淬火冷却介质、操作水平、原材料等因素的影响，热处理质量不可避免地存在差异，甚至产生不合格品。通过检验把不合格品剔除出去。因此，质量检验对保证和提高热处理质量有着极为重要的作用，它是质量管理的重要组成部分。

热处理质量检验是指对热处理产品的一种或多种性能进行测量、试验、检查，并对这些性能与规定的技术要求进行比较，以确定其是否符合要求的活动。

4.5.1　热处理质量检验方法

1. 硬度试验

硬度试验是检验热处理质量最常用的方法之一，这是由于硬度通常作为热处理技术要求之一，它能敏感地反映热处理工艺材料成分、组织、结构之间的关系。

常见的硬度试验有布氏、洛氏、维氏、肖氏和显微硬度等方法。布氏硬度是利用一定大小的试验力，把一定直径的硬质合金球压入被测金属的表面，通过压痕面积来衡量被测材料硬度的方法，主要用于铸铁、非铁金属以及经退火、正火和调质处理的钢材。洛氏硬度是工程中应用最为广泛的一种硬度检测手段，主要是根据压痕深度来评定被测材料硬度的方法。表 4-17 列出了洛氏硬度试验方法及应用范围。维氏硬度采用的是夹角为 136° 的四棱锥体金刚石，以压痕面积大小来评定硬度高低，其优点是试验力可以任意选择，特别适用于表面强化处理（如化学热处理）的零件和很薄的试样，但维氏硬度试验的生产率不如洛氏硬度试验高，不宜用于成批生产的常规检验。肖氏硬度试验法利用钢球回弹高度来标定被测材料的硬度，采用一种轻便的手提式硬度计，适合对现场大型零件的检验。上述各种硬度测试方法均采用较高的试验载荷（通常为千克数量级），测试的面积也较大（毫米级），因此属于宏观硬度的测定；而显微硬度一般采用较低的载荷（克级），压痕面积也较小（微米级），是对特定显微组织和组成相的硬度进行测量的手段。

表4-17　洛氏硬度试验方法及应用范围

符号	压头类型	总负荷/kN	硬度值有效范围	应用举例
HRA	120°金刚石圆锥体	0.5884	70～85HRA	硬质合金，表面淬硬层，渗碳层
HRB	直径1.588mm的钢球	0.9807	25～100HRB	非铁合金，退火、正火钢等
HRC	120°金刚石圆锥体	1.4711	20～67HRC	淬火钢，调质钢

2. 其他力学性能试验法

力学性能试验包括静拉伸、弯曲、扭转、疲劳及磨损等，应用这些方法应根据工件服役时所受载荷类型，选择相应的实验方法，例如，轴类零件选用弯扭复合疲劳试验，轴承零件选用接触疲劳试验，冷变形模具可选用冲击疲劳和磨损试验。另外，根据材料成分和热处理状态，选用合适的试验方法。如淬火低温回火后的工模具钢，为了测定强度和塑性指标，通常选用弯曲或扭转试验，而不选用应力状态软性系数小的拉伸试验。为了测定其冲击值，一般选用无缺口冲击试棒。试棒的试验结果，不可能完全代表零件实际使用时的性能或寿命。通常随着试棒尺寸增大，力学性能下降。

3. 金相试验

在热处理质量检验中，金相分析是重要的内容之一。金相试验主要用于以下几方面：

1）按照国家有关技术标准，对各种热处理后的显微组织（如晶粒度、碳化物等）进行评级，以便控制热处理质量。

2）用于热处理参数的控制，如高速钢淬火加热时，用晶粒度试验控制加热温度，渗碳层金相组织的检验用来控制渗碳气氛和渗碳时间。

3）测定各种硬化层深度，如渗碳层、渗氮层，感应加热淬硬层及各种镀层深度。

4）监测各种热处理缺陷，如过热、过烧，表面脱碳、增碳、显微裂纹，渗碳和碳氮共渗黑色组织及回火不足等。

5）热处理废品及零件失效分析，通过金相观察分析找出产生废品和早期失效的原因。

6）原材料进厂检验，如非金属夹杂物、碳化物偏析、带状组织等。

4. 无损检测

无损检测（NDT）是在不损坏零件条件下检验材料内部及表面缺陷，或者对硬度及硬化层深度进行质量检查，它是保证、控制、监视和提高热处理质量的重要手段。无损检测主要用于：①探伤，监测热处理过程中的质量缺陷，如淬火裂纹，目前用于探伤的方法主要有磁粉探伤、射线探伤、渗透探伤和超声波探伤等；②分析缺陷与强度的关系，评价零件存在缺陷时的承载能力及剩余寿命的估算；③硬度及硬化层深度的检查。

无损检测结果是评定热处理质量的主要依据，并能对服役中机械装备的安全性和可靠性提供直接信息，因此，无损检测结果的准确性就显得非常重要。无损检测结果分析在很大程度上取决于无损检测人员的专业知识和技术水平。为了确保质量控制的可靠性，除对各种仪器、仪表、器材严加校验外，还要控制人为因素造成的影响，使其减少到最低程度。为此，检测人员要经过严格培训，能正确地调节、校准仪器和进行检测，根据有关规定、标准和技术条件解释和评价检测结果。

4.5.2 热处理缺陷及分析方法

热处理可通过加热和冷却，使零件获得适应工作条件需要的使用性能，达到充分发挥材料潜力、提高产品质量、延长使用寿命的目的。如果出现热处理缺陷，热处理就无法达到预期的目的，使零件成为不合格品或废品，造成经济损失；如果热处理缺陷不能及时发现，带有缺陷的零件或产品投入使用，可能引起重大事故，工程上这类事件时有发生。

由于热处理是通过改变材料内部微观组织结构，达到零件宏观性能要求的特种工艺，所以热处理缺陷一部分是宏观的，大部分是微观的，必须使用仪器检查，给热处理缺陷检查和发现带来困难。另一方面，热处理属于批量连续生产，一旦发生热处理缺陷，一般情况涉及范围都比较大。因此，热处理缺陷是危害性大的缺陷，应大力防止产生这类缺陷发生。

1. 热处理缺陷及分类

热处理缺陷包括热处理生产过程中产生的使零件失去使用价值或不符合技术条件要求的各种不足，以及会使热处理以后的后续工序工艺性能变坏或降低使用性能的热处理隐患。热处理缺陷一般按缺陷性质分类，主要包括热处理裂纹、变形、残余应力、组织不合格、性能不合格、脆性及其他缺陷，见表4-18。

热处理缺陷中最危险的是裂纹，一般称之为第一类热处理缺陷。热处理裂纹主要是在淬火过程中产生的淬火裂纹；其次是由于加热不当产生的各种加热裂纹；还有淬火后各工序不当产生的延迟裂纹、冷处理裂纹、回火裂纹、时效裂纹、磨削裂纹和电镀裂纹等。热处理裂纹属于不可挽救的缺陷，一般只能将裂纹零件报废处理。如果由于漏检将有裂纹的零件带到使用中去，裂纹很容易扩展引起突然断裂，造成重大事故，所以热处理生产中要特别注意设法避免产生裂纹，并严格检查，防止漏检。

热处理变形是最常见的热处理缺陷，淬火变形占淬火缺陷的40%~50%，一般称之为第二类热处理缺陷。热处理变形包括尺寸变形和形状变形。由于热处理过程中存在相变和热应力，热处理总是存在着一些变形，但一定量微小变形是允许的。总变形超过限度就成为热处理缺陷。虽然热处理变形一般可用校正修复，但耗时费工，经济损失严重，所以在热处理生产中，要认真研究变形规律，尽量设法减少或避免变形。

残余应力、组织不合格、性能不合格、脆性及其他缺陷，从发生频率及严重性来讲，相对裂纹和变形，属于第三位，一般统称为第三类热处理缺陷。这类缺陷的特点是一般需用专门仪器和方法来检测，漏检的可能性较大，对使用带来较大的潜在危害，所以在热处理生产中要特别重视全面质量控制，加强检验，减少这类缺陷，严防漏检。

表4-18 热处理缺陷的分类

缺陷类别	热处理缺陷名称
裂纹	淬火裂纹、放置裂纹、延迟裂纹、回火裂纹、时效裂纹、冷处理裂纹、感应淬火裂纹、火焰淬火裂纹、剥落、分层、鼓包、磨削裂纹、电镀裂纹
变形	尺寸变形：胀大、缩小、伸长、缩短 形状变形：弯曲、扭曲、翘曲 微小变形
残余应力	组织应力、热应力、综合应力
组织不合格	氧化、脱碳、过热、过滤、粗晶、魏氏组织、碳化物石墨化、网状碳化物、共晶组织、萘状断口、石状断口、鳞状断口、球化组织不良、反常组织、内氧化、黑色组织、渗碳层碳化物过多及大块状或网状分布、残留奥氏体过多、马氏体粗大、渗氮前组织铁素体过多、渗氮白层、渗氮化合物层疏松、针状组织、网状和脉冲氧化物、渗硼层非正常组织、渗硼层孔洞、螺旋状回火带
性能不合格	硬度不合格、软点、硬化不均匀、软化不均匀、拉伸性能不合格、疲劳性能不好、耐蚀性能不良、持久蠕变性能不合格、渗碳表面硬度不足和心部硬度不合格、渗氮表面硬度不足和心部硬度不合格、感应加热淬火硬度不足和不均匀、火焰淬火硬度不足和不均匀
脆性	退火脆性、回火脆性、氢脆、σ脆性、300℃脆性、渗碳层剥落、渗氮层脆性、渗氮层剥落、低温脆性、电镀脆性
其他缺陷	化学热处理和表面热处理的硬化层深度不合格，真空热处理和保护热处理的表面不光亮与氧化色、表面增碳或增氮、表面合金元素贫化和粘连，铝合金热处理的高温氧化、起泡、包铝板铜扩散、腐蚀或耐蚀性能降低，镁合金热处理的熔孔、表面氧化、晶粒畸形长大、化学氧化着色不良，钛合金热处理的渗氮、表面氧化色，铜合金热处理的黑斑点，黄铜脱锌、纯铜氢脆，铍青铜淬火失色、粘连，高温合金热处理的晶间氧化、表面成分变化、腐蚀点和腐蚀坑、粗大晶粒或混合晶粒

热处理缺陷产生的原因是多方面的，概括起来可分为热处理前、热处理中、热处理后三方面的原因。

热处理前，可能因为设计不良、原材料或毛坯缺陷等原因，热处理时产生或扩展成热处理缺陷，其责任不在热处理。零件设计中可能因选材不当、热处理技术要求不当、截面急剧变化、锐角过渡、打标记处应力集中等不合理设计，导致热处理缺陷。原材料各种缺陷及热处理前各种加工工序缺陷，在热处理时也可导致热处理缺陷。可能导致热处理缺陷的原材料缺陷主要有化学成分波动和不均匀、杂质元素偏多、严重偏析、非金属夹杂物、疏松、带状组织、折叠、发纹、白点、微裂纹、氧化脱碳、划痕等；可能导致热处理缺陷的铸造、锻造、焊接、机械加工的主要缺陷有裂纹、组织不良、外观缺陷等。

热处理后，因后续加工工序不当或使用不当，还可能产生与热处理相关的缺陷，这类缺陷的责任不完全在热处理。后续加工工序不当可能产生与热处理有关的缺陷有：磨削裂纹、磨削烧伤、磨削淬火、电火花加工裂纹、电镀或酸洗脆性等；使用不当可能产生与热处理有关的缺陷有：应力集中过大产生裂纹、使用温度过高产生热裂或变形、修补裂纹等。

热处理中产生缺陷的原因可能有工艺不当、操作不当、设备和环境条件不合适等。各种热处理工艺由于加热、冷却条件不同，产生的缺陷也不完全相同，热处理工艺常见缺陷见表4-19。

表 4-19 热处理工艺常见缺陷

热处理类型	热处理工艺	常见缺陷
整体热处理	退火与正火	软化不充分、退火脆性、渗碳体石墨化、氧化、脱碳、过热、过烧、魏氏组织、网状碳化物、球化组织不良、萘状断口、石状断口、反常组织
	淬火	淬火裂纹、淬火变形、硬化不充分、软点、氧化、脱碳、过热、过烧、鳞状断口、表面腐蚀、放置裂纹、放置变形
	回火	回火裂纹、回火脆性、回火变形、性能不合格、表面腐蚀、残余应力过大
	冷处理	冷处理裂纹、冷处理不充分
化学热处理	渗碳与碳氮共渗	渗碳过度、反常组织、渗碳不均匀、内氧化、剥落、表面硬度不足、表面碳化物不合格、心部组织不合格、渗碳层深度不足、心部硬度不合格、表面硬度不足、表面脱碳
	渗氮与氮碳共渗	白层、剥落、渗层硬度低及软点、渗层深度不足、渗层网状或脉冲组织、变形、心部硬度低、渗层脆性、耐蚀性差、表面氧化
	渗金属	渗层过厚或不足、漏渗、渗层损伤、氧化、腐蚀、渗层分层、鼓包
表面热处理	感应加热	变形，裂纹，表面硬度过高、过低、不均，硬化层不足、烧伤、晶粒粗化（过热）、螺旋状回火带
	火焰加热	变形、裂纹、过热、过烧、表面硬度不合格、硬化层深度不足
特种热处理	真空热处理	表面合金元素贫化、表面增碳或增氮、表面不光亮、淬火硬度不足、表面晶粒长大、粘连
	保护热处理	表面增碳或增氮、表面不光亮、氢脆、表面腐蚀、氧化、脱碳
非铁金属合金热处理	铝合金热处理	高温氧化、起泡、包铝板铜扩散、腐蚀或耐蚀性能降低、力学性能不合格、过烧、翘曲、裂纹、粗大晶粒
	镁合金热处理	熔孔、表面氧化、晶粒畸形长大、化学氧化着色不良、变形、力学性能不合格
	钛合金热处理	渗氢、表面氧化色、过热、过烧、力学性能不合格
	铜合金热处理	黑斑点、黄铜脱锌、纯铜氢脆、铍青铜淬火失色、粘连、淬火硬度不足、硬度不均匀、过热、过烧
	高温合金热处理	晶间氧化、表面成分变化、腐蚀点和腐蚀坑、粗大晶粒或混合晶粒、氧化剥落、翘曲、裂纹、过热、过烧、硬度不合格、力学性能不合格

2. 热处理缺陷分析方法

热处理缺陷种类和产生原因复杂多样，其影响很大，直接影响产品质量、使用性能和安全，所以准确分析和判断热处理缺陷十分重要。热处理缺陷分析从断口分析入手，辅以化学成分分析、金相分析、力学性能实验、无损检验等检验方法，调查工艺过程，进行必要的验证试验。最后将各种分析、实验结果及数据进行综合分析，得出结论，并提出改进措施。

（1）断口分析　在断口分析技术中，最关键的两项工作是断口的选择和断口的观察。对于断裂原因的正确分析及断口形貌的正确解释，在很大程度上依靠于断口样品的正确选择及断口形貌的清晰程度。在分析断裂时，必须从断裂零件中选取断口样品，不仅是为了缩小检查范围，而更重要的是为了寻找最先开裂的断裂部位。另外，在取样时不得损伤断口表面，并使断口保持干燥，防止污染。在断口宏观观察时，还要注意断口表面颜色。断口表面颜色反映了开裂之后的过程和温度，有利于判断开裂时机。表4-20列出了钢在不同回火温度的颜色。

表4-20　钢在不同回火温度的颜色

温度（保温1h）/℃	氧化颜色	温度（保温8min）/℃
188	淡黄色	238
199	亮稻草色	265
210	暗稻草色	293
221	棕色	321
232	紫色	337
254	亮紫色	376

断口的微观观察通常是应用电子显微镜。断口的微观观察是在断口宏观观察的基础上进行的。通过对断口的微观观察，除可进一步澄清断裂的路径、断裂的性质、环境对断裂的影响等因素外，还将找出断裂的原因及其断裂机理等因素。

（2）化学分析　在热处理缺陷分析中，为了查明材料是否符合规定要求，必须进行化学成分分析，考察实际使用的材料成分与规定成分是否有偏差，使用材料是否有错误。有时还需要对腐蚀表面沉积物、氧化物或者腐蚀产物，以及与被腐蚀材料接触的介质，进行化学分析，以利于分析缺陷产生的原因。化学分析包括常规的、局部的、表面的和微区的化学分析。在分析中应当注意常规成分报告中那些没有规定限量的有害元素，例如，砷、锑、铅、锡、铋等是否超过限量。另外，还要注意气体含量，例如，氢、氧、氮等也不能超过一定的限量。在缺陷分析中，还经常使用电子探针、俄歇谱仪、离子探针等仪器，来检测腐蚀产物、表面化学元素组成、化学成分的局部偏析、微量及痕量元素等。

（3）金相检验　金相检验在热处理缺陷分析中也是经常应用的一种重要手段，有些热处理缺陷往往只需作金相检验就可以查明损坏的原因。金相检验的内容主要有晶粒的大小、组织形态、第二相粒子的大小及分布、晶界的变化、夹杂物、疏松、裂纹、脱碳等缺陷。特别应注意晶界的检验，是否有析出相、腐蚀等现象发生。

（4）力学性能检验　热处理的目的就是使零件获得要求的组织和性能，对机械零件主要的要求性能是力学性能，所以热处理后零件或随炉试样都要进行力学性能试验检查。力学性能试验（主要是硬度试验）也是对热处理质量情况的检查；另外，力学性能试验还是考核零件材料是否合格的重要证据。因此，热处理缺陷分析中力学性能试验具有重要作用。力学性能试验除了硬度试验，有时还要进行静拉伸、冲击、疲劳、断裂韧度及高温性能等试验。特别应注意不同零件、不同部位力学性能的差异是否达到技术条件要求。

（5）验证试验　验证试验是对热处理缺陷分析初步结果的考核和证明，再现热处理缺陷。通常是按原工艺和改进工艺进行对比试验，分析检查技术条件要求的各项指标。

(6) 综合分析　对热处理缺陷的各种检查和试验所获得的结果及试验数据进行全面分析，得出一种或几种主要的原因，有时还要查阅相关文献资料及同类实例报告，作为参考借鉴，最终确定结论，并提出改进措施。

热处理缺陷种类繁多，产生的原因多种多样。因此，为了预防和挽救热处理缺陷，首先要深入了解各种热处理缺陷形态特征、产生原因和影响因素，准确分析确定热处理缺陷的性质，提出切实可行的预防和改进措施。更主要的是要从与热处理有关的多方面着手解决，对热处理前、热处理中、热处理后各个相关环节进行控制，这就是要对热处理全过程进行全面质量控制。此外，还要加强对热处理缺陷研究，深入研究各种热处理缺陷产生的机理、新型热处理工艺缺陷性质，探讨减少和避免热处理缺陷新措施及补救方法。

热处理生产中不可避免地会出现缺陷产品。对于检出的不合格品除了要采取措施防止其混进合格品转入下道工序或出厂，同时，还要避免不合格品再度发生，造成不必要的浪费。因此，对经质量检验员和车间技术人员共同判定的不合格品，可以分为能够返修或重新热处理的次品和不能返修的废品，应立即进行标识加以区别；采取必要措施对同期处理的工件进行复查，甚至可追回转入下一道工序的半成品或已出厂的成品。对返修的不合格品，应重新制订热处理工艺规范，返修后还应进行检验，如果仍达不到质量要求，应该判废。要积极查找形成缺陷产品的原因，并采取积极有效的预防措施予以纠正。

4.5.3 热处理后的质量服务

全面质量管理的特点之一是认真开展售后服务工作。热处理也要满足顾客的需要，与他们进行广泛接触交流，共同提高产品质量。热处理后的质量服务对象不仅是热处理工件的实际用户，也包括热处理的下一道工序。热处理后的质量服务工作主要包括以下内容：

进行质量跟踪，热处理质量对下道工序的工艺性能或出厂产品的使用性能有很大影响。但热处理车间生产的工件质量如何，能否满足顾客的要求，不取决于热处理工作者的主观愿望，还要经过生产和实际运行的考验。为此要向用户作调查，进行质量跟踪，倾听他们对热处理质量的意见。尤其对新材料、新工艺、新的质量改进措施的效果，更应该回访顾客。

为做好质量跟踪工作，要与顾客间建立信息监控和信息反馈系统，对热处理质量进行收集、分析和传递。对出厂的产品，要经常了解使用过程中的质量特性，通过收集出现故障的工作，进行失效分析，为改进产品质量提供依据。

热处理后的技术服务包括以下内容：

1）根据热处理工件的性能特点，建议下道工序应采用的加工方法。例如，渗硼件由于渗层脆性大，为达到尺寸精度和表面质量，如用一般砂轮磨削，表面易剥落，可采用金刚石粉、油石、砂布等进行研磨、抛光。

2）根据热处理工件的特点，向顾客提供安装、使用方法和注意事项。例如，处理后的硬质合金模具，硬度高、耐磨性好，但韧性低。要提醒使用者注意模具的安装精度，尤其在调试时，若不小心会引起模具崩刃或掉块。

3）认真解决热处理工件在后续加工过程中出现的质量问题。如果下道工序出现不合格品，并可能与热处理质量有关时，应主动进行分析，提出改进措施。例如，产生磨削裂纹的GCr15钢轴承套圈，经分析出现马氏体粗大，淬火加热温度偏高，引起钢的抗拉强度下降，适当降低淬火加热温度，磨削裂纹会减少很多。

4）进行技术交流，帮助顾客解决生产难题，某单位自制Cr12陶土模，委托外单位进行热处理，根据技术要求，采用淬火低温回火处理后，耐磨性差，模具寿命短。改用渗硼处理，模具寿命高。

质量改进是全面质量管理的精髓。生产企业应根据用户的反馈意见以及对热处理产品在服役过程中早期失效原因的分析，经设计部门或其他有关生产环节对设计方案或热处理技术改进后，不断提高产品质量。

热处理质量改进的具体内容包括：通过质量信息反馈和调查研究，确定质量改进的内容及目标；通过失效分析获得质量不满意的原因，明确需要改进的性质和因果关系；确定新的热处理技术要求，更换新材料，制订新的工艺方案并付诸实施；通过检查、试验及实际运行考验，评价改进措施是否有效；当质量改进结果确认有效后，通过检定并正式修订技术要求，按新的优化参数，在新的质量水平上对有关过程进行控制。

4.5.4 热处理的公害与技术安全

热处理过程中产生的有害物及其他不安全因素，不仅严重影响到热处理工作者的身心健康，有些已构成工业公害。它对环境的污染不像大型化工厂、大型钢厂、电厂等那样严重，但由于它是机械工业的重要组成部分，机械工业在我国分布甚广，因而其公害规模虽然不大，危害面却很宽，越来越引起环保工作者及热处理工作者的关注。

1. 热处理过程中的公害及不安全因素

（1）毒物、毒气和粉尘　我国大多数机械厂的热处理车间或者独立的热处理厂目前还是采用反射炉加热设备，用的是固体燃料煤、液体燃料重油、气体燃料煤气等。煤的化学成分复杂，燃烧中除产生大量的烟尘之外，还产生苯、苯并芘等有害物，其中苯并芘已证实是致癌物质。重油、丙烷与煤气等，燃烧时也产生CO_2、CO、SO_2、H_2S、醛、醇等有害产物，这些气体有不同程度的毒性和气味，当燃烧不充分时，还有大量的油雾和烟雾。除燃烧物的公害外，加热介质也构成公害，热处理中的盐浴炉、铅浴、锌浴炉的熔盐液、铅液、锌液都有毒性，高温下有严重的烟雾刺激性气味。这些熔融液温度很高，飞溅时容易造成烫伤。热处理不少工序要直接应用有毒物品，如三酸（硝酸、盐酸、硫酸）、烧碱、纯碱、熔融的铅和金属盐等。应用氯化钡作为加热介质时，最高温度达1300℃，此时氯化钡会大量蒸发；氮化工艺过程大量地使用氨气，在生产过程中部分氨气会随废气排入大气中；氰化盐在液体渗碳、碳氮共渗和软氮化等工艺过程中应用；有机物如汽油、甲醇、丙酮和煤油等在使用中会大量地挥发；煤气和吸、放热保护气氛中的主要成分是CO；硝盐浴炉中熔融的硝盐，在热的状态下与工件油污作用，产生棕色的有毒气体（N_2O_5等氮氧化合物）；气体软氮化时，甲醇和氨气进入炉内相互作用后产生氰酸根；热处理工件最后的喷砂清理，使用硅砂会产生大量二氧化硅粉尘。

热处理的冷却工序用到各式各样的冷却介质，淬火用得最多。为了适应不同的冷却规范，除了采用水之外，还用油、盐、碱等化学药品的水溶液诸如盐水、氯化锌-碱水溶液、硫酸铜水溶液等。这些介质除水之外大多都有不同程度的危害，排入水中，污染水源，油、盐、碱液对农作物与水生生物的生长均有很大的影响。

（2）触电　热处理车间用电量很大，许多炉子使用电加热设备，如水泵、油泵、鼓风机和抽风机都是用电动机驱动，而且还有不少用电设备，用的是高压电（如高频设备可高达15kV）。在使用中违章操作，易发生触电和电击伤事故。

（3）易燃易爆　热处理中应用的某些油料（汽油、煤油和柴油）、有机物（甲醇、乙醇、乙炔、丙烷、丁烷、丙酮和香蕉水等），都是易燃易爆物质。使用气体和液体燃料的热处理炉，由于操作不当，也经常发生炉子爆炸事故。

热处理淬火工艺有时要求把加热到800～900℃以上的工件直接淬入油中或采用喷油冷却，容易引起火灾。

（4）烫伤　热处理的加热介质许多是利用熔融的金属盐（氯化钡、氯化钠、氯化钾和碳酸钠）。熔融的金属盐一旦遇到水或水汽就会发生熔盐的崩爆，使熔盐飞溅而烫伤人。作为"冷却"介质的低温硝盐浴，虽然温度在150～200℃，一旦碰到皮肤也会造成严重烫伤。还有，灼热的工件、热油和清洗用的热水浴槽也都容易造成烫伤。

（5）热辐射与光辐射　热处理不少工艺的温度高达900～1280℃，操作人员要在炉前操作，特别是工件进出炉时，工人受到高温的辐射，当温度在1000℃以上时，强烈的光辐射刺激操作者的眼睛，时间久了也会损伤眼睛。

（6）电磁辐射　热处理的高频加热设备在工作时，向外发射250～300kHz的电磁波，3m以内就会对人体有危害。近年来发展的射频溅射镀膜设备，则会向外发射$6\times10^6\sim3\times10^8$Hz的超高频电磁辐射。

热处理生产中的有害物和不安全因素较多，必须对它要有足够的认识，以便采取有效措施，把污染降低到最低程度，避免事故发生。

2. 热处理车间结构要求和特点

为改善热处理生产的劳动条件，并为安全提供必要条件，必须从热处理车间设计的开始就考虑到安全。

由于热处理车间集中了大量加热设备，并且挥发出盐蒸气和油烟等，具有一定毒性。因此，必须加强车间内外的空气对流，热处理车间厂房相对地要适当高一些：小型的热处理车间厂房高度为轨面高5～7m；大型热处理车间轨面高为7～10m。对于有毒的碳氮共渗间和有尘埃的喷砂间，也必须是单独厂房或砌砖墙与其他工步隔开。热处理车间内外应保持道路通畅，万一发生火灾时有利于营救和疏散。

车间应光线充足、通风良好，还应安装天窗；侧墙窗户的总面积应占墙壁总面积的50%以上，至少有两面外墙。外墙的窗口周围尽量避免构筑建筑物，以免阻挡和影响车间的采光和通风。

对于挥发有害、有毒气体和油烟的炉子，应安装良好的吸风装置。硝盐浴炉和油浴炉的吸风必须分开，以免助燃失火。热处理车间内温度较高的工位应有送风装置，保证在高温下不断有温度较低而且新鲜的空气送到操作处，改善劳动条件。

3. 热处理安全技术管理

热处理车间的有害和不安全因素较多，涉及面也较广。既要防止恶性事故（如火灾、爆炸、重大人身事故等）的发生，也要重视热处理车间日常安全技术和三废的管理。这就首先要加强对安全技术工作的领导，认真贯彻执行党和国家有关安全生产、劳动保护、环境保护的政策和法令。定期组织有关专业人员对危险物品、电器、机械、消防、三废处理等设施进行安全检查，及时发现和处理不安全的隐患。其次还应健全安全技术操作规程，对于热处理各种加热设备、电气设备以及所使用的易燃易爆和有毒、有害物品都应制定安全操作管理细则，制定三废处理的操作细则和排放要求，并作为向职工进行技术业务教育的重要内容。

4. 热处理车间的防火和防爆

热处理车间发生火灾及爆炸的原因通常为：因电气设备短路或用电过载，电线发热而引起的带电火灾；灼热的工件在油中淬火或是油浴槽内热油溢出而引起的油火灾；燃料气或燃油蒸气在炉膛和管道内由于混入空气遇到明火而发生爆燃（炸）；具有强烈氧化性熔融硝浴进入了可燃物质（炭屑、木屑、氰盐和油棉纱等）而发生剧烈反应而引起火灾或爆炸；煤气、石油气容器泄漏及破损使得气体弥漫引起的爆炸或火灾。

由于上述原因造成的火灾往往伴随电气设备起火或油类着火，所以在消防方面也必然有其特殊性。一般的消防水龙头当然是必备的，使用也较为方便，但在热处理车间发生火灾时却不能随便使用，如发生带电火灾和油料着火时就不能使用，那样会使救火者触电或使油火蔓延。高温熔融的盐浴遇水会发生爆炸，因此也不能用水。热处理车间常用的灭火剂包括：化学泡沫灭火剂、二氧化碳（干冰）灭火剂、化学干粉灭火剂、干燥黄砂。

表4-21所示为热处理常用的易燃易爆物品的性能及适用的灭火剂。

表4-21　热处理常用的易燃易爆物品的性能及适用的灭火剂

类别	物品名称	相对密度	熔点/℃	沸点/℃	闪点/℃	自燃点/℃	爆炸极限(%)(体积)	灭火剂	备　注
易燃液体	汽油	0.67~0.71	—	50~150	-58~+10	4.5~5.3	1.0~6.0	泡沫、二氧化碳、四氯化碳、干粉、砂、石棉纱	汽油容器避免日光曝晒
易燃液体	丙酮	0.79	—	56	-20	570	2.9~13.0	泡沫、二氧化碳、干粉、石棉毯	
易燃液体	氰氢酸	0.69	-14	26	-17.5	538	5.6~40	二氧化碳、四氯化碳、干粉	剧毒
易燃液体	苯	0.88	—	78~80	-14	580	1.5~9.5	泡沫、二氧化碳、四氯化碳、干粉	
易燃液体	甲苯	0.86	-94.5	110	+1	552	1.2~7.0	二氧化碳、干粉	
易燃液体	甲醇	0.79	—	64	7	475	6~36.5	泡沫、二氧化碳、干粉	
可燃液体	煤油	0.83	—	—	27~45	380~425	1.4~7.5	泡沫、石棉毯	
可燃液体	柴油	0.8~0.87	—	—	60~110	—	—	喷雾水、泡沫、二氧化碳、干粉	

（续）

类别	物品名称	相对密度	熔点/℃	沸点/℃	闪点/℃	自燃点/℃	爆炸极限（%）（体积）	灭火剂	备注
易燃气体	甲烷	0.55	-182.5	-161.5	—	650	5.3~14.0	制止气体逸出、水、二氧化碳	与空气或氯气形成易爆物
	乙烷	1.03	-172	-88	—	510~522	3.0~15.0	同上	
	丙烷	1.52	-190	-44	—	446	2.3~9.5	同上	
	乙炔	0.90	-82	—	—	480	1.52~8.2	制止气体逸出、二氧化碳、干粉及石棉毯	7%~11%范围猛烈爆炸，加压到 2×10^5Pa，高于450℃聚合爆炸
	氢气	0.07	—	-252	—	570	4.15~75.0	同上	与氧混合生成氢氧爆炸气
	氨	0.59	-78	-33~-35	—	780	16~27	制止气体逸出、水	
	一氧化碳	0.96	-199	-191.3	—	—	12.5~74.2	制止气体逸出、水、二氧化碳、氮气	
强氧化剂	氯酸钾	2.33						喷雾水	撞击、摩擦有起火危险
	硝酸钾	2.09						喷雾水、砂（高温熔融状态禁止用水）	高于400℃时，放出氧与有机物形成爆炸混合物

5. 热处理车间的三废排放和处理

热处理生产过程中产生大量“三废”，长期以来，由于处理起来难度大，需要一定的资金和设备，而未经处理就直接排空或经下水道排放到江河中去，会造成对环境的污染。近年来，国家制定了相应的环境保护法，超标的“三废”不得排放。热处理过程中排出的有害气应保证有毒物质的含量不超过国家相关标准规定；对于热处理工业废水的排放，国家标准中也对 pH 值、氰根、石油类、铅及有机化合物的排放含量做了严格规定；对于固态废物含有毒性极大的 CN^{-1}、Cr^{+6}等固态废渣，不得随便丢弃，必须集中放置在专设的具有防水、防渗措施的存放场所（包括深埋）。

4.5.5 热处理质量的计算机控制

现代计算机技术的发展成为热处理工艺优化设计、工艺过程的自动控制、质量检测与数理统计分析等提供了崭新的手段。它能及时地为质量管理收集大量准确的信息，并做出合理判断。也能用于故障诊断和质量认证、专家咨询。计算机已成为先进的质量管理工具，开创了热处理质量控制的广阔前景。

1. 计算机在热处理工艺过程控制中的应用

利用计算机的存储功能，可将各类工具的最佳热处理工艺存入存储器，当输入热处理工件的参数后，计算机便能自动控制过程。我国有许多企业应用计算机控制气体渗氮、气体渗碳和感应淬火工艺过程。图 4-16 所示为微机控制滴注式气体渗碳软件程序框图，它能够准确控制气体渗碳时的加热温度、加热时间、炉内压力及气氛碳势等。使用计算机还可以对多台设备实行群控，既保证热处理质量，又能提高生产率。由于实现了热处理过程自动化和集中监督，从而消除因操作人员水平不同或其他人为因素引起的质量波动，有利于稳定热处理质量。

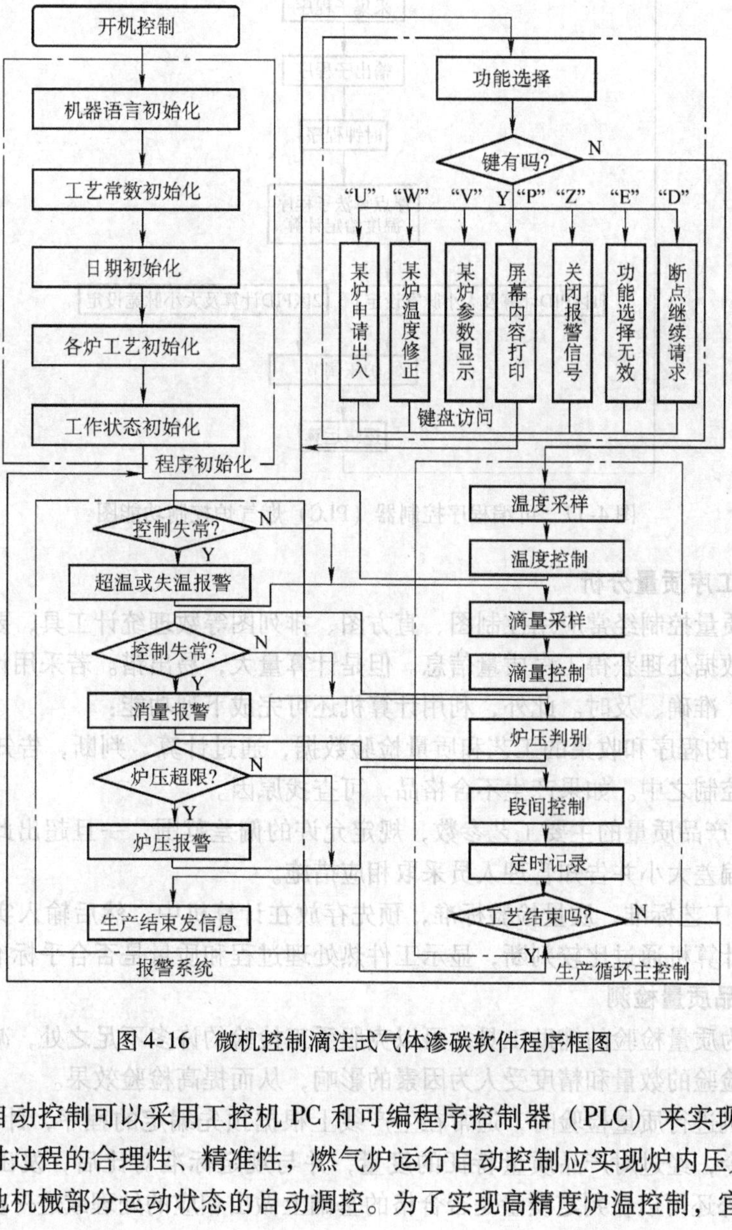

图 4-16　微机控制滴注式气体渗碳软件程序框图

燃气炉的自动控制可以采用工控机 PC 和可编程序控制器（PLC）来实现，以提高设备运行品质和工件过程的合理性、精准性，燃气炉运行自动控制应实现炉内压力、燃烧过程、预热系统和其他机械部分运动状态的自动调控。为了实现高精度炉温控制，宜采用温度信号单烧嘴控制，即每只烧嘴配置一只双芯热电偶，一支热电偶温度信号用于运行控制，另一支热电偶温度信号进行温度曲线记录，从而实现单区域烧嘴调控。采用工控机作为人机对话和管理层，信号处理及控制过程通过 PLC 实现，工控机和 PLC 通过组态软件包连接，控制信号经过放大后，驱动电动执行器中的两相伺服电动机或电磁阀，带动蝶阀或调节阀实现燃烧系统自动控制。在自动控制系统出现故障时，还可以采用电动操作器将伺服机构转化为手动操作，充分保证加热炉安全运行。图 4-17 为可编程序控制器（PLC）燃气炉控制功能图。

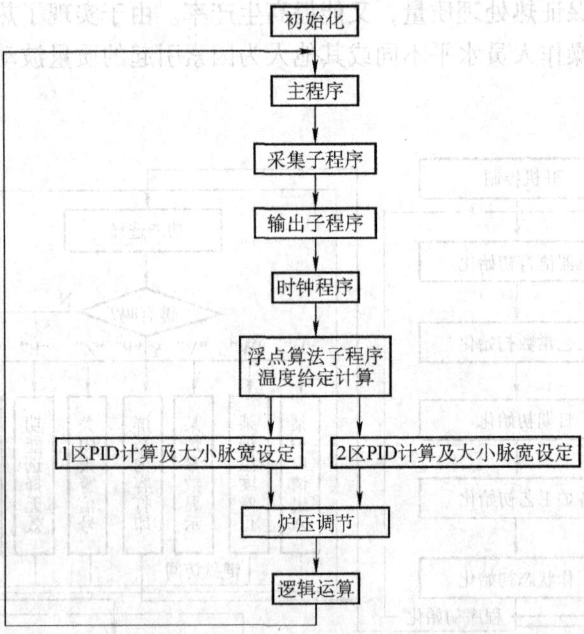

图 4-17　可编程序控制器（PLC）燃气炉控制功能图

2. 应用于工序质量分析

进行工序质量控制经常应用控制图、直方图、排列图等数理统计工具，要收集质量特性数据，并通过数据处理获得工序质量信息。但是计算量大，易出错。若采用计算机进行统计分析，则迅速、准确、及时。此外，利用计算机还可完成下列功能：

1）对编好的程序和收集的工艺和质量检验数据，通过计算、判断，告知质量管理人员该工序是否在控制之中。如果产生不合格品，可查找原因。

2）对影响产品质量的主要工艺参数，规定允许的偏差范围，一旦超出此范围，计算机便能自动显示偏差大小并告知管理人员采取相应措施。

3）把各种工艺标准、质量检验标准，预先存放在计算机中，然后输入实际的工艺参数和检测数据，计算机通过比较判断，显示工件热处理过程和质量是否合乎标准。

3. 用于产品质量检测

计算机作为质量检验的辅助工具，可以克服手工检验的许多不足之处，减少检验人员单调劳动，避免检验的数量和精度受人为因素的影响，从而提高检验效果。

使用计算机进行质量检验时，通常在生产线上根据预先编定的程序，计算机自动采样，并发出试验指令，经过对产品质量特征的度量，并与规定标准对比后，发出“通过—不通过”信号。此外还可以在判定质量是否合格的基础上做出相应的处理或进一步试验。

利用计算机进行质量检验适用于生产流水线上的成批检验，便于使用无损检测；对于需要检验的指标多或要求检验速度快的情况尤为适合。

图4-18所示是微机处理超声波检测系统的结构框图。整个测试过程首先由微机收取超声波探伤仪的缺陷回波信号，存放在“波形存储器”内，然后计算机与“波形存储器”进行信息交换，对数据进行处理，将缺陷的位置和大小显示在CRT上，并可打印记录结果。

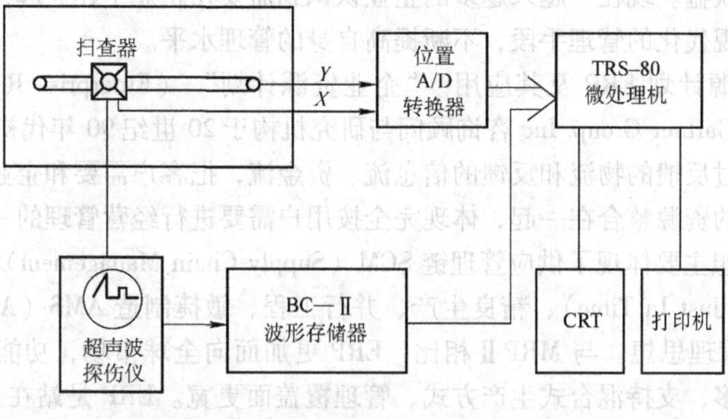

图4-18　微机处理超声波检测系统的结构框图

4. 应用于质量档案及质量信息检索

质量档案是质量管理所积累的各种资料的总和，包括各种工艺及质量标准、质量检验规程等有关指导质量管理的文件、原材料综合试验报告和零件加工质量随同卡等质量数据、不合格品单据及其纠正措施、质量检验报告等。

在手工处理方式中，这些档案汇编成册，保存在文件柜内，因数量大难以检索。若采用计算机管理档案，以上资料存储在计算机介质内，根据需要将有关数据组织起来形成文件，用来描述一个完整的质量管理统一体。如以工件名称为纲，将所用原料、冷热加工工艺、质量检验结果、不合格品分析报告和纠正措施等根据检索号分类，构成一个完整的质量管理体系。

建立质量档案便于以后查找。例如某一工件在使用过程中发生断裂，为了分析原因可从计算机的质量文件中检索信息并追究其责任者。

5. 计算机信息集成化技术

近年来企业内CAD（计算机辅助设计，Computer Aided Design）、CAM（计算机辅助制造，Computer Aided Manufacturing）、PDM（产品数据管理，Product Data Management）和CAPP（计算机辅助工艺规程设计，Computer Aided Process Planning）不断推广普及，而且随着计算机网络化的发展，新的管理理念与计算机技术相融合，形成了一系列计算机信息集成化技术和管理软件。

（1）制造资源计划　制造资源计划MRPⅡ（Manufacturing Resources Planning）是美国在20世纪70年代末、80年代初提出的一种现代企业生产管理模式和组织生产的方式。它是以物料需求计划（Material Requirement Planning，MRP）为核心的企业生产管理计划系统，实现了物流、信息流与资金流在企业管理方面的集成，并能够有效地对各种有限制造资源进行周密计划，合理利用，提高企业竞争力。它是覆盖企业生产活动所有领域、有效利用资源的生产管理思想和方法的人－机应用系统。

目前，全球制造业为实现柔性制造、占领世界市场、取得高回报率所建立的计算机化管理信息系统越来越多地选用了MRPII软件，我国在20世纪80年代初开始接触MRPII。近年来，它越来越受到我国政府部门和企业界的高度重视，其应用范围已从最初的机械电子等装配型企业扩展到流程加工型企业，如制药、食品、化工、烟草等行业，一些应用MRPII较早的企业已开始获益。现在，越来越多的企业认识到需要在企业中建立起符合国际规范的管理模式，借助于现代化的管理手段，不断提高自身的管理水平。

（2）企业资源计划ERP及其应用 “企业资源计划”（Enterprise Resources Planning，ERP）一词是由Gartner Group. Inc咨询顾问与研究机构于20世纪90年代初提出的。在MRPⅡ的基础上，通过反馈的物流和反馈的信息流、资金流，把客户需要和企业内部的生产经营活动以及供应商的资源整合在一起，体现完全按用户需要进行经营管理的一种全新的管理方法。ERP管理思想主要体现了供应管理链SCM（Supply Chain Management）的思想，还吸纳了准时生产JIT（Just In Time）、精良生产、并行工程、敏捷制造AMS（Agile Manufacturing System）等先进管理思想。与MRPⅡ相比，ERP更加面向全球市场，功能更为强大，所管理的企业资源更多，支持混合式生产方式、管理覆盖面更宽。ERP是站在全球市场环境下，从企业全局角度对经营与生产进行计划的方式，是制造企业的综合的集成经营系统。

一般而言，除了MRPⅡ的主要功能外，ERP系统还包括以下主要功能：供应链管理、销售与市场、分销、客户服务、财务管理、制造管理、库存管理、工厂与设备维护、人力资源、报表、制造执行系统（Manufacturing Executive System，MES）、工作流服务和企业信息系统等方面。此外，还包括金融投资管理、质量管理、运输管理、项目管理、法规与标准和过程控制等补充功能。

ERP是信息时代的现代企业向国际化发展的更高层管理模式，它能更好地支持企业各方面的集成，并将给企业带来更广泛、更长远的经济效益与社会效益。

企业资源计划ERP理论和系统不仅继承了制造资源计划MRPⅡ的制造、供销和财务管理理念，还将业务范围扩大到了质量、设备、销售、运输、多生产部门管理、数据采集接口等方面，涵盖了所有供需过程。企业资源计划ERP的质量管理系统ERP质量管理系统体现在数据集成化优势上，提高质量数据的统计、分析速度，加快企业质量控制的影响速度，提升质量管理效率。

（3）产品数据管理PDM及应用 在20世纪的60～70年代，企业在其设计和生产过程中开始使用CAD、CAM等技术，新技术的应用在促进生产力发展的同时也带来了新的挑战。对于制造企业而言，虽然各单元的计算机辅助技术已经日益成熟，但都自成体系，彼此之间缺少有效的信息共享和利用。产品数据管理（Product Data Management，PDM）正是在这一背景下应运而生的一项新的管理思想和技术。PDM可以定义为以软件技术为基础，以产品为核心，实现对产品相关的数据、过程、资源一体化集成管理的技术，是基于计算机网络和数据库的应用系统，是管理产品数据的存储查询和生成过程的计算机软件。明确定位为：面向制造企业，以产品为管理的核心，以数据、过程和资源为管理信息的三大要素，主要用于解决企业在产品设计过程中产生的大量数据，这些信息可由不同软件在不同的计算机硬件平台上产生，进行信息管理的两条主线是静态的产品结构和动态的产品设计流程，所有的信息组织和资源管理都是围绕产品设计展开的，这也是PDM系统有别于其他的信息管理系统，如企业信息管理系统（MIS）、制造资源计划（MRPII）、项目管理系统（PM）、企业资源计划（ERP）的关键所在。PDM可帮助企业组织产品设计、完善结构修改、跟踪设计过程，及时、方便地查询产品信息；可协调组织设计、审批、批准、变更、工作流程优化及产品发布等过程，为并行设计提供基础。

（4）计算机辅助工艺设计　计算机辅助工艺规程设计（CAPP）是随着计算机科学与技术的发展在20世纪60年代兴起的一种工艺规程设计技术。CAPP系统研究开发始终是以克服传统工艺设计缺点和推进工艺设计自动化为主要目标的，目前正向着设计与制造继承和智能化方向发展。在工业界推广应用CAPP系统产生了良好的社会和经济效益，特别是20世纪80年代以来，随着CIMS日益受到人们的重视，CAPP系统作为CAD/CAM集成的关键性中间环节，CAPP系统研究成为当今各国的研究的重要内容之一。

计算机辅助工艺过程设计是指在工艺人员借助于计算机，根据产品设计阶段给出的信息和产品制造工艺要求，交互地或自动地确定产品加工方法和方案，如加工方法选择、工艺路线确定、工序设计等。图4-19所示为CAPP系统功能模型。

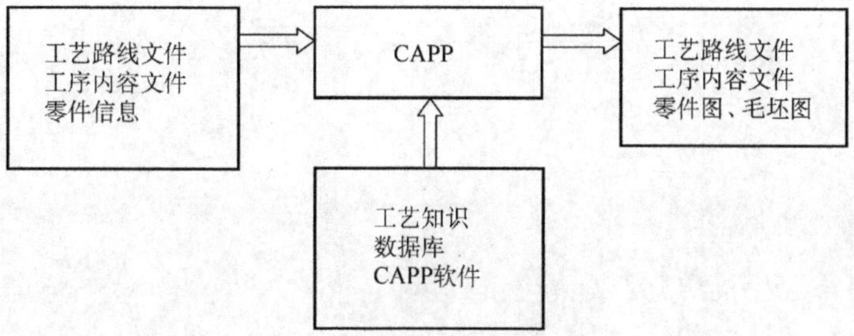

图4-19　CAPP系统功能模型

复习思考题

4-1　热处理前的质量检查包括哪些项目？

4-2　分析铸造、锻造、焊接各供货状态下的热处理零件可能出现的缺陷，并说明这些缺陷对热处理零件性能和使用的危害。

4-3　热处理加热质量控制包括哪些方面？加热时控制晶粒大小的意义是什么？如何实现控制加热时的晶粒大小？

4-4　热处理加热时出现表面裂纹的原因有哪些？

4-5　防止热处理加热时零件出现氧化和脱碳的方法有哪些？其原理是什么？

4-6　检查某T12钢原料金相组织，发现了大量网状碳化物。这些网状碳化物对钢的性能有何影响？制订消除这些网状碳化物的热处理工艺。

4-7　淬火后的残留奥氏体对零件性能有何影响？如何控制残留奥氏体的量？

4-8　零件渗碳后有哪些淬火方法？说明渗碳后淬火方法的选择原则。

4-9　氮化处理后氮化层常见的缺陷有哪些？如何控制这些缺陷的产生？

4-10　碳氮共渗后常见的组织缺陷有哪些？如何控制这些缺陷的产生？

4-11　分析产生淬火变形的原因。简述减小淬火热应力的方法。

4-12　什么是热处理质量体系？建立热处理质量体系应包括哪些内容？

4-13　产品设计中热处理质量保证的目标是什么？热处理技术要求即零件的组织与性能指标有哪些方面？为了保证热处理质量，在确定这些指标时候应注意哪些问题？

4-14　热处理流程的优化设计应考虑哪些问题？

4-15　热处理工艺文件有哪些种？其作用是什么？

4-16　为了保证热处理质量，热处理设备管理应做好哪些工作？

4-17　金属热处理缺陷主要有哪些种？针对一种热处理缺陷分析热处理质量控制过程中可能存在的问题。

4-18　计算机技术在热处理质量管理与控制中有哪些作用？

第5章 表面处理的质量控制

表面处理技术指的是通过对材料的表面进行改性或者涂覆一层其他材料实现对基底材料保护的工艺技术。表面处理方法有许多，主要分为两大类：表面强化处理和表面防护处理。常用的表面处理工艺为：表面热处理、气相沉积、热喷涂、堆焊、喷焊、激光处理、喷丸、滚压、发蓝处理、电镀、化学镀、搪瓷热浸镀、磷化、涂料与涂装等。

5.1 表面处理前对零件处理的质量控制

材料在进行表面处理前，一般需经过预处理，包括除油、除锈、粗化、活化和抛光。表面预处理的目的是预先制备清净的表面，以便后续表面处理工序的进行，或保证覆盖层与材料基体有牢固的结合强度。对于许多表面处理工艺而言，如气相沉积、热喷涂、电镀等表面预处理质量的好坏，在很大程度上决定着表面处理工艺的成败。

1. 表面除锈及检验

锈是金属表面氧化物的统称。除锈的目的是去除金属材料表面的氧化物，从而显露出干净的金属表面。除锈的方法有多种，常用的有化学法和机械法。化学法采用浸蚀剂，如采用无机酸，俗称为酸洗，一般应在一定浓度的盐酸、硫酸、硝酸或混合酸水溶液中添加缓蚀剂。如在浸蚀同时进行电解可促进除锈过程，这时也称为电解刻蚀。机械法包括打磨、切削和喷砂。喷砂除锈效果较好，适于大面积、高效率的除锈。这种是借助于压缩空气使磨料强力冲刷工件表面，从而去除锈蚀、积炭、焊渣、氧化皮、型砂、残盐、旧漆层等各类表面沾染物。喷砂设备包括空气压缩机、油水分离器和喷砂机。磨料常用硅砂、钢砂、氧化铝或碳化硅。喷砂工艺有干喷砂和湿喷砂两种。

除锈的质量等级分为：出白级、接近白级、工业级、清扫级。检验主要是根据有关标准制备标准基准样板与零件进行目视比较。

2. 表面除油

除油目的是去除材料表面的油脂和沾染物，常用清洗剂有有机溶剂、乳化液、碱洗液、水基清洗剂等。清洗方法有擦拭法、浸渍法、喷淋法、蒸气法、电解法、超声波法、滚筒法、烘烤法等。常用的碱性除油工艺见表5-1。

表5-1 常用的碱性除油工艺

氢氧化钠（NaOH）	碳酸钠（Na_2CO_3）	磷酸钠（Na_3PO_4）	温度	时间
50～80g/L	15～20g/L	30g/L	40～70℃	10～20min

通常表面预处理的质量是指表面清洁度，经除油除锈，甚至包括精整处理后获得所需要的表面洁净程度。表面清洁度的一般要求是：彻底清除表面油污，使其由憎水或局部憎水性变成亲水性；彻底除去金属表面杂物，使其露出金属的本色。表面清洁度的高低是衡量表面预处理质量好坏的指标。除油质量评定方法如下：

（1）水膜法　评定方法：清洗后的试样（或工件）浸入干净的水中，取出后立即检查，其表面应带有一层连续的水膜，如水膜破裂，表明油污未除净。特点：水膜法是工业中最常用的一种方法，简单、直观。表面若有残渣，会影响对结果的判断，可在弱酸中浸洗后再进行水膜试验。用表面活性剂清洗时，若漂洗不干净亦可能影响结果的判断。

（2）揩拭法　评定方法：清洗后的试样（或工件）用白布或白纸揩拭，白布或白纸上若留有污迹，表明清洗不良。特点：揩拭法是定性的方法，简便直观。

（3）试纸法　评定方法：取标准 G 型极性溶液约 0.1mL，滴于被检表面，展开约 20mm × 4mm，用 A 型验油纸（白色稍带黄色）紧贴其上约 1mm，取下试纸检查，若显示均匀、连续的红棕色，则清洗合格。若红棕色不均匀、不连续，则表明除油不干净。特点：试纸法检出表面残留含油量不大于 $0.12g/m^2$，适用于涂装前除油程度的检查。

（4）称重法　评定方法：试样用乙醚清洗后称重，再沾油污，然后用清洗剂除油，洗净、干燥后再称重。前后两次质量的差值，即为油污残留量。残留量越多、清洗效果越差。特点：称重法可以定量，但只能用试片做试验。

（5）镀铜法　评定方法：清洗后的试样放入含硫酸铜 15g/L，硫酸 0.9g/L 的水溶液中，在室温下浸 20s。试样干净表面上将化学沉积一层铜，而有残留油污部分则无铜沉积。特点：镀铜法直观，但只适用于钢铁件。

（6）喷雾法　评定方法：试样经清洗、酸浸、水洗、干燥后，垂直置于蓝色溶液雾状中，在试样表面液滴将要滴落时，停止喷雾。将试样平置，并稍加热，使表面状态固定。无蓝色覆盖的区域表明带有残留油污。用带网格的透明评定板，评估未覆盖蓝色区域所占的比例。特点：喷雾法能定量表达清洁程度，且灵敏度较高，但不能用工件直接做试验。

（7）荧光法　评定方法：试样涂布含有荧光染料的油污，进行清洗后，再在紫外光下进行检查。用带网格的透明评定板评估残留荧光区域所占的百分数。特点：荧光法可以定量，但需制备人工油污和只能用试片做试验。其灵敏度低于水膜法和喷雾法。

5.2　金属表面处理过程的质量控制

表面处理工艺的种类较多，根据工艺类别的不同，其处理过程差异较大，但其处理过程的质量控制主要是对影响质量的工艺参数进行控制。电镀表面处理过程的质量控制见 5.5。

5.3　金属覆盖层的质量检验

表面处理后获得的覆盖层的质量直接影响着表面处理的质量，覆盖层的检验主要分为：外观检验、覆盖层厚度检验、覆盖层与基体的附着强度检验、覆盖层耐蚀性与耐磨性检验等。

1. 外观质量检验

不同覆盖层其外观有所不同，检验方法为在天然散射光或无反射光的白色光线下用目视检查。光的照度应不低于300lx（即相当于零件放在40W荧光灯下距离500mm处的光照度）。

2. 镀层厚度的检验

（1）量具法　千分尺、游标卡尺、塞规等进行测量。

（2）磁性法　用磁性测厚仪进行测量。

（3）显微镜法　采用金相法，测量断面上镀层的厚度。

（4）计时液流法　用能使镀层溶解的溶液流注在镀层的局部表面上，根据局部镀层溶解完毕所需的时间，来计算镀层的厚度。

涂膜的厚度是防腐蚀涂装质量检验的重要指标之一，防腐蚀涂膜的厚度不同于普通装饰性的涂层涂装，防腐蚀涂膜的厚度往往决定了防腐蚀体系的使用寿命，是防腐蚀涂层检测的重要指标。实验已经证明，在一定的腐蚀环境下，涂层的配套确定后，涂层厚度与保护寿命呈直线关系。因此，重防腐涂装尽量厚膜化（200～1000μm）已经成为一种趋势，所以涂层厚度的检测重要性不难看出。

膜厚度的检测：在涂装过程中，当干膜厚度的测量难以进行的时候，应对湿膜的厚度进行检测，以保证涂装的干膜厚度。湿膜厚度的测量必须在漆膜制备后立即进行，以免由于溶剂挥发而使漆膜发生收缩现象。常用的湿膜厚度计一般有以下三种：轮规、梳规和Pfunt湿膜计。经常在现场使用的一般是轮规和梳规，虽然精确度不是太高，但方便操作。Pfunt湿膜计虽然较为精确，但操作和计算较繁琐，一般不在施工现场使用。湿膜厚度仪器可以用于几乎所有的涂料产品，但不能用于无机硅酸锌涂料，因为其溶剂发挥太快。同时对于物理干燥型涂料，如氯化橡胶涂料，对于第二道涂层的测量也不太合适，因为它会重新溶解前道涂层，还有在不同生产厂家生产的涂料配套体系中，对于第二道涂层的检测尽量不要使用湿膜厚度检测，因为不知道第二道涂层的溶剂对下道涂层树脂的溶解程度。湿膜厚度的检测主要目的是为了控制干膜厚度，因此，对于低固体分涂料由于大量溶剂的挥发易带来针孔及涂膜收缩比例大等问题，不能一次成膜太厚；而高固体分含量的重防腐涂料、无溶剂涂料、粉末涂料没有溶剂挥发带来的诸多问题，可以一次涂装较厚，但有一定的限制，如果涂膜太厚，涂膜固化所产生的内应力较大，会使涂膜开裂等。所以要根据涂装规格书中规定的涂膜厚度发最小值和最大值允许值来控制厚度。

下面以梳规为例来说明测量湿膜和干膜厚度的方法：使用梳规测量时，把仪器稳定地放在低材表面的湿膜中，然后拿出仪器检查其梳齿，哪一个最短的接触到了湿膜，湿膜的厚度就处于最后一个触到和没有触到的梳齿间，用那个接触到湿膜的梳齿所表示的厚度即可。知道了湿膜厚度道，就可以计算干膜的厚度了。

干膜厚度的测量：在实际工作中大量遇到的是干膜厚度的测量，在检查涂层各项物理性指标时或统计整个施工完毕后的漆膜总厚度时，均以测干膜厚度为准，这也是业主和建立单位验收工程检测内容之一。

1）测量的仪器。涂层干膜厚度的测量分为破坏性测试和非破坏性的测试两种方法。破坏性的测试方法要对涂膜进行划刻等损伤性行为，非破坏性测试方法不会对涂膜造成损害。一般情况下，多数使用的是非破坏性的测量方法，当出现争议或者需要仲裁时大多使用破坏性的测试方法。如：ISO 2808—2007漆膜厚度测定标准中的显微镜法，此方法不仅可以测出涂膜的总厚度，而且可以测出多层结构的涂膜中每层漆膜的厚度。该方法是用一定角度的切割刀具将涂层切出一个V形缺口至底材，然后用带有标尺的显微镜测量。该测厚的方法被推荐为涂膜厚度的仲裁方法。干膜厚度的测量目前已经有很多种仪器和方法，但每种方法都有一定的局限性，能适用于所有的涂层和环境是极少的。非破坏性的测量一般采用千分尺法、磁性测厚仪和涡流测厚仪三种方法。其中磁性测厚仪和涡流测厚仪都适用于金属底材表面的防腐层，不过磁性测厚仪适用于磁性的金属底材，而涡流测厚仪适用于非磁性的金属底材表面防腐层的检测（如：铝材、不锈钢等底材）。同时磁性测厚仪和涡流测厚仪都不能适用于混凝土等非金属底材表面的防腐层厚度测量。

2）测厚仪的校准。测厚仪在使用前必须校准，无论使用哪种测厚仪，如果使用前不校准，测量出来的数据是没有任何意义的。进行校准的时候，在喷砂钢材的表面还是在光滑表面读出的数字的有差别的，在喷砂后的粗糙表面校准后的测厚仪测试出来的涂膜会增加。关于在光滑表面还是在喷砂后粗糙表面校准问题，在很多时候是存在争议的。ISO 2808（第三版）方法10规定：“判断喷砂后钢材表面的干膜厚度，校准应该在光滑钢板表面进行”。同样在SSPC这个标准中，也没有涉及如何在喷砂后的钢材表面校准的问题，只提到在光滑钢板表面如何校准问题。在许多海洋工程和船舶工业中，涂膜的干膜厚度经常达到300～500μm，甚至更高，监理单位在验收时经常将表面粗糙度忽略了。根据经验，在喷砂涂装表面达到一个实际可行的均匀性涂膜测量，如果使用磁性原理测厚仪在光滑表面校准后，再次在喷砂表面校准，测得的涂膜厚度要高于在光滑板上校零测出值。高出值得为喷砂表面波峰到波谷值得一半。所以根据经验，涂膜厚度为表面粗糙度5～6倍时，可以将表面粗糙度忽略。其余情况要在原喷砂表面校零。

3）干膜厚度的测量原则。业主和监理单位最后要看到的是干膜的厚度，设计院所设计的涂膜厚度也是指干膜的厚度，所以干膜厚度的测量是很必要的。干膜厚度的测量原则主要包括两个方面，即测量点的数量和测量点的厚度。按照GB 50205—2001《钢结构工程施工质量验收规范》第14部分规定，用干膜测厚仪检查，每个构件检测5处，每处的数值为3个相距50min测点涂层干膜厚度的平均值。同时规定按照构件数抽查1%，且不应少于3件。而ISO 2898—1997和美国SSPC－PA2关于涂膜厚度测量原则，每10m^{2}测量5个点，每一个点的测量在一个很小面积内测量3个点的平均值，5个测量值的平均值必须符合规定的涂膜范围。在涂膜厚度测量时，遵守80－20或者90－10的原则。80－20原则的意思为：80%是测量值不得低于规定干膜厚度，其余20%的测量值不能低于0.8倍规定膜厚。而对于集装箱、化学品储罐舱及船舶行业来讲，这个原则一般为90－10的。即所有测量点90%测量结果应大于或者等于规定干膜厚度，余下10%的测量结果均应不小于0.9倍规定干膜厚度。

3. 镀层附着强度的检验

漆膜附着力是指漆膜与被涂物件表面结合在一起的坚固程度。附着力是涂料物理力学性能的重要指标之一，通过此项的检查，可以检验涂料组成，特别是树脂的使用是否合理。漆膜的附着力除了取决于所选用的涂料基料外，还与底材的表面预处理、施工方式以及漆膜的保养有十分重要的关系，例如，在潮湿、有锈蚀、有油脂的金属表面涂装，附着力就差。测定附着力的方法有：划圈法、划格法、拉开法、扭开法及美国ASTM中的划X法等数种，国家标准GB/T 1720—1979规定了划圈法测定漆膜附着力的方法，而GB/T 9286—1998规定了采用划格法测定附着力，GB/T 5210—2006规定了采用拉开法测定涂层附着力的方法。其中应用最简便的是划圈法测定漆膜附着力，现场最为常用的是划格法。

（1）划圈法测定附着力　划圈法所采用的附着力测定仪是按照划痕范围内的漆膜完整程度进行评定，以级表示。是按照制备好的马口铁板固定在测定仪上，为确保划透漆膜，酌情添加砝码，按顺时针方向，以 80～100r/min 的转速均匀摇动摇柄，以圆滚线划痕，标准圆长 7.5cm，取出样板，评级。实验中需要注意以下几点：

1）测定仪的针头必须保持锐利，否则无法分清 1、2 级的分别，应在测定前先用手指触摸感觉是否锋利，或在测定若干块试板后酌情理换。

2）先试着刻划几圈，划痕应刚好划透漆膜，若未露底板，酌情添加砝码；但不要加得过多，以免加大阻力，磨损针头。

3）评级时可以 7 级（最内层）开始评定，也可以 1 级（最外圈）评级，按顺序检查各部位的漆膜完整程度，如某一部位的格子有 705 以上完好，则认为该部位是完好的，否则认为坏损。例如，部位 1 漆膜完好，附着力最佳，定为 1 级；部位 1 漆膜坏损而部位 2 完好的，附着力次之定为 2 级。依据类推，7 级附着力最差。通常要求比较好的底漆附着力应达到 1 级，面漆的附着力可在 2 级左右。

（2）划格法测定附着力　划格法附着力测试标准主要有 ASTMD3359、ISO 2409—2007 和 GB/T 9286—1998。其测试方法和描述基本相同，只是对于附着力级别的说明次序刚好相反。ASTMD3359 是 5B～0B 级由好到坏，而 ISO 2409—2007 是 0～5 为由好到坏。实验工具是划格测试器，它是具有 6 个切割面的多刀片切割器，切刀间隙 1mm、2mm 和 3mm（刀头可以更换）。将试样涂于样板上，干燥 16h 后，用划格器平行拉动 3～4cm，有六道切痕，应切穿漆膜至底材；然后用同样的方法与前者垂直，切痕同样六道；这样形成许多小方格。对于软底材，用软毛刷沿网格图形成每一条对角线，轻轻向前和后各扫几次，即可评定等级；而对于硬质底材，先清扫，之后贴上胶带（一般使用 3M 胶带），且要保证胶带与实验区全面接触，可以用手指来回摩擦使之接触良好，然后迅速拉开，使用目视或者放大镜对照标准与说明附图进行对比定级。其分级的标准描述为：

级别描述：0 切割边缘完全平滑，无一格脱落；1 交叉处有少许涂层脱落，受影响面积不能明显大于 5%；2 在切口交叉处或沿切口边缘有涂层脱落，影响面积为 5%～15%；3 涂层沿切割边缘部分或全部以大面积脱落受影响的交叉切割面积在 15%～35%；5 沿边缘整条脱落，有些格子部分或全部脱落，受影响面积 35%～65%；6 剥落的程度超过 4 级在划格法测定附着力时，可以最高测定 250μm 厚度的涂膜。根据涂层厚度大小，可以选择不同的划格间距，一般为涂层小于 60μm，硬质底材间距 1mm，软质底材间距为 2mm；涂层厚度为 60～120μm，软硬质底材间距均为 2mm；涂层厚度大于 120μm，软硬质底材间距选择 3mm。在 ISO 12944 中规定，附着力需要达到 1 级才能认定为合格；在国家标准中，附着力达到 1～2 级时认定为合格。划圈法与划格不同处在于，划圈交叉所形成部位的面积是递增的，评级考察的是不受损区域所处的位置，而划格法每一个划格面积是固定的，评级采用受损面积比率。

（3）拉开法测定附着力　拉开法测定的附着力是指在规定的速率下，在试样的胶结面上施加垂直、均匀的拉力，以测定涂层或涂层与底材间的附着破坏时所需的力，以 MPa 表示。此方法不仅可检验涂层与底材的粘接程度，也可检测涂层之间的层间附着力；考察涂料的配套性是否合理，全面评价涂层的整体附着效果。拉开法测试的相关标准有 ISO 4624—

2004（最新版标准）、ASTMD－4514、GB/T 5210—2006 等。

国外常用测定拉开法的仪器是 Elcometer 附着力试验仪，此仪器较小，可用于现场检测。但有些时候，类似 Elcometer－106 手动拉开测试仪由于手工操作的不稳定性而影响测试结果的准确性，因此在有些国家的行业内不再使用。Elcometer 试验是将一铝制试验拉头粘在涂层上，采用有刻度的机械拉力试验机将拉头拉脱，从标尺刻度读出拉去铝头的拉力。一般在金属基体上进行拉开试验可能发现三种失效类型：①粘接失效，即受拉力后，胶粘层从涂层或试验拉头上拉断或其自身内部拉断，认为是粘结剂的失效，涂层与基材或涂层与涂层之间的附着力均会超过此值；②附着力失效，即涂层与基体在拉力下分离，此值为涂层与基体的附着力；③内聚力破坏，即涂层本身被拉断，此值作为层间附着力的数值，涂层与底材的附着力会超过这一数值。对于每一种涂料都有规定拉开法测定数值，一般要求大于 2MPa，环氧双组分涂料大于 4MPa。值得注意的是，采用 Elcometer 试验仪测定的拉开法附着力数据与国标规定的拉力实验机测定的数值有一定的差距。多次试验的经验，Elcometer 试验仪数据乘以 3～3.5 倍与拉力机测定的数值相近。因此，每种测试方法的试验数据只能同类比较，具有一定的准确度。在填写检测报告时，也要注明使用的检测仪器和方法。对于附着力的要求，ISO 12944－6 中对于涂层体系（干膜厚度大于 250μm）的附着力要求为按照 ISO 4624 拉开法附着力测试，至少要达到 5MPa。对于旧涂层参考数值为 2MPa，如果低于 2MPa 要将旧涂层予以除去。

（4）弯曲试验　弯曲试验检验时，将零件或试件用钳子夹紧，反复弯曲 180°（向两个方向各弯曲 90°），直至断裂；或将零件沿一直径等于试件厚度的轴反复弯曲 180°，直至基体金属折断，此时镀层不从基体金属分离和不脱落者为合格；或用 5 倍放大镜检查时，基体金属或镀层虽发生龟裂，但不起皮、不脱落则镀层结合仍算合格。

此外，根据涂层性质，测试涂层附着力的方法还有：摩擦抛光试验法，当镀件的局部面积被抛光时，覆盖层有硬化和吸收摩擦热的倾向，对于相当薄的覆盖层，附着强度不良的区域，会起泡与基体分离；锉刀法试验，锯下一块镀件，夹在台虎钳上，用粗齿扁锉，力图锉起覆盖层；热震试验，将试样加热到一定温度后，放在室温水中骤冷，覆盖层不应出现起泡和片状脱落等与基体分离现象；挤压法，检验时，将试样用台虎钳夹紧、挤扁，在挤扁处以下不起皮、不脱落者为合格；等等。

4. 孔隙率的检验

从镀层表面至基体金属的大小孔道均为孔隙。孔隙的多少直接影响防护镀层的防护能力（主要是阴极性镀层）。孔隙率的测定非常重要，它是衡量镀层质量的重要指标。

（1）湿润滤纸贴制法　适用于测定钢和铜合金上的镀层，一般先将镀层除油，用蒸馏水洗净，然后用滤纸吸干，放在清洁的空气中晾干；将浸透相应检验液的滤纸贴到制件受检部位上，镀层表面与检验滤纸之间不应有空气泡，待滤纸贴至规定时间后，揭下检验滤纸，用蒸馏水冲洗后，放在清洁的玻璃板上，干燥后计算孔隙数目。

（2）浇浸法　适用于测定任何形状和尺寸的钢、铜、铝及合金的阴极性镀层的孔隙率。基本原理与湿润滤纸贴制法相似。检验程序为：先将镀层除油，用蒸馏水洗净，然后用滤纸吸干，放在清洁的空气中晾干；按不同的镀层和金属基体将相应的溶液浇在镀件受检部位表面上，或将该部位浸入溶液中，5min 后取出，吸去水分。干燥后在白光或荧光灯下检验受检部位的有色斑点数。根据镀件受检面积，确定每平方厘米内的平均孔隙数目。

5. 镀层耐蚀性的检验

镀层的耐蚀性检验方法有：大气曝晒试验、中性盐雾试验、醋酸盐雾试验、铜加速醋酸盐雾试验，以及腐蚀膏试验和溶液点滴腐蚀试验等。比较常用的是盐雾腐蚀试验。

腐蚀是材料或其性能在环境的作用下引起的破坏或变质。大多数的腐蚀发生在大气环境中，大气中含有氧气、湿度、温度变化和污染物等腐蚀成分和腐蚀因素。盐雾腐蚀就是一种常见和最有破坏性的大气腐蚀。这里讲的盐雾是指氯化物的大气，它的主要腐蚀成分是海洋中的氯化物盐——氯化钠，它主要来源于海洋和内地盐碱地区。盐雾对金属材料表面的腐蚀是由于含有的氯离子穿透金属表面的氧化层和防护层与内部金属发生电化学反应引起的。同时，氯离子含有一定的水合能，易被吸附在金属表面的孔隙、裂纹排挤并取代氯化层中的氧，把不溶性的氧化物变成可溶性的氯化物，使钝化态表面变成活泼表面，造成对产品极坏的不良反应。

盐雾试验是一种主要利用盐雾试验设备所创造的人工模拟盐雾环境条件来考核产品或金属材料耐蚀性能的环境试验。它分为两大类：一类为天然环境暴露试验；另一类为人工加速模拟盐雾环境试验。人工模拟盐雾环境试验是利用一种具有一定容积空间的试验设备——盐雾试验箱，在其容积空间内用人工的方法，造成盐雾环境来对产品的耐盐雾腐蚀性能质量进行考核。它与天然环境相比，其盐雾环境的氯化物的盐浓度，可以是一般天然环境盐雾含量的几倍或几十倍，使腐蚀速度大大提高，对产品进行盐雾试验，得出结果的时间也大大缩短。如在天然暴露环境下对某产品样品进行试验，待其腐蚀可能要 1 年，而在人工模拟盐雾环境条件下试验，只要 24h，即可得到相似的结果。

人工模拟盐雾试验又包括中性盐雾试验、醋酸盐雾试验、铜盐加速醋酸盐雾试验、交变盐雾试验。

1）中性盐雾试验（NSS 试验）是出现最早，目前应用领域最广的一种加速腐蚀试验方法。它采用 5% 的氯化钠盐水溶液，溶液 pH 值调在中性范围（6～7），以此作为喷雾用的溶液。试验温度均取 35℃，要求盐雾的沉降率在 $1 \sim 2ml/80cm^2 \cdot h$ 之间。

2）醋酸盐雾试验（ASS 试验）是在中性盐雾试验的基础上发展起来的。它是在 5% 氯化钠溶液中加入一些冰醋酸，使溶液的 pH 值降为 3 左右，溶液变成酸性，最后形成的盐雾也由中性盐雾变成酸性。它的腐蚀速度要比 NSS 试验快 3 倍左右。

3）铜盐加速醋酸盐雾试验（CASS 试验）是国外新近发展起来的一种快速盐雾腐蚀试验，试验温度为 50℃，盐溶液中加入少量铜盐——氯化铜，强烈诱发腐蚀。它的腐蚀速度大约是 NSS 试验的 8 倍。

4）交变盐雾试验是一种综合盐雾试验，它实际上是中性盐雾试验加恒定湿热试验。它主要用于空腔型的整机产品，通过潮态环境的渗透，使盐雾腐蚀不但在产品表面产生，也在产品内部产生。它是将产品在盐雾和湿热两种环境条件下交替转换，最后考核整机产品的电性能和力学性能有无变化。

盐雾试验标准及试验结果的判定：盐雾试验标准是对盐雾试验条件，如温度、湿度、氯化钠溶液浓度和 pH 值等做的明确具体规定，另外还对盐雾试验箱性能提出技术要求。同种产品采用哪种盐雾试验标准要根据盐雾试验的特性和金属的腐蚀速度及对盐雾的敏感程度来选择。下面介绍几个盐雾试验标准，如 GB/T 2423.17—2008《电工电子产品环境试验第 2 部分：试验方法　试验 Ka：盐雾》，GB/T 2423.18—2000《电工电子产品环境试验第 2 部分：试验　试验 Kb：盐雾，交变（氯化钠溶液）》，QB/T 3826—1999《轻工产品金属镀层和化学处理层的耐腐蚀试验方法　中性盐雾试验（NSS）法》，GB/T 1771—2007《色漆和清漆　耐中性盐雾性能的测定》。

盐雾试验的目的是为了考核产品或金属材料的耐盐雾腐蚀质量，而盐雾试验结果判定正是对产品质量的宣判，它的判定结果是否正确合理，是正确衡量产品或金属抗盐雾腐蚀质量的关键。盐雾试验结果的判定方法有：评级判定法、称重判定法、腐蚀物出现判定法、腐蚀数据统计分析法。评级判定法是把腐蚀面积与总面积之比的百分数按一定的方法划分成几个级别，以某一个级别作为合格判定依据，它适合对平板样品进行评价；称重判定法是通过对腐蚀试验前后样品的重量进行称重的方法，计算出受腐蚀损失的重量来对样品耐蚀质量进行评判，它特别适用于对某种金属耐蚀质量进行考核；腐蚀物出现判定法是一种定性的判定法，它以盐雾腐蚀试验后，产品是否产生腐蚀现象来对样品进行判定，一般产品标准中大多采用此方法；腐蚀数据统计分析方法提供了设计腐蚀试验、分析腐蚀数据、确定腐蚀数据的置信度的方法，它主要用于分析、统计腐蚀情况，而不是具体用于某一具体产品的质量判定。

6. 镀层耐磨性的检验

主要采用落砂试验考查镀层的耐磨性。钢铁氧化膜的耐磨性试验程序如下：将表面粗糙度（*Ra*）值不低于1.6μm和6.3μm的试样，用酒精除去油污后，置于落砂试验仪上。将粒度为0.5～0.7mm的硅砂100g（定期更换）放在漏斗中，砂子经内径为5～6mm、高500mm的玻璃管自由下落，冲击试片表面。落砂完成后，用脱脂棉擦去试件表面上的灰尘，并在冲击部位滴一滴用氧化铜中和过的0.5%硫酸铜（$CuSO_4 \cdot 5H_2O$）溶液，经30s后，将滴液用水冲去或用脱脂棉擦去，用肉眼观察。

5.4　镀层的特殊性能检验

1. 抗硫性能检验

检验时，将零件放在1%的硫化钠溶液中，温度控制在15～25℃，浸渍30min，如果镀层表面不变色，则其抗硫性能合格。

2. 氢脆性能的检验

金属材料在氢和应力联合作用下产生的早期脆断现象称为氢脆。酸洗和电镀等表面处理过程常常是造成金属基体渗氢的主要原因。测定氢脆的方法有延迟破坏试验、缓慢弯曲试验、挤压试验、应力环等试验方法。

3. 钎焊性的检验

镀层表面被熔融钎料润湿的能力称为钎焊性能。评定镀层钎焊能力的方法有流布面积法、湿润时间法、蒸汽考验法。

5.5　附件

电镀表面质量控制规则见附录B。

复习思考题

5-1 指出表面处理除油质量的主要评定方法。

5-2 指出镀层厚度检验的主要方法。

5-3 何谓镀层的附着强度，主要有哪些检验方法？

5-4 指出镀层耐蚀性检验的主要方法。

附　　录

附录 A　关于锻件质量控制的暂行规定

在当前激烈的市场竞争中，为了能够更多地占领市场、巩固市场，不断提高公司锻件质量，加强员工责任心，持续、稳定地生产出客户满意的产品，增强顾客满意度和忠诚度，特制定本规定。

1　原材料的购进、领用与管理

1.1　原材料的购进

1.1.1　原材料（钢锭、方坯、圆棒料）购进后，应索要材质单，核对原材料上标注的钢号、炉号。如个别材料没有标注，库管员应根据材质单上的内容进行标识。品种较多判断不准时，应做化验，然后标明钢号和炉号。

1.1.2　复核原材料重量。钢锭应按锭型抽样过磅，核定重量；方坯、圆钢均应过磅称重。

1.1.3　办理入库手续并记账。

1.1.4　检验人员按要求对原材料的化学成分进行复验。

1.2　原材料的领用与管理

1.2.1　领料须填写领料单，库管员开具出库单，减库存账，并将出库单交财务一份。

1.2.2　库管员应每天填写《材料消耗日报表》，按月报总经理。内容包括：材质、规格、件数、锻件重量、用途、余料情况等。

1.2.3　每月对库存钢锭 、锻材进行盘点，填写《库存钢锭报表》，定期向总经理、财务科上报上月产量及用料报表。

2　锻件的检验

2.1　锻件尺寸的检查

2.1.1　逐一检查锻件毛坯尺寸，填写《锻件检查记录》。

在检查项目栏内，画出锻件草图，标明图样尺寸，在草图下方记录检测数据、操作者班次、检查时间等。

2.1.2　由检验员用白油漆在毛坯两端画出锯床切头的实际尺寸。

2.1.3　经检查的锻件，发现以下情况时：

a. 锻件实际尺寸小于或大于给定的锻件尺寸时，应填写让步品通知单。

b. 锻件如有肉眼可见的缺陷时，应填写退修品通知单交锻工打磨或补焊。

c. 锻件实际尺寸过小无法加工、出现缺陷无法补救时，应填写不合格通知单。

2.1.4　对模具钢等类型的锻件，应进行硬度检查。硬度过高时，应填写退修单。由工艺人员给出退修工艺，附在退修单后。

2.2　锻件毛坯探伤

2.2.1　按规定要求对锻件毛坯探伤后，将结果填写在锻件检查尺寸使用的《锻件检查记录》内。

经探伤的锻件发现下列情况时：

a. 毛坯晶粒粗大时，由检验员填写退修品通知单，交加热班重新热处理。

b. 出现缺陷超标时，填写不合格品通知单，并附探伤报告一份交锻工班。

2.2.2　锻件毛坯检查完毕后，填写检查登记表，月底统计出一级品、二级品、让步品和退修品。

3　锻件粗加工的检验与探伤

3.1　粗加工后尺寸的检查

3.1.1　工艺人员应到生产现场检查锻件粗加工尺寸，结果填写在《机加工检查记录》中。在检查项目栏内画出锻件草图，标明图样尺寸，在草图下方记录加工时间、测量的尺寸、操作人员、检查时间等。

3.1.2　检验人员根据图样尺寸检查粗加工后的尺寸，填写《锻件检查记录》。在检查项目栏内画出产品草图，标明图样尺寸，在草图下方记录检测数据、操作人员、检查时间等。

3.2　粗加工后的探伤

3.2.1　不需要调质的锻件，应喷涂公司商标、名称、零件图号、钢号和炉号。

3.2.2　产品探伤后，填写《超声波探伤记录》。记录中应画出工件草图，标出缺陷位置、深度和范围，对于特殊缺陷应画出波形草图。

3.3　锻件调质后的探伤

3.3.1　喷涂公司商标、名称、零件图号、钢号和炉号。

3.3.2　调质后锻件应再次探伤，结果填写在《超声波探伤记录》内。

3.4　根据客户需求，提供锻件力学性能数据。

3.5　检查合格的锻件，由检查人员开具锻件（材）合格证，经有关人员审核后，一份提供客户，一份留存。

附录 B　电镀表面质量控制规则

1　目的

使电镀表面处理程的实施得到有效的质量控制，以达到特定的质量要求。

2　范围

本标准适用于表面处理的质量控制。

3　术语

按 ISO/TS 16949：2002 的标准定义。

4　电镀表面处理质量

4.1　人员的控制

4.1.1 从事表面处理的操作、化验、检验人员，都必须经过专门技术培训和考核，并取得操作合格证后，方能上岗操作。

4.1.2 操作者必须熟悉表面处理工艺操作，自觉遵守生产环境控制的有关规定，做到安全文明生产。

4.1.3 维修人员必须确保设备、仪器、仪表及工装正常使用。槽液调整工应及时调整和维护槽液处于正常工作状态，并做好槽液调整前后的原始记录。

4.1.4 化验人员必须遵守工艺规定的周期对槽液进行分析，并及时填发电镀液分析报告单。

4.2 设备及仪器仪表的控制

4.2.1 表面处理的设备（如溶液槽整流器、烘干箱、喷砂机行车、抛光机、拖动机构、通风装置等）应符合相应的技术条件和技术说明书，日常维护由使用单位负责，较大故障的检修、检定、标准均由设备能源部门负责。

4.2.2 表面处理的仪器仪表，应满足工艺要求，有合格证并定期检定，保持在正常状态下使用，签发的合格证应挂（贴）在被检定的设备（仪器）的醒目位置上。

4.2.3 表面处理的工装挂具应符合工艺要求，满足使用，安全可靠，不合格的工装器具及设备禁止用于生产。

4.2.4 对检定不合格的和超期未检定的设备和仪器仪表禁止用于生产。

4.2.5 烘箱整流器操作控制台配备的自动控制指示及报警装置，应保持灵敏正确的运行状态。

4.2.6 各类槽子应能耐蚀耐温，需加热或制冷的槽子应配备温度控制装置或温度计，主要镀槽应配备单独整流器和配电装置，操作者做好日常维护，保持良好的工作状态。

4.2.7 电流表电压表的精度不低于1.5级。

4.3 材料控制

4.3.1 生产使用的原材料（及工艺辅料）经验收合格后才能投入生产。

4.3.2 材料的领用应做好记录，记录其用途、数量、领用人、日期等。

4.3.3 对库存材料按有关规定妥善保管，超过保管期限按规定取样复验，不合格的应做好标记，及时隔离，严禁发放使用。

4.4 动力供应的控制

动力供应的质量控制按生产过程动力供应管理制度执行。

4.5 工序操作控制

4.5.1 凡经表面处理的零件，应按工艺文件质量审查制度审查批准工艺规程、工序流动卡、产品标识卡，否则不予加工。

4.5.2 接收上道工序（或外单位协作加工产品）的零件及文件时，应进行“三查”，即查工序流动卡的图号、材料牌号、工序与工艺规程是否相符；查零件是否与工艺图相符；查配用工装及设备是否与工艺要求相符。

4.5.3 生产前应检查零件的表面质量是否符合工艺要求，对存在表面缺陷的零件应及时通知上道工序处理。

4.5.4 零部件经抛光、磨光或水雾喷砂处理后，应将抛光膏和砂尘清洗干净，产生磁化现象的零部件应进行退磁处理，不同型号砂轮和抛光膏不得混用。

4.5.5 零部件经镀前处理后应无油、无锈蚀、无氧化皮、无腐蚀残物，无飞边、无毛刺、无划痕等现象。

4.5.6 零部件进入主槽液前，表面应保持均匀活性状态，不得有酸、碱、盐残液带入。

4.5.7 表面处理生产过程必须有原始记录，槽液应合格有分析报告单，新配液或刚调整过的槽液必须先分析，符合工艺后才能投入生产。补加添加剂时，遵守多次少量的原则，添加时搅拌均匀。

4.5.8 槽液必须保持正常的工作液面，保证槽液浓度和温度的均匀性，槽液成分应符合工艺规定要求，并定期过滤和更换。

4.5.9 经表面处理后的合格品，不得放在有酸碱、尘雾的工房内，不得赤手接触。未烘干的零件不得叠放在烘干的零部件上。

4.5.10 返工零部件应及时返工处理，不得与正常处理的产品混在一起生产。

4.5.11 电镀过程中应准确地控制各项工艺参数。产品交检验合格后，按要求填写好工序流动卡。生产中的各项原始记录由生产单位保存，化验单、试验报告按顺序清理后，交检验组妥善保管。

4.5.12 表面处理后的零部件检验按工艺文件执行。

4.6 环境控制应符合环境保护条款规定。

参 考 文 献

[1] 伍爱. 质量管理学 [M]. 3版. 广州：暨南大学出版社，2006.
[2] 施国洪，等. 质量管理与检验 [M]. 北京：化学工业出版社，2004.
[3] 李登超. 钢材质量检验 [M]. 北京：化学工业出版社，2008.
[4] 梁国明. 制造业质量检验员手册 [M]. 北京：机械工业出版社，2002.
[5] 钱士强. 材料检验 [M]. 上海：上海交通大学出版社，2007.
[6] 庞国星. 工程材料与成形技术基础 [M]. 北京：机械工业出版社，2005.
[7] 文九巴. 机械工程材料 [M]. 北京：机械工业出版社，2006.
[8] 史美堂. 金属材料及热处理 [M]. 上海：上海科学技术出版社，2008.
[9] 戴起勋. 金属材料学 [M]. 北京：化学工业出版社，2005.
[10] 赵熹华. 焊接检验 [M]. 北京：机械工业出版社，2008.
[11] 李喜孟. 无损检测 [M]. 北京：机械工业出版社，2009.
[12] 刘福顺，汤明. 无损检测基础 [M]. 北京：北京航空航天大学出版社，2002.
[13] 中国机械工程学会无损检测学会. 无损检测概论 [M]. 北京：化学工业出版社，1993.
[14] 左演声，陈文哲，梁伟. 材料现代分析方法 [M]. 北京：北京工业大学出版社，2001.
[15] 陈琦. 铸造质量检验手册 [M]. 北京：机械工业出版社，2006.
[16] 傅明喜，等. 铸件质量控制及检验 [M]. 北京：化学工业出版社，2005.
[17] 李亚江. 焊接质量控制及检验 [M]. 北京：化学工业出版社，2006.
[18] 国家机械委质监司. 焊接质量的检验 [M]. 北京：机械工业出版社，1990.
[19] 钟华仁. 热处理质量控制 [M]. 北京：国防工业出版社，1990.
[20] 胡光立，谢希文. 钢的热处理（原理和工艺）[M]. 西安：西北工业大学出版社，2004.
[21] 夏立芳. 金属热处理工艺学 [M]. 哈尔滨：哈尔滨工业大学出版社，1998.
[22] 阎承沛. 典型零件热处理缺陷分析及对策 [M]. 北京：机械工业出版社，2008.
[23] 樊东黎，徐跃明，佟晓辉. 热处理工程师手册 [M]. 北京：机械工业出版社，2005.
[24] 李英民，等. 计算机在材料热加工领域中的应用 [M]. 北京：机械工业出版社，2001.
[25] 樊东黎. 热处理数据手册 [M]. 北京：机械工业出版社，2000.
[26] 刘羽辉. 金属材料物理性能检验标准工作手册 [M]. 北京：技术标准出版社，1982.
[27] 王广生，等. 金属热处理缺陷分析及案例 [M]. 2版. 北京：机械工业出版社，2007.